电活性功能材料的制备及应用

马旭莉 著

化学工业出版社
·北京·

本书共分4章，包括电活性功能材料的制备技术、典型重金属Pb^{2+}、Ni^{2+}离子的选择性去除、双金属氢氧化物/氧化物基等赝电容性能、高分子导电聚合物赝电容性能、氧化物或者金属掺杂碳化物等催化制氢和制氧性能等内容，较系统地介绍有机、无机、有机/无机杂化等各类电活性功能材料的制备方法及其在对废水中重金属离子去除、超级电容器以及电解水制氢等方面的开发与应用，具有较强的指导性和实用性。

本书可供从事电活性功能材料领域的工程技术人员、科研人员和管理人员参考，也可供高等学校环境化学工程、能源化学工程以及相关专业师生参阅。

图书在版编目（CIP）数据

电活性功能材料的制备及应用/马旭莉著. —北京：化学工业出版社，2019.5（2022.8重印）

ISBN 978-7-122-34434-2

Ⅰ.①电… Ⅱ.①马… Ⅲ.①电化学-功能材料-材料制备 Ⅳ.①TB34

中国版本图书馆CIP数据核字（2019）第086908号

责任编辑：张　艳　　　　装帧设计：王晓宇
责任校对：刘　颖

出版发行：化学工业出版社（北京市东城区青年湖南街13号　邮政编码100011）
印　　装：北京七彩京通数码快印有限公司
710mm×1000mm　1/16　印张12　字数209千字　2022年8月北京第1版第3次印刷

购书咨询：010-64518888　　　　售后服务：010-64518899
网　　址：http://www.cip.com.cn
凡购买本书，如有缺损质量问题，本社销售中心负责调换。

定　　价：58.00元

序

本人于2002年得到国家留学基金委资助，赴美国华盛顿大学D. T. Schwartz教授课题组做访问学者，有机会接触到电活性功能材料，至今从事相关领域的研究工作已近十八年。通过从最初的无机电控离子交换材料铁氰化镍，到有机导电高分子，再到有机/无机杂化材料的系统研究，对电活性功能材料的认识不断加深。电活性功能材料是一类电子-离子的混合导体，因其能够实现电子、离子的同步传导，使该类材料具备了特殊的电化学性能，被广泛应用于电催化、二次储能电池以及电化学传感器等诸多领域。

本课题组多年来重点关注电活性功能材料在电控离子交换领域的应用研究，同时积极探索了该类材料在电化学传感器、超级电容器、二次储能电池、电解水制氢等其他领域的应用。电控离子交换法是一种新型高效的离子选择性分离技术，通过电位驱动实现目标离子的选择性吸附分离与脱附再生，具有绿色环保、稳定性高、可适用极低浓度的含离子溶液体系等诸多优点，在重金属污水处理、高盐废水资源化利用、循环水软化、盐湖提锂等领域具有广泛的应用前景。近年来，通过与美国华盛顿大学、加拿大滑铁卢大学、加拿大西安大略大学以及日本弘前大学北日本新能源研究所等单位的长期国际合作交流，在国家重点研发计划、科技部中日政府间国际科技合作专项、国家自然科学基金等资助下，从电控离子交换到电控离子选择渗透膜分离技术的开发，克服了该领域的多项难题，获得了一系列研究进展。目前，已针对包括锂、铯、镍、铜、铅、钇、碘、溴、氯根、高氯酸根等不同目标离子，合成出具有特异性识别能力的电活性离子交换功能材料；开发了新型的单极脉冲电沉积（聚合）技术、原位脱除印迹离子技术；探索了有机导电高分子/无机固体酸杂化体系中特有的质子内部自交换机制；设计出多种电控离子交换膜及电控离子选择渗透膜分离装置；发明了具有高效节能的“自电再生”式电控离子交换集成系统；通过细致深入的科学研究，为该技术的工业化应用和推广提供了扎实的理论基础。

本书作者2004年加入课题组进行博士学习和长期研究，重点研究电活性功能材料对重金属离子选择性分离性能，2015—2016年赴日本弘前大学北日本新能源研究所做访问学者，开展了超级电容器以及电解水制氢等方面的研究。本书着重介绍了本课题组开发的单极脉冲电沉积（聚合）技术在电活性功能材料可控制备领域的研究工作，以及电活性功能材料在重金属离子选择性去除、超级电容器、电解水制氢等方向的应用，具有较强的系统性和实用性，对从事该领域的科研工作人员有较高的参考价值。

郝晓刚

太原理工大学教授，博导

| 前 言 |

电活性功能材料（electroactive functional material, EFM）是一类电子-离子的混合导体，既能传递电子又能传递离子。将其沉积在电极表面或导电基体上构成外部电路（电子导体）与溶液（离子导体）之间的媒介，通过电位调节可以控制其氧化/还原状态转换，实现充放电过程。为维持电活性功能材料的电中性，所转移的电荷通过离子的置入和释放得到补偿。该类材料在离子选择性电极、电活性离子交换膜、生物/电化学传感器、电催化以及二次电池等新技术领域有着广阔的应用前景，特别是基于电活性功能材料发展起来的新型电化学控制离子交换技术（electrochemically switched ion exchange, ESIX）、电化学超级电容器（electrochemical supercapacitor, ESC）和电解水制氢等在应对日益突出的环境和能源问题时，展现出独特的技术优势。

材料的结构决定其性能。电活性功能材料的优良性能主要取决于其微观结构，在保证电子导电性的同时，尽可能多地暴露可靠的活性位点，供离子快速地置入与释放。一般而言，决定电活性功能材料结构和性能的根本因素是选择适宜的合成方法。因此，研究合成方法对电活性功能材料结构和性能的影响规律是该领域的热点之一。此外，电活性功能材料的种类是决定其性能和用途的另一重要因素，常见的电活性功能材料主要包括各种新型碳材料、有机导电高分子聚合物、无机变价金属化合物等。其中碳材料化学性质比较稳定、导电性好，但离子交换容量较低；导电高分子材料具有赝电容特性，离子交换容量高，但稳定性较差；金属变价化合物同样具有赝电容特性，表现出较高的离子交换容量，但存在酸碱适应性较差、电阻较大等问题；有机/无机复合（杂化）电活性功能材料通过协同优化改善其结构和机械性能，显示出快速的离子传递能力和良好的化学稳定性等。近年来，关于新型复合电活性材料的研发备受关注，为高性能 EFM 的开发提供了一条重要的思路，并成为该领域的又一研究热点。

本书汇集近五年课题组及作者在日本弘前大学北日本新能源研究所留学

访问期间的研究成果，以围绕解决环境和新能源问题所需电活性功能材料的制备和应用为主线，结合国内外相关参考文献及本课题组的科研特色，较系统地介绍有机、无机、有机/无机杂化等各类电活性功能材料及其制备方法，与其在废水中重金属离子去除、超级电容器以及电解水制氢等方面的开发与应用，重点介绍了本课题组研发的单极脉冲电沉积（聚合）技术可控制备特定结构电活性功能材料的新方法，同时提出了一些新的电活性材料的设计思路和解决问题的机制。全书共分四章，详细介绍了电活性功能材料的制备技术、典型重金属 Pb^{2+} 、Ni^{2+} 离子的选择性去除、双金属氢氧化物/氧化物基等赝电容性能、高分子导电聚合物赝电容性能、氧化物或者金属掺杂碳化物等催化制氢和制氧性能，具有较强的指导性和实用性，可供从事电活性功能材料领域的工程技术人员、科研人员和管理人员参考，也可供科研院所、高等学校环境化学工程、能源化学工程以及相关专业师生参阅。

本书研究工作得到了国家自然科学基金（No. 21776191、No. 21476156、No. 21276173）、山西省重点研发计划国际科技合作项目（No. 201803D421094）等项目以及日本产学共同研究项目（No. Sendai-2014-1）的支持。在本书的写作过程中，罗晋花、郝晓琼、李春成、杜晓、李修敏参与了相关工作，郝晓刚、官国清、薛春峰老师给予了指导，靳彤彤、房小繁等参与了图表校核。全书由马旭莉统稿、定稿。

限于作者水平有限和时间紧凑，不妥和疏漏在所难免，恳请专家、学者和工程技术人员批评指正。

马旭莉

2019 年 4 月

| 目 录 |

第 1 章　电活性功能材料及其特色合成 …… 001

1.1　电活性功能材料 …… 001

1.1.1　无机电活性功能材料 …… 001

1.1.2　有机电活性功能材料 …… 007

1.1.3　有机@无机杂化电活性功能材料 …… 011

1.2　电活性功能材料的特色制备 …… 013

1.2.1　单极脉冲法制备电活性功能材料 …… 013

1.2.2　双极脉冲法制备电活性功能材料 …… 015

1.2.3　恒电位法制备电活性功能材料 …… 016

1.2.4　恒电流法制备电活性功能材料 …… 016

1.2.5　循环伏安法制备电活性功能材料 …… 017

1.2.6　水热法制备电活性功能材料 …… 017

参考文献 …… 017

第 2 章　电活性功能材料在重金属离子去除中的应用 …… 025

2.1　引言 …… 025

2.2　电活性层状固体质子酸/有机物材料对重金属离子的选择性去除 …… 028

2.2.1　电活性功能材料 PANI/α-SnP 对重金属离子 Ni^{2+} 的选择性去除 …… 028

2.2.2　电活性功能材料 PAY/α-SnP 对重金属离子 Pb^{2+} 的选择性去除 …… 034

2.2.3　电活性功能材料 PEDOT/α-ZrP 对重金属离子 Pb^{2+} 的选择性去除 …… 039

2.3　介孔分子筛/有机物电活性功能材料的重金属离子去除 …… 045

2.3.1　电活性功能材料 HZSM-5/PANI/PSS 对重金属离子 Pb^{2+} 的选择性去除 …… 045

2.3.2　电活性功能材料 SBA-15/PANI/PSS 对重金属 Pb^{2+} 的选择性去除 …… 052

参考文献 …… 061

第 3 章　电活性功能材料的超级电容器性能 …… 065

3.1　引言 …… 065

3.2　层状结构双金属氢氧化物电活性功能材料在超级电容器中应用 …… 067

3.2.1　碳纸基体 NiCo-LDHs 固态柔性超级电容器性能 …… 068

3.2.2　泡沫镍基体 CoMn-LDHs 纳米片不对称超级电容器性能 …… 077

3.2.3　碳纤维基体 CoAl 双金属氢氧化物全固态柔性超级电容器性能 ………… 086
3.3　导电聚合物电活性功能材料在超级电容器中应用 ………… 092
3.3.1　高稳定性 PPy 电活性功能材料的电容器性能 ………… 092
3.3.2　以 MOF 为模板的多孔 PANI 电活性功能材料的电容器性能 ………… 098
3.4　其他电活性功能材料在超级电容器中的应用 ………… 103
3.4.1　树枝状纳米 MnO_2/MWCNT 电活性功能材料及其超级电容器性能 ………… 103
3.4.2　NiHCF-NCs/CFs 电活性功能材料的电容器性能 ………… 109
参考文献 ………… 114

第 4 章　电活性功能材料的电催化制氢、制氧 ………… 123
4.1　引言 ………… 123
4.2　电解水原理 ………… 124
4.2.1　析氢反应机理 ………… 124
4.2.2　析氧反应机理 ………… 126
4.3　Co 基电活性功能材料在电解水制氧的应用 ………… 127
4.3.1　电活性功能材料 Co_3O_4 电催化制氧 ………… 128
4.3.2　海葵状电活性功能材料 CuO/Co_3O_4 电催化制氧 ………… 133
4.3.3　核壳结构 CuO@ Co_3O_4 电活性功能材料的电催化制氧 ………… 137
4.3.4　核壳结构 CuO@ Fe-Co_3O_4 电活性功能材料电催化制氧 ………… 144
4.4　Ni 基材料在电解水制氧中的应用 ………… 151
4.4.1　$Cu(OH)_2$@ NiFe-LDHs 电活性功能材料电催化制氧 ………… 151
4.4.2　原位插层 NiFe-LDHs 电活性功能材料的催化制氧 ………… 158
4.5　电解水制氢 ………… 163
4.5.1　Ag 掺杂 Mo_2C 电活性功能材料催化制氢 ………… 164
4.5.2　Mn 掺杂 CoP 电活性功能材料的电催化制氢 ………… 169
参考文献 ………… 174

第 1 章 电活性功能材料及其特色合成

1.1 电活性功能材料

电活性功能材料是电子-离子的混合导体，能同时传导电子和离子[1,2]；当其在电化学氧化或还原状态间转换时，可从溶液中可逆地置入和释放离子，呈现导电特征；而当其处于完全氧化或完全还原状态时，呈现绝缘体特征[3]。由于电活性功能材料独特的电控离子交换性能，使其被广泛应用于离子交换[4,5]、电催化[6]、离子选择性电极[7]、电容器[8]、传感器[9]、二次电池[10]等不同领域。常规的电活性功能材料根据材料属性可以分为无机电活性功能材料、有机电活性功能材料和有机/无机杂化电活性功能材料。近年来，不同特性电活性功能材料的合成、结构、性能及应用已成为国际研究热点。

1.1.1 无机电活性功能材料

1.1.1.1 普鲁士蓝及其类似物

普鲁士蓝（Prussian blue，PB）是一种过渡金属氰化物，分子式 $FeFe(CN)_6$ 或 $Fe_4[Fe(CN)_6]_3$，又名亚铁氰化铁、柏林蓝、中国蓝等。1704 年，一名德国染料工人首次无意间合成了颜色鲜艳、着色能力强的普鲁士蓝，并将其广泛地应用于颜料、油漆、蜡笔等领域[11]。1977 年，Buser 对普鲁士蓝进行了 XRD（X 射线衍射）测试，分析得出了普鲁士蓝的结构[12]。普鲁士蓝是一种典型的混合态无机化合物，具有三维网状并类似于分子筛的立方框架结构，其晶体结构示意图如图 1-1 所示。晶胞中同时包含二价铁和三价氧化态铁，两者交替排列于面心立方晶格中，并与氰根键—CN—相互连接。每个三价铁离子被氮原子环绕，而二价铁离子被碳原子环绕。结构中间有空位，钾离子或水分子可以位于其中，晶格半径为 0.16nm[13]。

普鲁士蓝类似物与普鲁士蓝结构类似，其分子通式为 APR $(CN)_6 \cdot yH_2O$，其中，A 代表碱金属离子，如 Li^+、Na^+、K^+、Rb^+、Cs^+ 等，P 代表二价过渡金属离子，如 Co^{2+}、Mn^{2+}、Ni^{2+}、Cu^{2+}、Zn^{2+}、Cd^{2+}、Pb^{2+} 等，R 代表三价过渡金属离子，如 Fe^{3+}、Co^{3+}、Cr^{3+}、Pt^{3+}、Mn^{3+} 等[14]。当 R 为 Fe 时的普鲁士蓝类似物称为金属铁氰化物（metal hexacyanoferrate，MHCF），常见的 MHCF 有铁氰化镍、铁氰化铜、铁氰化钴等。在 MHCF 的制备过程中，通过掺杂结构类似的金属离子，可以实现双金属铁氰化物的合成。目前为止，已经合成的双金属铁氰化物有 NiFeHCF[15]、CuCoHCF[16]、CoFeHCF[17]、FeMnHCF[18]、CoMnHCF[19] 等。相比于单金属普鲁士蓝类似物，双金属铁氰化物可以通过调配不同金属的比例，进而优化晶格尺度，改善离子交换性能和稳定性。

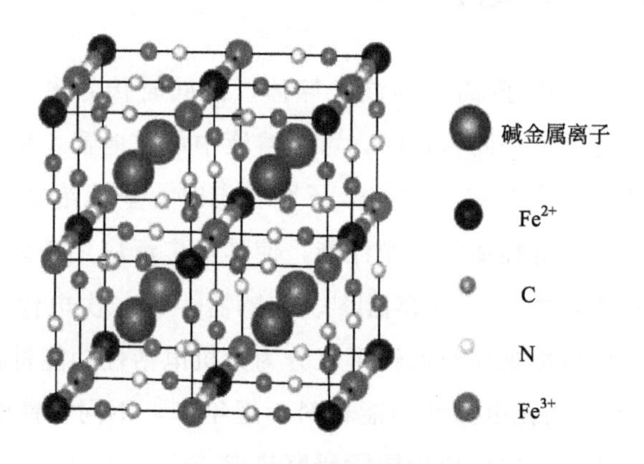

图 1-1　普鲁士蓝晶体结构

普鲁士蓝及其类似物均具有较好的氧化还原特性、稳定性、电致变/显色、离子吸附分离、电储能、电催化等性能[20]。可应用于碱金属离子的离子选择性测定、各种光学传感器、磁性材料、电化学分析器、电色器件和固态可充放电电池等诸多领域。十几年来，本课题组一直致力于普鲁士蓝类似物在传感器、离子吸附分离、超级电容器中的研究。

1.1.1.2　层状双金属氢氧化物

层状双金属氢氧化物（layered double hydroxides，LDHs）是水滑石和类水滑石的总称[21]。1842 年，Hochstetter 最早发现天然镁铝黏土矿物；1942 年，Feitknecht 首次人工合成层状双金属氢氧化物；1969 年，Allmann 首次测定确认层状双金属氢氧化物是单晶结构。二十世纪末，科学家们充分揭示了其层状晶体结构和组成的多变性[22]。层状双金属氢氧化物是一类层状阴离子化合物，又称层状阴离子黏土材料。其结构示意图如图 1-2 所示，由带正电荷的层板和层间阴离子组成。其中，带正电荷的层板由八面体连接而成，羟基位于八面体的顶点，金属原子位于中心，层板与阴离子之间靠氢键结合[23]。

LDHs的化学通式是：$[M^{2+}_{1-x}M^{3+}_{x}(OH)_2]^{x+}[A^{n-}_{x/n}]^{x-}\cdot mH_2O$，其中，$M^{2+}$和$M^{3+}$是层板上带正电的金属阳离子，$A^{n-}$是层间阴离子，$m$是水分子数，$x$是$M^{3+}$与（$M^{2+}+M^{3+}$）的离子数比，当$x$在0.2～0.4之间时，得到的LDHs纯度最高，在不破坏晶体结构的情况下，层间水分子可以去除[24]。

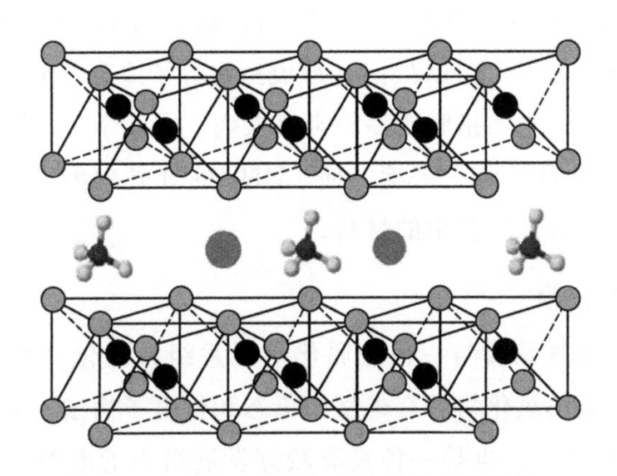

图1-2　层状双金属氢氧化物的晶体结构

层状双金属氢氧化物具有以下特性：①层间阴离子具有可交换性：LDHs层间阴离子与层板间存在的氢键作用力比较弱，层间的阴离子可与溶液中其他阴离子进行交换（层间阴离子交换的过程也被称为插层），从而得到新LDHs。②LDHs具有记忆效应：在高温下煅烧后，其层板结构被破坏，形成了复合金属氧化物（LDO），但当将生成的LDO加入含某种阴离子溶液中时，LDO通过与溶液中的阴离子重建形成新的层状双金属氢氧化物，该过程被称为LDHs的记忆效应。③具有酸碱可调性：LDHs的层间含有较多的羟基以及阴离子，可通过改变层间的羟基及阴离子的化学组成和活化条件来增减其酸碱性。④组成和结构的多变性：LDHs的种类繁多，化学组成不固定，调控不同的金属元素、层间阴离子、金属离子比例、晶体大小等都可以制备出具有不同物化性质的LDHs。此外，LDHs的层板间距会对其物化特性造成很大的影响，可以在有机溶剂中对其剥层，从而获得高分散的LDHs纳米片。

由于结构特殊、组成多样、比表面积大、结晶度好等特点，层状双金属氢氧化物（LDHs）已被广泛应用于许多重要领域，例如催化、电化学、聚合、磁化、光化学和生物医学等。具体如下：①催化方面：LDHs可作为有机分子反应中加氢、重整、裂解、缩聚以及聚合等一系列反应的多功能催化材料。具有易分离，腐蚀性小，易再生，环境污染低等优点。②电化学方面：由于其特殊的层状结构、稳定性和组成可调等特点，可将其用于电极材料或者电催化反应。③LDHs的层状结构决定它具有较大的比表面积，加之表面活性中心的作用，容易接受客体分子，因此 LDHs 可以用作吸附剂。层间阴离子具有可交换性，高价阴离子容易插入到层间，而低价阴离子容易被置换出来。LDHs 的离子交换性能与阴离子交换树脂相似，但与阴离子交换树脂相比，其离子交换容量相对较大。LDHs的离子交换性能也高于阳离子黏土。④医药方面：LDHs 具有良好的生物相容性，可以将药物分子引入 LDHs 层间，形成药物分子或离子插层的 LDHs，可用于治疗胃炎、胃溃疡、十二指肠溃疡等常见疾病。⑤光学方面：可以通过选择层间阴离子以及控制层间阴离子密度，使 LDHs 的红外辐射能力得以精准控制，得到具有超高、超低红外辐射率的材料。

1.1.1.3 金属氧化物

金属氧化物是指氧元素与一种金属化学元素组成的化合物。与氢氧化物相比，大多数的过渡金属氧化物具有丰富的价态和价电子构型，表现出较好的导电性，属于半导体材料[25]，也是一种具有较好发展潜力的电极材料。过渡金属氧化物中，部分金属原子带正电荷，使它们表现出与金属离子、金属原子相似的性质，因此在磁、光电、电化学等诸多领域发挥出极其重要的作用。在各种过渡金属氧化物中，RuO_2 具有良好的导电性、高稳定性和理论比电容高（理论比电容 $1360F \cdot g^{-1}$）的特点，被广泛认为是最有潜力的材料之一，但其对环境有害且价格昂贵等缺点限制了其商业化的应用。因而，科研人员们转而研究一种替代品，其中，针对氧化锰、氧化钴等的研究较为广泛。

氧化锰因其具有价格低廉、储量丰富、环境友好、制备工艺较简单、多种氧化价态、电位窗口较宽、良好的电容特性（理论比容量高达 $1100 \sim 1300F \cdot g^{-1}$[26,27]）等诸多优点，被认为是极具潜力的一种电极材料[28,29]，在近几年来得到了快速的发展。MoO_2 赝电容能量存储机制主要是发生可逆的氧化还原反应，其中包括电解液中阳离子或者质子的交换、不同氧化态之间的转变：Mn^{3+}/Mn^{2+}、Mn^{4+}/Mn^{3+} 和 Mn^{6+}/Mn^{4+}[30]。此外，不同制备条件合成的氧化锰形貌结构不同，其电容性能也不同。以 MoO_2 为例，MoO_2 的晶型结构分为一维、二维、三维排列结构，不同的晶型结构的电荷存储的能力大有差别。

氧化钴是一种重要的电极材料，具有较好的环境友好特性和法拉第电容特性。其中，Co_3O_4 价格低、环境友好、理论容量高、具有较好的可逆性，是一种很有前景的电活性功能材料。Co_3O_4 为 P 型半导体，具有尖晶石结构。

Co_3O_4 之前的研究主要在磁性材料方向的应用，近年来，不同形貌结构的 Co_3O_4，如纳米线[31]、纳米片[32]、纳米管[33]、中空结构等结构分别开发和制备，用于超级电容器、电催化等方向应用。

此外，二元氧化物体系电极材料因其具有多种氧化态、高比电容和高能量密度而备受关注，如 Ni-Mn[34]、Mn-Fe[35]、Ni-Co[36-38] 等二元氧化物体系。研究表明，当两种过渡金属元素在主层板结合时，会受到两种金属成分的共同作用，使得二元体系氧化物具有比一元体系更高的导电率和更高的比电容。三维层状多孔结构的二元氧化物电极材料具有更加充足的表面电活性成分且利于氧化还原反应中电子的转移。其中，如 $NiCo_2O_4$ 的结构为 Co_2O_4 中的一个 Co 原子被 Ni 原子取代而形成的二元金属氧化物材料，具有与 Co_2O_4 相同的尖晶石结构，但其比 NiO 和 Co_2O_4 的电导率高出两个数量级。$NiCo_2O_4$ 的氧化还原反应也较为活泼，是一种具有潜力的超级电容器与电催化电极材料。

1.1.1.4　固体质子酸层状材料

具有层状结构的固体质子酸是一种多功能电活性材料，其中磷酸锆和磷酸锡化合物是两种典型的代表。1950 年，在美国橡树岭国家实验室首次发现了磷酸锆[39]。1964 年，Clearfield[40] 等通过溶胶凝胶法合成了层状的 α-磷酸锆(α-ZrP)，并揭示了层状结构的排列及层间距的大小[41]。α-ZrP 的晶胞参数为 $a=9.06$Å（1Å$=10^{-10}$m），$b=5.297$Å，$c=15.414$Å，是单斜晶晶体，结构如图 1-3 所示，每一层锆原子处于同一个平面，P-OH 基团伸向层间，其中 O 与水

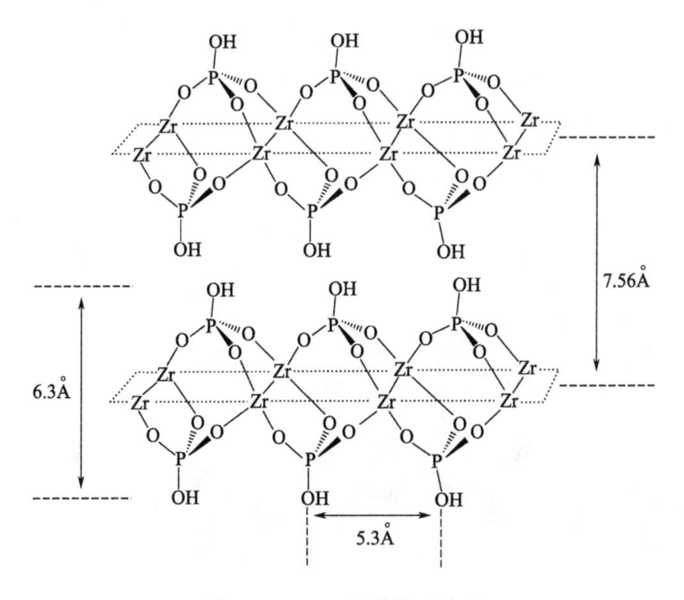

图 1-3　α-ZrP 的结构示意图

分子中的 H 形成氢键，水分子中另一个 H 与另一层同样结构的 O 形成氢键，通过范德华力与片状的 α-ZrP 连接形成层状结构。层间的 P-OH 作为 α-ZrP 离子交换的活性位点，氢质子可以与其他阳离子进行交换，因此，被称作固体质子酸层状材料。

磷酸锆因其特殊的固体质子酸结构，广泛应用于以下领域：①电化学领域：α-ZrP 是一种优良的离子交换质子传导材料，其羟基的质子氢可以在层间自由移动。可用于制备离子选择性电极[42]、离子交换膜[43]、电池材料[44]等；②催化领域：α-ZrP 作为一种固体酸催化剂，其层状空间可以作为催化反应器，通过插层、柱撑等方法可以调节层间距的大小，引入不同的活性物质或反应物质，制备不同用途的催化剂或者催化剂载体[45]；③离子交换剂：α-ZrP 是一种良好的无机阳离子交换剂，与有机离子交换树脂相比，α-ZrP 具有良好的热稳定性和抗辐射性，可被用于吸附对树脂污染比较严重的重金属离子[46]以及核反应废水中的 Cs^+[47]。α-ZrP 作为一种离子吸附剂，主要依靠层间的 P-OH，在吸附阳离子的同时有等量的 H^+ 释放，高结晶度的 α-ZrP 含有更多的 P-OH 吸附活性基团，具有更大的离子交换容量；④生物领域：α-ZrP 可以固定血红蛋白、细胞素、溶菌酶以及药物抗体，可以作为生物分子的载体[48]。

α-磷酸锡（α-SnP）在结构上与 α-ZrP 类似，也是一种典型的层状结构磷酸盐。如图 1-4 所示，每个 P 原子周围有四个 O 原子以正四面体的结构排布，P-O 的距离在 1.533～1.545Å 之间，所有的氧原子两端均分别连接 P 和 Sn 原子，α-SnP 的结构可以看成由 SnO_3 和 PO_4 多面体交替排布构成。L. Szirtes[49] 的工作进一步证明了 α-SnP 中，每个 Sn 原子与三个 PO_4 相连接，PO_4 结构有两个氧原子（O_2 和 O_3）暴露在层与层之间没有与 Sn 连接，另外两个 O 原子（O_1 和 O_4）与 P、Sn 两种原子以 Sn-O-P-O-Sn 的结构循环链接，特殊的层状结构决定其有较好的离子交换容量、催化活性、质子导电率，同样受到了广泛的关注。

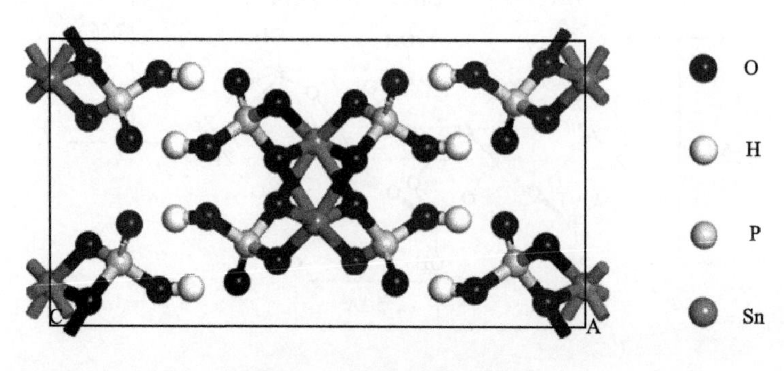

图 1-4 α-SnP 的分子结构

α-ZrP 与 α-SnP 的插层、剥层及水解反应：插层是指在不破坏其层状结构的情况下，一些小的极性分子通过吸附、嵌入、柱撑的方式进入层间，通常认为该过程是可逆的。而剥层是插层的极限状态，随着层间的客体分子越来越多，而层间的范德华力越来越小，在外力的作用下层状结构被打开，形成单一的纳米片，最后得到了透明的胶体溶液。当层状磷酸盐在水相中进行剥层时，磷酸基团会在层状磷酸盐的边缘部分被羟基取代而发生了水解反应。其水解的主要原因是由于其每层边缘的磷酸基团易受到溶液中的羟基攻击，并且其过程是可逆的，而且层状磷酸盐的水解过程通常是不完全的，越小的晶体则越容易水解。

L. Y. Sun[50]等人结合 XRD 研究了剥层剂与磷酸盐的浓度比对层状磷酸盐插层/剥层程度的影响，当剥层剂四丁基氢氧化铵（TBAOH）与 α-ZrP 的浓度比为 0.1∶1 和 0.2∶1 时，大部分 α-ZrP 在仍然保持原来状态的基础上，TBA^+插入 α-ZrP 层间边缘部分。当浓度比增加为（0.3～0.5）∶1 时，更多的 TBA^+插入α-ZrP 层间，并且会吸附在 α-ZrP 夹层空间两边，这种不稳定的双层结构很容易因为 TBA^+的静电排斥而分离，达到部分剥层状态，并且随着剥层剂的增加越来越多的部分被剥层，但是仍然有部分 α-ZrP 维持原来状态。当浓度比增加到（0.6～0.7）∶1 时，TBA^+完全插入 α-ZrP 层间，并且大部分 α-ZrP 层达到剥层状态。继续增加剥层剂（TBA＋OH）与 α-ZrP 的浓度比达到时 0.8∶1 时，α-ZrP 被完全剥离。

α-SnP 作为一种层状固体酸，极易与其他胺类发生插层反应。α-SnP 与烷基胺类以每个 P-OH 官能团与一个胺类分子反应作为最大的反应比例，对于大多数胺类，磷酸基团上的氧质子转移到胺基团的过程，通常伴随着插层过程。

1.1.2 有机电活性功能材料

有机电活性功能材料主要以导电聚合物为主，是一种人工合成的类似金属导体的有机材料，同时保留了高分子聚合物的机械性能、分子可设计性、结构多样性和易合成等特点，弥补了金属加工温度高、密度大、易腐蚀等缺点。1977 年，首次发现电导率约为 $10^{-5}\Omega \cdot cm^{-1}$的聚乙炔经过氧化/还原和离子掺杂后，其电导率可以提升至 $10^{3}\Omega \cdot cm^{-1}$[51]。近年来，研究目标主要集中在聚苯胺、聚吡咯、聚噻吩、酸性黄及其衍生物。它们均具有良好的导电性，可逆的氧化还原性能、质子掺杂和脱掺杂性能。

有机电活性功能材料在氧化还原过程中的导电机理主要基于两方面：①具备单双键交替的共轭结构，引入电荷传递所需的载流子时，通过部分氧化（p 掺杂）引入电子受体，或者通过部分还原（n 掺杂）引入电子施主作为电荷传递的载流子；②离子掺杂后，聚合物主链上会产生载流子（包括孤子、极化子和双极化子），并通过载流子在离域高分子主链上进行移动，实现电荷传递[52]。因为导电聚合物的导电性主要是由于共轭体系中的离域电子可以在聚合物链内、链间或者域间自由传递，其电导率会受到其极化长度、共轭长度、掺杂程度、分子取向、结晶度、纯度等的影响。有机电活性功能材料中，共轭链上的每一个碳原子为 sp^2 杂化，三个杂化过的 δ 键同相邻的原子相连、相互交叠，使电子在共轭链方向上形成离域，从而为电子的移动提供了有效的通道。

1.1.2.1 聚苯胺

聚苯胺（polyaniline，PANI），史称苯胺黑，是典型的导电聚合物之一。聚苯胺具有价格低廉、聚合方法简单、环境中化学性能稳定、理论比电容值极高（高达 $2000F \cdot g^{-1}$以上）、掺杂/脱掺杂机理简单等众多优势备受关注，也是目前导电聚合物中的一种热点材料。其结构如图 1-5 所示，聚苯胺中苯式/醌式结构单元共存，总体上可视为由还原态对苯二胺（—B—NH—B—NH—）和氧化态醌二亚胺（—B—NH═Q═N—）两部分构成，其中，B 指苯环，Q 指醌环[53-54]，n 代表聚苯胺的聚合度，用来衡量聚苯胺分子大小，y 值代表聚苯胺的氧化还原程度（$0<y<1$）。$y=0$ 时，对应着紫色的全氧化态的全醌式结构聚苯胺（PB）；$y=1$ 时，对应着黄色的全还原态的全苯式结构聚苯胺（LB）；全还原态和全氧化态都为绝缘态；$0<y<1$ 时，对应着中间氧化态聚苯胺，分子中出现苯醌的不同程度的交替；$y=0.5$ 时，苯醌之比为 3∶1，对应着墨绿色的半氧化半还原态的掺杂态聚苯胺（EB），具有最强的导电性[55]。三种状态可通过氧化还原反应相互转换。聚苯胺的导电率也可以通过掺杂率和氧化程度控制，当氧化程度一定时，导电率与掺杂态密切相关，随着掺杂率的提高，导电率不断增大。

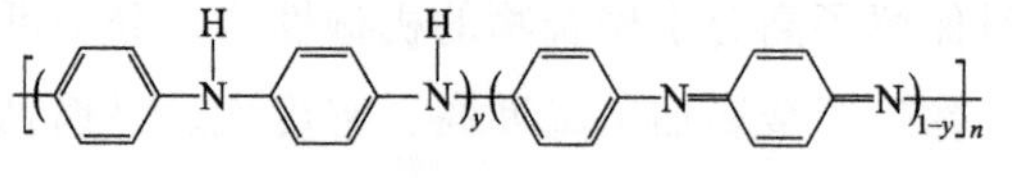

图 1-5　聚苯胺的结构示意图

PANI 具有良好的导电性、可逆的氧化还原性、质子掺杂和脱掺杂性、合成简单、优良的稳定性，分子结构容易修饰、物理和化学性质可通过氧化态和还原态灵活调控等诸多特点，在离子交换、超级电容、光电转换、防腐、磁电等领域都有潜在的应用前景[56-58]：①导电性：PANI 是一种 p 型半导体，大多数的载荷子是有孔隙的，其中离域的键对导电性有关键的作用；②离子交换性能：PANI是一种电子和离子的混合体，其中既有电子的迁移也有离子的转移，可以通过三苯基胺作为交联剂来增加其离子交换性能。例如，聚苯胺掺杂小的阴离子可以用来分离阴离子，掺杂大的阳离子可以用来分离阳离子；③超级电容性能：PANI作为电极材料，可以通过快速氧化还原实现对其电容行为的调控。

1.1.2.2　聚吡咯

聚吡咯（polypyrrole，PPy）是一种典型的具有大共轭双键结构的导电高分子，通常为无定型黑色固体，也被称为吡咯黑，其电导率可达 $10^2 \sim 10^3 S \cdot cm^{-1}$。聚吡咯的结构如图1-6所示，其化学单元结构是吡咯单体环的2,5偶联，是一种半结晶的高分子。每个吡咯环分子的四个碳原子和一个氮原子形成了平面五角形的结构，由于碳和氮原子都采用 sp^2 杂化，使得每个碳原子有填充单电子的未杂化p轨道，而氮原子有填充孤对电子的p轨道，因此，五个p轨道结合六个p电子形成了大π键的共轭体系，满足休克尔规则，且具有芳香性。

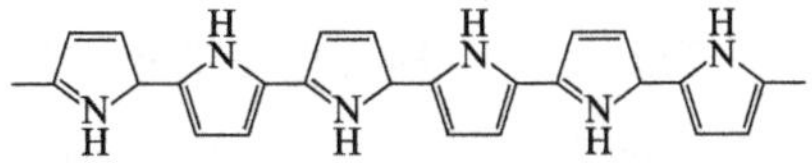

图1-6　聚吡咯的分子结构

在氧化剂或外界电场的作用下，吡咯单体可以发生氧化反应生成高分子聚合物。吡咯单体聚合的过程如图1-7所示[59,60]，聚合机理为阳离子自由基聚合过程。因为吡咯环上的α-C活性最大，在聚合过程中主要通过α-α联结。在图示系列反应中，二聚反应的速度最为缓慢，是整个反应的速控步骤。因为正性原子和原子团间存在的静电斥力作用会减慢反应速率，所以必须掺杂溶液中的阴离子来中和上述的电荷从而消除静电斥力，使聚合过程能够以较快的速率进行。在聚合过程中，阴离子掺杂进聚合物主链，最终形成中性聚吡咯[61-64]。吡咯在聚合过

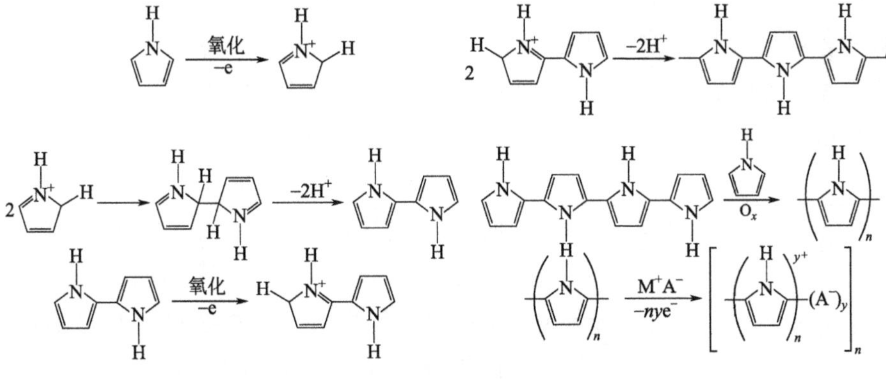

图1-7　吡咯单体阳离子自由基聚合机理

程的掺杂特性决定了其结构可调控性，不同的掺杂会影响到聚吡咯的性质，研究人员不断地探索了不同的掺杂过程和对应的各种性质。

聚吡咯具有很好的电化学氧化/还原可逆性、稳定性、合成简单、柔性等诸多优点，近些年被认为是很有发展前景的电极材料，使其在生物传感器、气体传感器、药物递送系统、机械制动器和光伏电池等领域有潜在应用[65-67]。

1.1.2.3 聚噻吩

聚噻吩（PEDOT）衍生物繁多，常见的聚噻吩衍生物结构如图 1-8 所示。聚噻吩在导电聚合物中有重要地位[68]，因为相较于其他导电聚合物，聚噻吩及其衍生物易制备、具有很好的稳定性及可发光性、掺杂后具有较高的导电性。而且聚噻吩的掺杂程度高达 50%，通常掺杂率超过 6%的导电高分子便具有较高的电导率。因其特殊的性能，聚噻吩类高聚物已经在有机电致发光器、太阳能光电池、传感器、防静电和防腐材料、催化剂载体等领域中展现了诱人的应用前景[69-71]。

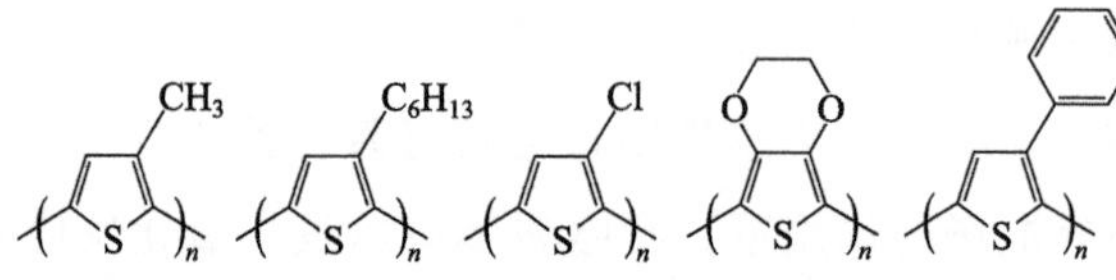

P3MT　P3HT　PCT　PEDOT　PCHT

图 1-8　常见的聚噻吩衍生物结构

聚噻吩及其衍生物的导电性：掺杂前的聚噻吩及其衍生物不导电，当对聚噻吩进行掺杂后，聚合物中引入了电荷载体，电荷可以沿着链和链间迁移，这种电荷的定向运动使聚噻吩及其衍生物由绝缘体变为半导体，甚至变为导体，掺杂后的聚噻吩电导率高达 $10^{-3} \sim 10^{-1} S \cdot cm^{-1}$。

聚噻吩及其衍生物的掺杂：导电高分子掺杂剂的性质、数量均会对其电导率产生影响。掺杂剂一般包括中性掺杂剂、离子掺杂剂、有机掺杂剂、聚合物掺杂剂，而聚噻吩的掺杂主要是中性掺杂和离子性掺杂。按照掺杂后导电聚合物中电子数目的增减，可分为还原掺杂（n 型掺杂）和氧化掺杂（p 型掺杂），聚噻吩及其衍生物的掺杂一般为 p 型掺杂。具体的掺杂过程如图所示图 1-9，实际是伴随着电荷转移的氧化还原过程，同样存在去掺杂过程，其掺杂与去掺杂过程是可逆的。掺杂/去掺杂的同时还伴随着电导率、颜色、物理化学性质的变化[72]。

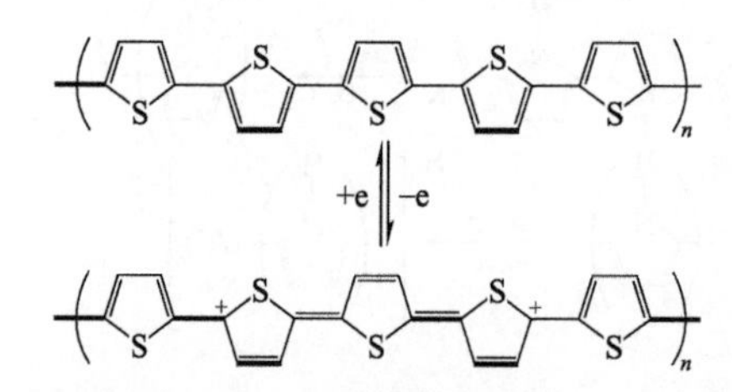

图 1-9　聚噻吩的掺杂

1.1.2.4　聚酸性黄

Kumar[73,74]等人使用酸性黄 9（AY）合成了具有电活性的聚酸性黄 9（PAY），并且推测了聚酸性黄 9 的聚合机理。酸性黄 9 的结构如图 1-10 所示，具有类似苯胺的结构。与苯环相连的磺酸基带有负电，可以通过静电吸附的作用吸附溶液中的阳离子，因为磺酸基与不同阳离子的结合力不同，亲和力也不同，因此表现出很好的离子选择性。本课题组首次研究了酸性黄 9 对重金属的选择性吸附研究。

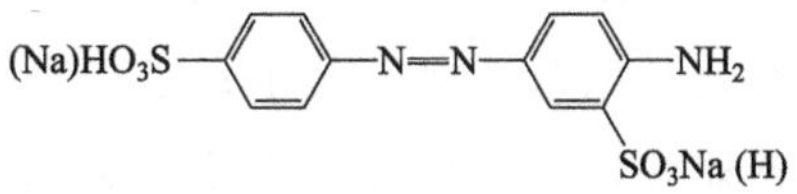

(Na)HO$_3$S—⟨苯环⟩—N=N—⟨苯环⟩—NH$_2$，SO$_3$Na (H)

图 1-10　酸性黄 9 结构

1.1.3　有机@无机杂化电活性功能材料

有机@无机杂化材料是指将两种或两种以上的无机、有机化合物以物理或化学方式结合而成的新材料。有机、无机材料均具有各自的优点，在力学、热学、光学、电磁学及生物学等方面被赋予了材料许多优异的性能，杂化的目的在于获取各组成成分的优点，通过两者的协同效应，增强材料某方面的性能。不同的材料在性能上取长补短，从而使得杂化材料的性能优于原单相的材料，从而满足不同的应用领域中的需求。因此，有机@无机杂化材料是近年来的研究热点。有机@无机杂化材料按照有机体和无机体的结合方式可分为两类：两相之间存在强作用力，如通过共价键、离子键以及配位键结合；或者两相之间存在弱相互作用力，如范德华力、氢键、静电引力或亲水疏水作用。可以作为电活性材料的有机@无机杂化化合物一般包含两类：聚苯胺基杂化电活性功能材料和聚吡咯基杂化电活性功能材料。本课题组针对以上两类杂化材料在电控离子交换、传感器、电容器、水电解等领域中的应用做了深入的研究。

1.1.3.1　聚苯胺基杂化电活性功能材料

在众多的导电高分子材料中，聚苯胺原料便宜、合成简便、耐高温、氧化性能良好、有较高的电导率，在许多领域显示出良好的应用前景。聚苯胺基杂化材料作为一种新型的复合材料，在光、电、热、色变等诸多方面都具有许多新颖的物理、化学性质，此类复合物拥有的很多特殊的性能使得它在许多技术领域具有潜在的应用前景，也越来越受到研究者的重视。王等人制备了聚苯胺@磷酸锆杂化材料（PANI@α-ZrP），这种杂化材料可作为一种用于 K^+ 测定的电化学传感器，杂化后的膜对钾离子的检测效果有了显著的提高，可以检测的浓度高达 7 个数量级[75]。主要原因是聚苯胺（PANI）为 α-ZrP 提供了质子酸和导电环境[76]，二者的协同作用使得这种杂化膜材料可以选择性地检测 K^+。王等人合成了聚苯胺@铁氰化镍杂化材料，通过调整制备液中苯胺单体浓度，实现了对复合纳米颗粒中 PANI 与 NiHCF 微观结构的调控。聚苯胺与 NiHCF 结合后，结构更加牢固稳定且电荷传递电阻小；是一种优异的超级电容器电极材料，在电催化生物传感器和新型电控离子交换等领域都有潜在的应用前景[77]。王等采用化学还原与电聚合相结合的技术制备了二元复合电极材料 PANI/MR-TiO_2NTs。与 MR-TiO_2NTs 相比，PANI/MR-TiO_2NTs 的导电性和比电容都有了很大的提高，这得益于纳米管中的氧空穴和聚苯胺的赝电容特性。在 $0.6A \cdot g^{-1}$的电流密度下，当比电容为 $947.1F \cdot g^{-1}$时，表现出较高的比电容和更低的内阻[78]。张等人制备了聚苯胺@磷酸锆杂化材料（PANI@α-ZrP），其中 α-ZrP 作为一种阳离子交换材料，本身具有质子传导和离子交换能力；而 PANI 具有电位响应和质子掺杂与脱掺杂的特性，通过二者的协同作用，使制备的杂化膜材料在中性条件下具有良好的电活性以及电位响应去除重金属离子的电化学性能，该杂化膜材料可作为一种新型的电活性功能膜材料选择性分离重金属溶液中的 Pb^{2+}[79]。

1.1.3.2 聚吡咯基杂化电活性功能材料

聚吡咯基杂化电活性功能材料也是一种重要的有机@无机杂化电活性材料。复合材料中不仅保留了聚吡咯的导电性能，同时还可以赋予复合材料其他的特征，综合性能也有很大的改善，在超级电容器、锂离子电池、电控离子交换等领域中有广泛的应用，成为当今的研究热点。廖等人在三维多孔碳毡（PTCF）基体上制备了具有阴离子交换功能的 PPy/PTCF 膜电极，且利用电控离子交换技术设计了新型的电极体系，从而实现了对废液中 I^- 与 Cs^+ 的电化学同步分离[80]，结果表明：PPy 和 PTCF 相互协同，可以显著提高膜材料的电化学性能，该杂化膜材料对 I^- 与 Cs^+ 均有吸附效果。杜等人通过一种电位诱导型-离子原位自脱除技术成功合成一种针对稀土三价金属钇为目标离子的离子印迹聚合物铁氰根/聚吡咯 FCN/PPy 杂化膜材料[81]，该 FCN/PPy 杂化膜材料中 FCN 和 PPy 产生双重推动力，促进了杂化膜材料中离子孔穴对 Y^{3+} 独特的记忆效应[82]；研究人员以石墨烯及氮修饰石墨烯为基底，与 PPy 结合得到复合材料，并对得到的复合材料的电化学性质及其在超级电容器中的应用进行了一系列研究[83]，实验结果表明，将石墨烯与聚吡咯结合得到的复合材料比表面积、比电容、电活性、循环稳定性均显著增加，且远强于单一材料的电化学性能，又兼具各个材料的优势，故而该复合材料可作为超级电容器的电极材料；张等人制得一种新型的 PPy/UiO-66 杂化膜材料[84]，UiO-66 材料的孔道特性及聚吡咯对离子的亲和性相互协同，可将其用于分离废液中的 Na^+，实现水的脱盐处理；李等人制备了十二烷基磺酸根掺杂聚吡咯薄膜，该杂化膜材料在碱金属和碱土金属的硝酸盐溶液中均具有良好的电活性[85]，该薄膜在碱金属的硝酸盐溶液中，尤其是在 $CsNO_3$ 溶液中具有良好的稳定性，且对 Cs^+ 具有较高的选择性。

1.2　电活性功能材料的特色制备

电活性功能材料的结构性能与其制备条件息息相关，采用不同制备方法生成的电活性功能材料具有不同的物化性质。电活性功能材料的制备主要有电沉积法和水热法[86]。电沉积方法是在外加电压下，通过电解液中金属离子在阴极还原为原子而形成沉积层电活性功能材料的过程，电沉积过程中，沉积层的形成包括两个过程：一是晶核的生成，二是晶核的成长，电沉积条件的参数设置决定着沉积层电活性功能材料的结构。电沉积方法包括单极脉冲法[87]、双极脉冲法[88]、恒电压法[89]、恒电流法[90]、循环伏安法[91]等。其中，单极脉冲法是本课题组首次发现并提出的一种特色制备电活性功能材料的方法，采用单极脉冲电沉积法合成了一系列具有不同形貌与结构的物质，实现了在电控离子交换、水电解、超级电容器等不同领域的应用。

1.2.1　单极脉冲法制备电活性功能材料

作为一种新型的电活性功能材料的制备方法，单极脉冲电沉积法（unipolarpulse electrodeposition，UPED）是由传统的脉冲电压法演变而成的。传统脉冲电沉积法通过控制高低两个不同的电位在电极表面诱发电化学反应，利用电位差异实现电化学反应的可控进行；通过设计合适的高低电位，可以使目标电化学反应在其中一个电位下进行，而在另一电位下停止。与恒电压法相比，脉冲电沉积法通过电位调变可以使目标电化学反应周期性进行，进而在每个脉冲周期都能诱发新的活性位增长点，从而使沉积的膜更加均匀；同时在目标电化学反应停止的周期，电极表面消耗的反应物能通过浓差扩散及时补充，从而显著提高反应效率。然而，传统脉冲电沉积法存在一个显著问题，即反应停止周期由于仍然控制规定电位，电极表面会伴随其他副反应发生，从而显著降低库仑效率。因此，在传统脉冲电沉积的基础上，课题组开发了新型的 UPED，该方法在继承传统脉冲电沉积优点的同时，具有自身独特的优势。与常规脉冲电沉积法不同，UPED 由脉冲开时间和关时间组成。开时间控制一特定电位诱发目标电化学反应进行；而关时间切断电路控制电流为零，而电极电位在放电过程中自发变化（如图 1-11 所示），此时系统不消耗能量，但仍然可以达到反应物扩散补充的效果，从而显著提高库仑效率。通过周期性“通电-断电-通电”的循环过程，使得 UPED 的电流效率相比传统的恒电压、恒电流沉积法有大幅提升。

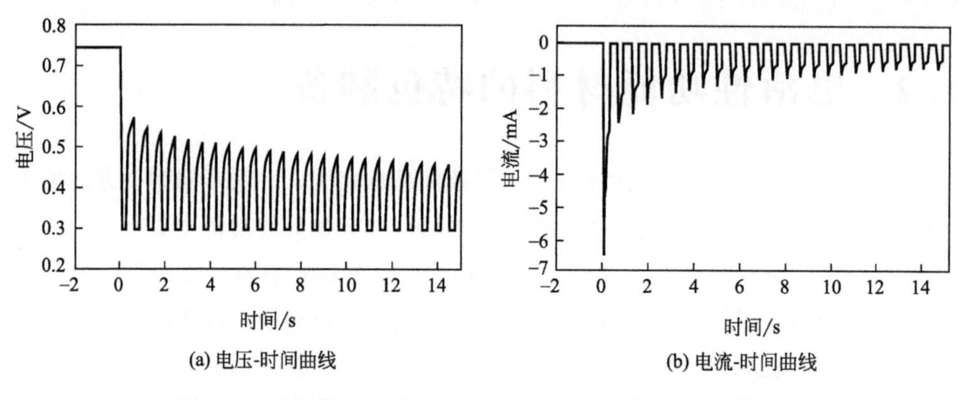

图 1-11　单极脉冲电沉积过程电压、电流与时间关系曲线图

具体而言，UPED 在制备高电化学性能的功能材料方面的独特优势主要体现在其可调的变量，即通过调控脉冲时间、脉冲频率、脉冲电压、脉冲宽度等各项参数，能够使沉积层的形貌、结构和性能达到最佳。巧妙设置关时间有利于使电极附近的反应物浓度得到充分恢复，同时生成的材料进行稳定性晶格重构或结构重组；而开时间和脉冲电位可以协同调节反应速率和进行程度，从而实现电活性功能材料的可控合成。

本课题组王忠德等人首次采用单极脉冲法制备了 PPy[92]，并证明其具有更好的导电性和分子各向异性，其合成的 PPy 表面更加平整、均匀。主要原因是，在单极脉冲关时间内，吡咯单体暂时停止氧化聚合，同时已生成的聚吡咯主链向更稳定的结构进行定向重排。待下次脉冲开始时，吡咯单体又可以在新的活性位点进行氧化聚合，从而使得 PPy 更加平整、均匀地生长。PPy 的间歇式重排证明了具有本课题组特色的单极脉冲法可以有效地避免传统电化学合成法存在的不足；王等人进一步采用一步单极脉冲电合成方法制备出一种镍离子印迹的 FCN/PPy 杂化膜材料。在这一过程中，在脉冲关时间内，PPy 主链充分地定向重排，可以有效地改善 FCN 和 PPy 的结合，从而抑制 FCN 在还原过程中被置出膜外[93]，而在脉冲开时间内，0.6V 以上的电位可以保证 FCN 处于氧化状态 [$Fe(CN)_6^{3-}$]，通过单极脉冲开时间与关时间的灵活调控，使得合成的 FCN/PPy 杂化膜材料可以有效地避免传统离子印迹法中所需的大量洗脱步骤，并可以被有效地应用于污水中的重金属离子的分离。单极脉冲法同样也是制备多孔稳定复合电极材料的有效方法。栾琼等人采用单极脉冲法将纳米尺度的树枝状 MnO_2 沉积于预涂了多壁碳纳米管的铂片上从而制得 MnO_2/MWCNT 复合电极[94]，该电极表现出卓越的电容器性能。原因主要是单极脉冲法所制备的 MnO_2 具有特殊的多孔稳定结构，这些多孔道的电活性材料有利于离子的传递，促进反应的进行；王雪勤等人采用单极脉冲电沉积法在碳纸上一步沉积了 NiCoLDHs 的电极材料[95]，根据形貌结构分析，证明了单极脉冲法合成的 NiCoLDHs 呈均匀的纳米层状结构，且该电极具有高的比电容、循环稳定性和低的电荷转移电阻；杜晓等人通过单极脉冲沉积方法，利用电势振荡实现 Y^{3+} 离子的原位脱除[96]，在制备过程中，当脉冲开时间时，正向电流有利于吡咯单体在电极表面发生氧化和聚合，生成的 PPy 主链带正电荷，故而溶液中的 FCN 和 Cl^- 将作为抗衡离子掺杂到聚吡咯膜内，在脉冲关时间时，电极电位在关时间过程中电位下降，工作电极的电流被切断，故而吡咯单体的氧化聚合过程停止。由于 Y^{3+} 离子与 FCN 离子之间本征的络合能力使溶液中的 Y^{3+} 与掺杂在 PPy 膜内的 FCN 离子发生配位反应。同时，PPy 主链向结构更稳定的构象发生重排，有效地改善了二者之间的结合力。

1.2.2　双极脉冲法制备电活性功能材料

双极脉冲法不同于单极脉冲法的是：脉冲周期内两段电位都不为零，在两段脉冲区间内均可以通过设置不同电位使得不同的物质得以沉积生长。一般第一个脉冲电流的幅值很大，但持续时间较短，此时对双电层进行快速充电，然后紧接着在体系中施加第二个脉冲电流，该脉冲幅值较小而持续时间较长。若调节第一个脉冲的幅度和脉宽，使第二个脉冲在开始处，电势随时间变化曲线斜率为零，此时双电层处于既不充电也不放电的状态。双极脉冲电沉积时，使用不同参数的脉冲电流所获得的复合材料的结构或组分不同，选择合适的不同参数的脉冲电流交互更替进行电沉积，能有效提高阴极极化程度，使阴极过电位升高和晶核形成概率提高，晶粒细化，进而得到性能优异、纳米尺寸的金属基纳米复合材料，为纳米复合电沉积技术的研发与生产提供了强有力的手段。本课题组杜晓等人采用双极脉冲法在碳毡基体上制备了 ZSM-5/PANI/PSS 杂化膜材料，通过在涂覆有 ZSM-5 的基底上设置两个不同的脉冲电位交替沉积紧密结合的聚苯胺/聚苯乙烯磺酸根 PANI/PSS 复合物，并证明该方法制备的杂化膜材料对 Pb^{2+} 的选择性明显高于对其他重金属离子[97]；谭等人研究了双极脉冲法制备的纳米复合镀层 Ni-Al_2O_3，发现采用双极脉冲法能获得平整、致密且晶粒细小的沉积层，可以有效地提高镀层的硬度、耐磨性、耐腐蚀性和高温抗氧化性[98]。

1.2.3 恒电位法制备电活性功能材料

恒电位法是指在电沉积时将电极电位恒定在某一值，使电解液中的离子发生电化学反应而析出。利用恒电位沉积法，可简单地通过设置不同电位控制沉积物种、沉积速度、纳米颗粒的大小等。A. D. Jagadale 等人使用简便且经济的恒电位法成功制备 CoMn-LDHs 电极[99]，该材料有着高的稳定性和比电容；高等人通过恒电位电沉积法在溶液中制备多壁碳纳米管[100]，所制备的 Pt/MWCNTs 催化剂表现出比商业 Pt/C 催化剂对乙醇电氧化更高的活性和稳定性；叶等用恒电位沉积法在覆有还原氧化石墨烯膜的玻碳电极上沉积了 150nm 的铂纳米颗粒[101]，结果表明采用恒电位法利于铂粒子在还原氧化石墨烯膜的快速生长，成核速率较大；Liu 等用恒电位沉积法，以多壁碳纳米管/玻碳电极作为工作电极，沉积粒径约为 4nm 的铂纳米颗粒，所得的铂催化剂对于乙醇电氧化具有更高的活性和稳定性，超过商业铂/碳催化剂[102]；杨保平利用恒电位电泳沉积方法在单晶硅（100）表面通过调控不同沉积时间制得氧化石墨烯薄膜[103]，通过改变沉积电位调控氧化石墨烯薄膜的粗糙度与结合力。随着沉积时间延长，薄膜的粗糙度逐渐增大，沉积十分钟之后达到最大值，继续沉积，薄膜粗糙度再无明显变化；孙鹏等人使用恒电位法制备 N 型 $Bi_2(Te_xSe_{1-x})_3$ 热电薄膜材料[104]，恒电压电化学沉积条件下，薄膜中晶粒随着沉积时间的延长而增大，恒电位生长的薄膜样品均具有斜方六面体晶体结构，有明显的（110）晶面择优取向，薄膜成分均接近于最佳配比，且在 0.04V 沉积电位时，阴极电流密度最大，薄膜晶粒最小，表面最为平整。

1.2.4 恒电流法制备电活性功能材料

恒电流电化学沉积是给工作电极施加一定大小的恒定电流，促使沉积反应发生。该方法是金属离子电沉积较为典型的方法，一些金属氧化物如 ZnO、SnO_2、TiO_2 等电沉积常采用此方法。钟青等人利用恒电流沉积法，通过增大阴极极化程度细化晶粒尺寸[105]，从而得到一定尺寸的纳米晶体；马荣等人用恒电流法在铟锡金属氧化物 ITO 玻璃上沉积聚苯胺/普鲁士蓝杂化膜材料[106]，紫外可见光谱表明该杂化膜材料具有较好的电致变色性；余刚等人在氧化铝模板上，采用恒电流沉积法制备钯镍/钯银合金纳米线阵列，获得的钯合金纳米线线条均匀连续，且结晶致密，长径比高达 250，证明恒电流电沉积法得到的纳米线晶体颗粒精细致密，与模板基体不易断裂，在较短沉积时间内可以将纳米孔洞沉积填满[107]。

1.2.5　循环伏安法制备电活性功能材料

循环伏安电沉积法，即在一定的电压范围内，将电极在电解液中进行循环扫描，最终将金属盐溶液还原为金属的过程。用循环伏安法沉积得到的膜，一般较薄，是纳米级的点状分布，不会完全覆盖基底。但是采用其他方法制备的膜都比较厚地覆盖整个表面。此外，现通常采用循环伏安法进行预沉积，然后才用恒压、恒流、脉冲等方法来沉积，这样可以增强基质和沉积层的附着力，使膜更稳定。Wu 等人在室温下通过循环伏安电沉积法在没有表面活性剂催化剂或模板的条件下进行电化学合成制得纳米线结构的氧化锰电极[108]，并表明沉积电位极大地影响电极形态以及电容器的电化学性能；朱等用循环伏安法合成了一种新的聚合物金属纳米复合物 PPS-Pd，在沉积纳米粒子同时，聚合一层纳米厚度的酚藏花红聚合物覆盖层，使纳米粒子被有效地分散开，防止进一步的聚集，增加了纳米粒子的有效催化表面积[109]。

1.2.6　水热法制备电活性功能材料

水热法也是制备电活性功能材料的一种常用方法，通过该方法制备的材料通常分散性好、纯度高、无团聚、形状可控。水热法过程中，通过控制反应条件，可以调节纳米微粒的晶体结构、形态与纯度，采用该法可制备应用于不同领域的多种电活性材料。陈爱诗[110]等人通过水热法制备了 MoS_2 空心微米片，结果表明，该方法制得的 MoS_2 有着独特的中空结构，承载能力强、比表面积大、密度低，可以增加催化剂本身活性位点的数量，并提升电催化析氢过程中的电子输运速率，从而提高活性材料的电催化性能。

参　考　文　献

[1] Chidsey C E D，Murray R W. Redox capacity and direct current electron conductivity in electroactive materials [J]. Journal of Physical Chemistry，1986，90 (7)：1479-1484.

[2] Lira-Cantú M，Gómez-Romero P. Electrochemical and chemical syntheses of the hybrid organic-inorganic electroactive material formed by phosphomolybdate and polyaniline. application as cation-insertion electrodes [J]. Chemistry of Materials，1998，10 (3)：698-704.

[3] Hillman A R，Pickup P，Seeber R，et al. Electrochemistry of electroactive materials [J]. Electrochimica Acta，2014，53 (11)：3742-3743.

[4] Du X，Hao X，Wang Z，et al. Electroactive ion exchange materials：current status in synthesis，applications and future prospects [J]. Journal of Materials Chemistry A，2016，4，6236-6258.

[5] Wang Z，Feng Y，Hao X，et al. A novel potential-responsive ion exchange film system for heavy

metal removal [J]. Journal of Materials Chemistry A, 2014, 2 (26): 10263-10272.

[6] Shao M, Chang Q, Dodelet J P, et al. Recent advances in electrocatalysts for oxygen reduction reaction [J]. Chemical Reviews, 2016, 116 (6): 3594-3657.

[7] Khan A A, Paquiza L, Khan A. An advanced nano-composite cation-exchanger polypyrrole zirconium titanium phosphate as a Th (Ⅳ)-selective potentiometric sensor: preparation, characterization and its analytical application [J]. Journal of Materials Science, 2010, 45 (13): 3610-3625.

[8] Wei W, Cui X, Chen W, et al. Manganese oxide-based materials as electrochemical supercapacitor electrodes [J]. Chemical Society Reviews, 2011, 40 (3): 1697-1721.

[9] Liu G, Lin Y. Electrochemical sensor for organophosphate pesticides and nerve agents using zirconia nanoparticles as selective sorbents [J]. Analytical Chemistry, 2005, 77 (18): 5894-901.

[10] Kang B, Ceder G. Battery materials for ultrafast charging and discharging [J]. Nature, 2009, 458 (7235): 190-193.

[11] 温建辉, 董川. 纳米普鲁士蓝的制备及其溶液稳定性的研究 [J]. 染料与染色, 2006, 4: 4-5.

[12] Buser H J, Schwarzenbach D, Petter W, et al. The crystal structure of prussian blue: $Fe_4[Fe(CN)_6]_3 \cdot x H_2O$ [J]. Inorganic Chemistry, 1977, 16 (11): 2704-2710.

[13] 杨长福. 纳米钴铁氰化物的电化学性质研究 [D]. 兰州大学, 2012.

[14] Lu Y, Wang L, Cheng J, et al. Prussian blue: a new framework of electrode materials for sodium batteries [J]. Chemical Communications, 2012, 48 (52): 6544-6546.

[15] Ghasemi S, Hosseini S R, Asen P. Preparation of graphene/nickel-iron hexacyanoferrate coordination polymer nanocomposite for electrochemical energy storage [J]. Electrochimica Acta, 2015, 160 (0): 337-346.

[16] Abbaspour A, Ghaffarinejad A. Electrocatalytic oxidation of l-cysteine with a stable copper-cobalt hexacyanoferrate electrochemically modified carbon paste electrode [J]. Electrochimica Acta, 2008, 53 (22): 6643-6650.

[17] Yu H, Jian X, Jin J, et al. Preparation of hybrid cobalt-iron hexacyanoferrate nanoparticles modified multi-walled carbon nanotubes composite electrode and its application [J]. Journal of Electroanalytical Chemistry, 2013, 700: 47-53.

[18] Yu S, Li Y, Lu Y, et al. A promising cathode material of sodium iron-nickel hexacyanoferrate for sodium ion batteries [J]. Journal of Power Sources, 2015, 275: 45-49.

[19] Mohan A V, Rambabu G, Aswini K, et al. Electrocatalytic behaviour of hybrid cobalt-manganese hexacyanoferrate film on glassy carbon electrode [J]. Thin Solid Films, 2014, 565: 207-214.

[20] Hu L, Zhang P, Chen Q, et al. Room-temperature synthesis of prussian blue analogue $Co_3[Co(CN)_6]_2$ porous nanostructures and their CO_2 storage properties [J]. RSC Advances, 2011, 1 (8): 1574-1578.

[21] Shim H, Dolde C, Lewis B C, et al. C-Myc transactivation of LDH-A: implications for tumor metabolism and growth [J]. Proceedings of the National Academy of Sciences of the United States of America, 1997, 94 (13): 6658-6663.

[22] Anantharaj S, Karthick K, Kundu S. Evolution of layered double hydroxides (LDH) as high performance water oxidation electrocatalysts: A review with insights on structure, activity and mecha-

nism [J]. Materials Today Energy, 2017, 6: 1-26.

[23] Lei X, Zhang F, Yang L, et al. Highly crystalline activated layered double hydroxides as solid acid-base catalysts [J]. Aiche Journal, 2010, 53 (4): 932-940.

[24] Guo X, Zhang F, Peng Q, et al. Layered double hydroxide/eggshell membrane: An inorganic biocomposite membrane as an efficient adsorbent for Cr (Ⅵ) removal [J]. Chemical Engineering Journal, 2011, 166 (1): 81-87.

[25] Toupin M, Brousse T, Bélanger D. Influence of microstucture on the charge storage properties of chemically synthesized manganese dioxide [J]. Chemistry of Materials, 2002, 14 (9): 3946-3952.

[26] Toupin M, Brousse T, Bélanger D. Charge storage mechanism of MnO_2 electrode used in aqueous electrochemical capacitor [J]. Chemistry of Materials, 2004, 16 (16): 3184-3190.

[27] Chang J K, Lee M, Tsai T, et al. In situ Mn K-edge X-ray absorption spectroscopic studies of anodically deposited manganese oxide with relevance to supercapacitor applications [J]. Journal of Power Sources, 2007, 166 (2): 590-594.

[28] Xu M W, Kong L B, Zhou W J, et al. Hydrothermal synthesis and pseudocapacitance properties of α-MnO_2 hollow spheres and hollow urchins [J]. The Journal of Physical Chemistry C, 2007, 111 (51): 19141-19147.

[29] Xu C L, Bao S J, Kong L B, et al. Highly ordered MnO_2 nanowire array thin films on Ti/Si substrate as an electrode for electrochemical capacitor. [J]. Solid State Chemstry. 2006, 179 (5): 1351-1355.

[30] Hu C C, Tsou T W. Ideal capacitive behavior of hydrous manganese oxide prepared by anodic deposition [J]. Electrochemistry Communications, 2002, 4 (2): 105-109.

[31] Li Y, Tan B, Wu Y. Mesoporous Co_3O_4 nanowire arrays for lithium ion batteries with high capacity and rate capability [J]. Nano Letters, 2008, 8 (1): 265-270.

[32] Li L, Chu Y, Liu Y, et al. A facile hydrothermal route to synthesize novel Co_3O_4 nanoplates [J]. Materials Letters, 2008, 62 (10-11): 1507-1510.

[33] Madian M, Ummethala R, Aoae N, et al. Ternary CNTs@TiO_2/CoO nanotube composites: improved anode materials for high performance lithium ion batteries [J]. Materials, 2017, 10 (6): 678.

[34] Spahr M E, Novák P, Haas O, et al. Cycling performance of novel lithium insertion electrode materials based on the Li-Ni-Mn-O system [J]. Journal of Power Sources, 1997, 68 (2): 629-633.

[35] Li T, Wang Y Y, Tang R, et al. Carbon-coated Fe-Mn-O composites as promising anode materials for lithium-ion batteries [J]. Acs Applied Materials & Interfaces, 2013, 5 (19): 9470-9477.

[36] Li J, Xiong S, Liu Y, et al. High electrochemical performance of monodisperse $NiCo_2O_2$ mesoporous microspheres as an anode material for Li-ion batteries [J]. Acs Appied Materials & Interfaces, 2013, 5 (3): 981-988.

[37] Bo C, Li J, Han Y, et al. Effect of temperature on the preparation and electrocatalytic properties of a spinel NiCoO/Ni electrode [J]. International Journal of Hydrogen Energy, 2004, 29 (6): 605-610.

[38] Hu H, Guan B, Xia B, et al. Designed formation of $Co_3O_4/NiCo_2O_2$ double-shelled nanocages with enhanced pseudocapacitive and electrocatalytic properties. [J]. Journal of the American Chemical Society, 2015, 137 (16): 5590.

[39] Kraus K A, Phillips H O. Adsorption on inorganic materials. I. cation exchange properties of zirconium phosphate [J]. Journal of the American Chemical Society, 1956, 78 (3): 694-694.

[40] Clearfield A, Stynes J. The preparation of crystalline zirconium phosphate and some observations on its ion exchange behaviour [J]. Journal of Inorganic and Nuclear Chemistry, 1964, 26 (1): 117-129.

[41] Troup J, Clearfield A. Mechanism of ion exchange in zirconium phosphates. 20. refinement of the crystal structure of α-Zirconium phosphate [J]. Inorganic Chemistry, 1977, 16 (12): 3311-3314.

[42] Mittal S K, Sharma H K. A samarium (Ⅲ) selective electrode based on zirconium (Ⅳ) borato-phosphate [J]. Journal of Analytical Chemistry, 2005, 60 (11): 1069-1072.

[43] Seepana M M, Pandey J, Shukla A. Design and synthesis of highly stable poly (tetrafluoroethylene)-zirconium phosphate (PTFE-ZrP) ion-exchange membrane for vanadium redox flow battery (VRFB) [J]. Ionics, 2017, 23 (6): 1-10.

[44] Peng C J, Tsai D S, Chang C H, et al. The lithium ion capacitor with a negative electrode of lithium titanium zirconium phosphate [J]. Journal of Power Sources, 2015, 274 (3): 15-21.

[45] Gan H, Zhao X, Song B, et al. Gas phase dehydration of glycerol to acrolein catalyzed by zirconium phosphate [J]. Chinese Journal of Catalysis, 2014, 35 (7): 1148-1156.

[46] Pan B C, Zhang Q R, Zhang W M, et al. Highly effective removal of heavy metals by polymer-based zirconium phosphate: a case study of lead ion [J]. Journal of Colloid & Interface Science, 2007, 310 (1): 99-105.

[47] Komarneni S, Roy R. Use of gamma-zirconium phosphate for Cs removal from radioactive waste [J]. Nature, 1982, 299 (5885): 707-708.

[48] Kumar C V, Mc Lendon G L. Nanoencapsulation of cytochrome and horseradish peroxidase at the galleries of α-Zirconium phosphate [J]. Chemistry of Materials, 1997, 9 (3): 863-870.

[49] Szirtes L, Révai Z, Megyeri J, et al. Investigations of tin (Ⅱ/Ⅳ) phosphates prepared by various methods, mössbauer study and x-ray diffraction characterization [J]. Radiation Physics and Chemistry, 2009, 78 (4): 239-243.

[50] Lu Y S, Woong J B, Da Z S, et al. Preparation of exfoliated epoxy/α-zirconium phosphate nanocomposites containing high aspect ratio nanoplatelets [J]. 2007, 19: 1749-1754.

[51] Chiang C, Fincher Jr C, Park Y, et al. Electrical conductivity in doped polyacetylene [J]. Physical Review Letters, 1977, 39 (17): 1098.

[52] Bredas J L, Street G B. Polarons, bipolarons, and solitons in conducting polymers [J]. Accounts of Chemical Research, 1985, 18 (10): 309-315.

[53] 景遐斌，王利祥，王献红．导电聚苯胺的合成、结构、性能和应用 [J]. 高分子学报，2005，5：655-663.

[54] 黄维垣，闻建勋．高技术有机高分子材料进展 [J]. 化学工业出版社，1994.

[55] 贾艺凡，刘朝辉，廖梓．导电聚苯胺的聚合方法及应用研究进展 [J]. 材料开发与应用，2016，31 (1)：97-104.

[56] Li Z，Ye B，Hu X，et al. Facile electropolymerized-PANI as counter electrode for low cost dye-sensitized solar cell [J]. Electrochemistry Communications，2009，11 (9)：1768-1771.

[57] Gupta V，Miura N. Polyaniline/single-wall carbon nanotube (PANI/SWCNT) composites for high performance supercapacitors [J]. Electrochimica Acta，2007，52 (4)：1721-1726.

[58] Grgur B N，Gvozdenović M M，Mišković-Stanković V B，et al. Corrosion behavior and thermal stability of electrodeposited PANI/epoxy coating system on mild steel in sodium chloride solution [J]. Progress in Organic Coatings，2006，56 (2)：214-219.

[59] Gutmann G. Hybrid electric vehicles and electrochemical storage systems technology push-pull couple. Power Sources，1999，84 (2)：275-279.

[60] Hu C C，Tsou T W. The optimization of specific capacitance of amorphous manganese oxide for electrochemical supercapacitors using experimental strategies. Power Sources，2003，115 (1)：179-186.

[61] Ishizu K，Tanaka H，Saito R. Microsphere synthesis of polypyrrole by oxidation polymerization [J]. Polymer，1996，37 (5)：863-867.

[62] Whang Y E，Han J H，Motobe T. Polypyrroles prepared by chemical oxidative po Iymeri-zation at different oxidation potentials [J]. Synthetic Metals，1991，45 (2)：151-161.

[63] Nakata M，Taga Megumi，Kise H. Synthesis of electrical conductive polypyrrole films by interphase oxidative polymerization [J]. Polymer Journal，1992，24 (5)：437-441.

[64] Lu Y，Shi G，Li C，et al. Thin polypyrrole films prepared by chemical oxidative polymerization [J]. Journal of Applied Polymer Science，1998，70 (11)：2169-2172.

[65] Berdichevsky Y，Lo Y H. Polypyrrole nanowire actuators [J]. Advance Materials.，2006，18：122-125.

[66] Song H K，Palmore G T R. Redox-active polypyrrole：toward polymer-based batteries [J]. Advance Materials，2006，18：1764-1768.

[67] 杨庆浩，黄天柱．聚吡咯超级电容器研究进展 [J]. 化工新型材料，2013，41 (12)：7-11.

[68] 孟晓荣，胡新婷，邢远清，等．噻吩类导电高聚物的研究进展 [J]. 应用化工，2006，35 (7)：449-553.

[69] Apperloo J J，Groenendaal L，Verheyen H，et al. Optical and redox properties of a series of 3，4-Ethylenedioxythiophene oligomers [J]. Chemistry-A European Journal，2002，8 (10)：2384-2396.

[70] Österholm A M，Shen D E，Dyer A L，et al. Optimization of PEDOT films in ionic liquid supercapacitors：demonstration as a power source for polymer electrochromic devices [J]. ACS applied materials & interfaces，2013，5 (24)：13432-13440.

[71] Ohmori Y，Uchida M，Muro K，et al. Effects of alkyl chain length and carrier confinement layer on characteristics of poly (3-alkylthiophene) electroluminescent diodes [J]. Solid state communications，1991，80 (8)：605-608.

[72] 王炜，李大峰，杨林，等．聚噻吩及其衍生物在生物医学领域的应用 [J]. 高分子通报，2009，(9)：44-55.

[73] Kumar S A，Wang S F，Yang T C，et al. Acid yellow 9 as a dispersing agent for carbon nanotubes：preparation of redox polymer-carbon nanotube composite film and its sensing application towards ascorbic acid and dopamine [J]. Biosensors and Bioelectronics，2010，25（12）：2592-7.

[74] Kumar S A，Tang C F，Chen S M. Poly（4-amino-1-1′-azobenzene-3,4′-disulfonic acid）coated electrode for selective detection of dopamine from its interferences [J]. Talanta，2008，74（4）：860-866.

[75] Wang Y，Xue C，Li X，et al. Facile preparation of zirconium phosphate/polyaniline hybrid film for detecting potassium ion in a wide linear range [J]. Electroanalysis，2014，26（2）：416-423.

[76] Wang L，Wu X L，Xu W H，et al. Stable organic-inorganic hybrid of polyaniline/α-zirconium phosphate for efficient removal of organic pollutants in water environment [J]. ACS Applied Materials & Interfaces，2012，4（5）：2686-2692.

[77] Chang B Y S，Huang N M，et al. Facile hydrothermal preparation of titanium dioxide decorated reduced graphene oxide nanocomposite [J]. International Journal of Nanomedicine，2012，7：3379.

[78] Li Q，Xia Z，Wang S，et al. The preparation and characterization of electrochemical reduced TiO_2 nanotubes/polypyrrole as supercapacitor electrode material [J]. Journal of Solid State Electrochemistry，2017，164（13）：901-907.

[79] Hao F，Stoumpos C C，Chang R P H，et al. ChemInform abstract：anomalous band gap behavior in mixed Sn and Pb perovskites enables broadening of absorption spectrum in solar cells [J]. Journal of the American Chemical Society，2015，45（40）：8094-8099.

[80] Liao S，Xue C，Wang Y，et al. Simultaneous separation of iodide and cesium ions from dilute wastewater based on PPy/PTCF and NiHCF/PTCF electrodes using electrochemically switched ion exchange method [J]. Separation and Purification Technology，2015，139：63-69.

[81] Du X，Sun X L，Zhang H. A facile potential-induced in-situ ion removal trick：fabrication of high-selective ion-imprinted film for trivalent yttrium ion separation [J]. Electrochimica Acta，176（2015）：1313-1323.

[82] Du X，Zhang H，Hao X，et al. Facile preparation of ion-imprinted composite film for selective electrochemical removal of nickel（Ⅱ）ions [J]. Acs Applied Materials & Interfaces，2014，6（12）：9543-9549.

[83] 廖森梁. 碳毡基聚吡咯和铁氰化镍膜电极电控离子交换法同时分离废液中的 I^- 和 CS^+ [D]. 太原理工大学，2014.

[84] Zhang B，Du X，Hao X，et al. A novel potential-triggered SBA-15/PANI/PSS composite film for selective removal of lead ions from wastewater [J]. Journal of Solid State Electrochemistry，2018.

[85] 李越，李慧，郝晓刚，等. 聚吡咯/DS-膜电聚合过程及其可控离子交换行为的 EQCM 研究 [J]. 化工学报，2010，61（S1）：56-62.

[86] Lai Y，Liu F，Zhang Z，et al. Cyclic voltammetry study of electrodeposition of Cu（In，Ga）Se thin films [J]. Electrochimica Acta，2009，54（11）：3004-3010.

[87] 李红，乐学义，吴建中，等. 铜（Ⅱ）邻菲咯啉蛋氨酸配合物与 DNA 相互作用的研究 [J]. 化学学报，2003，61（2）：245-250.

[88] Sandmann G，Dietz H，Plieth W. Preparation of silver nanoparticles on ITO surfaces by a double-

pulse method [J]. Journal of Electroanalytical Chemistry, 2000, 491 (1): 78-86.

[89] Dekany J, Dennison J R, Sim A M, et al. Electron transport models and precision measurements with the constant voltage conductivity method [J]. IEEE Transactions on Plasma Science, 2013, 41 (12): 3565-3576.

[90] Zhang J, Kong L B, Li H, et al. Synthesis of polypyrrole film by pulse galvanostatic method and its application as supercapacitor electrode materials [J]. Journal of Materials Science, 2010, 45 (7): 1947-1954.

[91] Ou H H, Lo S L. Review of titania nanotubes synthesized via the hydrothermal treatment: Fabrication, modification, and application [J]. Separation & Purification Technology, 2007, 58 (1): 179-191.

[92] Du X, Hao X G, Wang Z D, et al. Highly stable polypyrrole film prepared by unipolar pulse electropolymerization method as electrode for electrochemical supercapacitor [J]. Synthetic Metals, 2013, 175 (0): 138-145.

[93] Wang Z D, Wang Y H, Hao X G, et al. An all cis-polyaniline nanotube film: Facile synthesis and applications [J]. Electrochimica Acta, 2013, 99: 38-45.

[94] 栾琼. 单极脉冲法制备多孔复合电极及其赝电容性能研究 [D]. 太原理工大学, 2016.

[95] Wang X Q, Li X M, Du X, et al. Controllable synthesis of NiCo LDH nanosheets for fabrication of high-performance supercapacitor electrodes [J]. Electroanalysis, 2017, 29 (5): 1286-1293.

[96] Du X, Sun X, Zhang H, et al. A Facile Potential-induced in-situ ion removal trick: fabrication of high-Selective ion-imprinted film for trivalent yttrium ion separation [J]. Electrochimica Acta, 2015, 176: 1313-1323.

[97] Xiao D, Di Z, Xu L M, et al. Electrochemical redox induced rapid uptake/release of Pb(Ⅱ) ions with high selectivity using a novel porous electroactive HZSM-5@PANI/PSS composite film [J]. Electrochimica Acta, 2018, 282: 384-394.

[98] 谭俊, 郭文才, 徐滨士, 等. 脉冲换向电刷镀镍基纳米复合镀层的耐腐蚀性能研究 [J]. 中国腐蚀与防护学报, 2006, 26 (4): 193-196.

[99] Jagadale A D, Guan G, Li X, et al. Ultrathin nanoflakes of cobalt-manganese layered double hydroxide with high reversibility for asymmetric supercapacitor [J]. Journal of Power Sources, 2016, 306: 526-534.

[100] Gao F, Xiao D, Hao X, et al. Electrical double layer ion transport with cell voltage-pulse potential coupling circuit for separating dilute lead ions from wastewater [J]. Journal of Membrane Science, 2017, 535: 20-27.

[101] 叶为春, 王春明, 薛德胜. Enhancing the catalytic activity of flowerike Pt nanocrystals using polydopamine functionalized graphene supports for methanol electro oxidation [C]. 中国化学会学术年会, 2014.

[102] Liu X Y, Sun P, Ren S, et al. Electrodeposition of high-pressure-stable phase bismuth flowerlike micro/nanocomposite architectures at room temperature without surfactant [J]. Electrochemistry Communications, 2008, 10 (1): 136-140.

［103］ 杨保平，周峰，曹恒喜，等．恒电压电泳沉积氧化石墨烯薄膜的生长过程及摩擦学性能［J］. 应用化工，2016，45（12）：2212-2216.

［104］ 孙鹏．纳米晶 Bi（TeSe）热电薄膜材料的电化学制备与结构研究［D］. 2010.

［105］ 钟青，孙爽，潘牧．电化学方法合成 Pt 纳米颗粒研究进展［J］. 材料导报，2015，29（17）：22-26.

［106］ 马荣，刁训刚，张金伟，等．普鲁士兰恒电流法沉积在聚苯胺膜上的性能表征［J］. 功能材料，2008，39（3）：507-510.

［107］ 余刚，岳二红，欧阳跃军，等．恒电流法在 AAO 模板中制备钯合金纳米线［J］. 湖南大学学报（自科版），2007，34（9）：67-70.

［108］ Wu M S. Electrochemical capacitance from manganese oxide nanowire structure synthesized by cyclic voltammetric electrodeposition［J］. Applied Physics Letters，2005，87（15）：937.

［109］ Zhu X，Lin X. Eletropolymerization of niacinamide for fabrication of electrochemical sensor：simultaneous determination of dopamine，uric acid and ascorbic acid［J］. Chinese Journal of Chemistry，2009，27（6）：1103-1109.

［110］ Chen A，Cui R，He Y，et al. Self-assembly of hollow MoS_2，microflakes by one-pot hydrothermal synthesis for efficient electrocatalytic hydrogen evolution［J］. Applied Surface Science，2017，411：210-218.

第 2 章 电活性功能材料在重金属离子去除中的应用

2.1 引言

水是生命之源。近年来，由于社会发展需求日益增长，大量含有铅、镉、镍、锌等重金属污染物离子的工业废水违规排放，造成严重水体和土壤污染[1-3]。重金属离子难以生物降解，通过食物链富集作用可进入人体，当重金属离子浓度富集至 $0.01\sim10mg\cdot L^{-1}$时，可产生生物毒性效应，对人体产生不可逆转的损害[4-6]，因此处理和去除废水中的重金属污染物离子成为亟待解决的问题。

目前，去除重金属污染物离子的方法主要包括化学沉淀法、离子交换法、吸附法等。化学沉淀法是将沉淀剂加入废水中，使废水中的重金属离子与沉淀剂发生作用形成沉淀，沉淀过程常需大量的沉淀剂，化学沉淀剂的添加容易造成二次污染，且有些待处理的离子并无合适的沉淀剂；离子交换法是利用离子交换材料与溶液中离子发生交换去除重金属离子，离子交换材料有离子交换树脂、黏土、分子筛等，这种方法处理过程复杂，成本较高，离子交换剂再生过程困难。吸附法被认为是最有效的方法，具有操作方便，可处理较高浓度的重金属离子，吸附剂选用的关键是需要选取一种对待处理离子具有较好吸附性能的吸附材料，常见的吸附剂有活性炭、多孔材料等，主要利用吸附剂的多孔结构和较大比表面积吸附重金属离子，吸附法对于处理高浓度废水具有较高的使用性，但对于较低浓度的金属离子去除却比较困难，而且吸附剂使用之后难以再生，再生过程需要大量能耗。

二十世纪九十年代末，美国太平洋西北国家实验室 Schwarz 等人提出了一种环境友好型的电控离子交换技术（electrochemically switched ion exchange，ESIX)[7-9]。电控离子交换（ESIX）在传统物理吸附的基础上，独特地增加了电推动力，因其通过施加电位改变电活性材料的氧化还原状态，以达到吸附与脱附目标离子，具有操作条件温和，能够去除较低浓度离子，脱附无须二次添加剂，对目标离子较高亲和性等优点[10-12]，成为一种新型离子分离方法，便捷高效、绿色地去除废水溶液中的重金属污染离子。研究人员[13]提出了电控离子交换的机理，机理如图 2-1，在 ESIX 中，首先将电活性阳离子功能交换材料制备在具有高比表面积的导电基体上，通过电位调节使电活性膜处于还原状态，为保持电中性，溶液中的阳离子置入到活性膜上，实现溶液中阳离子去除；将上述电活性膜置于再生液之中，调节电压使活性膜处于氧化状态，为保持电中性，已置入活性膜中的阳离子被排出膜外，实现了金属离子的回收和膜电极的再生，这一过程避免了化学添加剂添加，减小了二次污染。

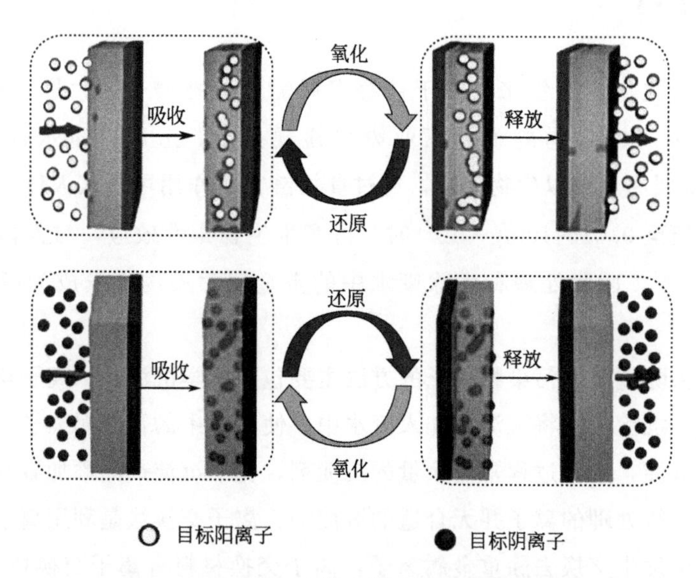

图 2-1　电控离子交换去除金属离子的机理图

ESIX 技术实现重金属离子高效分离的关键在于：制备一种既对目标离子具有亲和力和选择性，又具有电子-离子混合导电能力的电活性离子交换材料(electroactive ion exchange materials，EIXMs)。迄今为止，常见的 EIXMs 材料主要包括过渡金属铁氰化物（MHCFs）和有机导电聚合物（CPs）。无机铁氰化物 MHCFs（M 可以为 Ni、Cu、Co、Fe 等）被认为是最常用的电活性功能材料[14,15]，张玫等[16]研究了 NiHCF 的电控离子交换性能，NiHCF 表现出较好的吸附容量和循环稳定性，并对 Cs^+ 离子具有较高的选择性，对离子置入与置出的机理进行了解释，指出活性膜的再生和二次污染的减小使电控离子交换成为金属离子去除的最大的优势。Chen 等[17]采用循环伏安法在不同电解质溶液中制备了 CuHCF，采用电化学石英晶体微天平（EQCM）和循环伏安分析了 CuHCF 的原位生长过程，发现表观电位和循环伏安图的形貌依赖于电解质溶液的不同，氧化还原反应发生在 CuHCF 的表面，研究了电解质对电控离子交换性能影响。Guo 等[18]采用毛细管沉积的方法制备了 NiHCF 纳米薄膜，显示对 Cs^+ 具有较好的电控离子交换能力和离子交换稳定性。在前人探索的基础上，本课题组历经近 15 年探索，尝试开发了 NiHCF、CuHCF、CoHCF 等多种以过渡金属为中心的无机配位化合物电活性功能材料、聚苯胺（PANI）、聚吡咯（Pyy）等导电有机聚合物电活性功能材料和有机/无机杂化电活性功能材料，并在循环伏安法、恒电位法、恒电流法等电化学制备方法基础上，开发单极脉冲电沉积制备方法，强化电活性功能材料的结构可控性和电化学活性。

课题组早期采用循环伏安法和单级脉冲法在不同基体上制备并研究了 NiHCF 对碱金属、碱土金属等离子交换性能[10,14,19]。无机 MHCFs 化合物具有良好的热稳定性、较高的离子交换容量以及高的离子选择性，但其导电性相对小且难以成膜；相比而言，有机导电聚合物通过掺杂离子可达到较高导电率，但在反复充放电过程中稳定性和机械性显著下降。结合无机铁氰化物（MHCFs）和有机导电聚合物，两者优缺点互补，有机-无机杂化材料具有良好的研究前景。王忠德[20]等采用循环伏安法（CV）在铂修饰的碳纳米管电极上一步合成具有良好的电化学活性铁氰化镍/聚苯胺（NiHCF/PANI）杂化膜材料；廖森梁等[21]采用两电极体系，以 NiHCF/PTCF 电极作为阴极，PPy/PTCF 电极为阳极，阳极被氧化时 PPy/PTCF 电极吸附 I^- 维持电中性，阴极被还原时 NiHCF/PTCF 电极吸附 Cs^+ 以维持电中性，改变反向电压脱附，实现同时吸脱附溶液中 Cs^+、I^-。林跃河等[22]采用电化学沉积法制备了 CNTs/PANI/NiHCF 杂化膜材料，研究了杂化膜材料对 Cs^+、Na^+ 混合溶液的离子交换性能，杂化膜材料表现出对 Cs^+ 较好的选择性，并对电化学控制杂化膜材料去除 Cs^+ 的机理进行了解释，杂化膜材料表现出较高的循环伏安稳定性。张权[23]等制备三维多孔聚苯胺/层状磷酸锆（PANI/α-ZrP）杂化膜材料，对 Pb^{2+} 的离子交换容量达 $122.93mg \cdot g^{-1}$，发现层状固体质子酸材料的结构和特性可与导电聚合物杂化，实现优异的离子交换功能。

本课题组对电活性层状固体质子酸（α-SnP、α-ZrP）和有机导电聚合物（PANI、PAY、PEDOT）进行杂化研究，后续又加入介孔分子筛（HZSM-5、SBA-15），尝试探索强化杂化膜材料对重金属离子的去除性能，以期获得最佳的电活性和良好的稳定性。

发展新型导电功能材料是电化学领域永恒的主题。特别是随着电控离子交换技术（ESIX）的兴起，对电活性功能材料提出新的更高的要求，单一的有机或无机材料很难满足 ESIX 过程的需要，将有机-无机材料在纳米尺度上进行杂化是获得理想电活性功能材料行之有效的方法。

2.2 电活性层状固体质子酸/有机物材料对重金属离子的选择性去除

有机导电聚合物在具备单双键交替的共轭结构的前提下，通过离子掺杂引入电子，作为聚合物主链上电荷传递的载流子。两者共同作用，使有机导电聚合物具有良好的导电性、氧化还原性能、掺杂-脱掺杂性能，但在实际应用中，其稳定性和机械性能较差。无机层状金属磷酸盐以其良好的质子导电率，离子交换容量等受到了人们的广泛关注[24-32]。层状磷酸锆（α-ZrP）和层状磷酸锡（α-SnP）是四价层状磷酸盐作为无机阳离子交换剂的典型代表。其原因是：层状磷酸盐伸向层间的 P—OH 是其吸附位点，通过 P—O 键的氧原子与重金属离子之间的配位作用，吸附重金属阳离子，同时释放氢质子，所以也称为固体质子酸。α-ZrP 和 α-SnP 均可吸附水和离子半径及水合能较小的过渡金属离子，其中可以很好地选择性吸附重金属阳离子[27]。同时无机层状磷酸盐可通过插层、剥层等结构变换，表现出较强的离子交换能力和较大的离子交换容量。

无机层状磷酸盐与有机导电聚合物杂化体系兼具两者优点：①层状磷酸盐中的磷酸基团不同程度地水解为磷酸根离子，为导电聚合物的离子掺杂提供阴离子，在满足有机导电聚合物聚合需要的同时，避免因额外加入阴离子引起的盐析作用；②有机导电聚合物在酸性条件下导电性能较好，即有机导电聚合物的离子掺杂过程需要质子参与，而层状磷酸盐作为固体质子酸，可为有机导电聚合物提供氢质子。两者相辅相成，形成稳定的杂化复合体系，使其在选择性吸附重金属离子方面具有深刻的研究意义。

2.2.1 电活性功能材料 PANI/α-SnP 对重金属离子 Ni^{2+} 的选择性去除

2.2.1.1 α-SnP 的结构及 PANI/α-SnP 的制备与表征

α-SnP 由金字塔状的 SnO_3 结构与正四面体状的 PO_4 结构交替排布成二维层

状结构[32-34]，PANI 具有独特的质子酸掺杂机理，将 PANI 与 α-SnP 杂化产生协同作用，获得理想的有机/无机杂化电活性功能性材料。

PANI/α-SnP 电活性功能材料制备：在 α-SnP 胶体溶液中加入不同量的苯胺单体，搅拌至溶解制成制膜液。将制膜液在三电极体系下使用循环伏安电沉积法在碳纸基体上制得 PANI/α-SnP 杂化膜材料，循环伏安扫面范围－0.2～0.9V[35]。

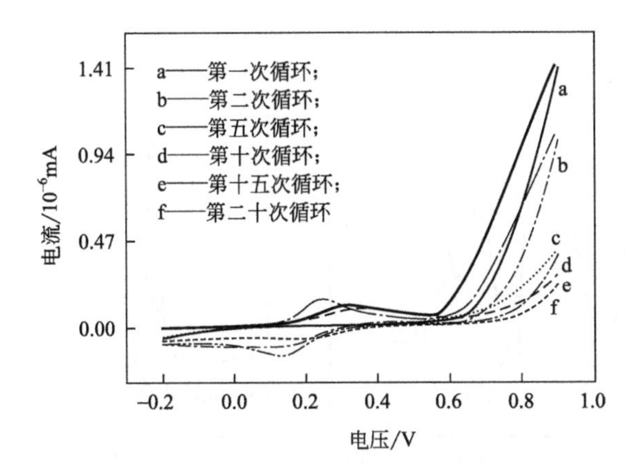

图 2-2 PANI/α-SnP 杂化膜材料制备过程循环伏安曲线

在碳纳米管修饰的镀金石英晶片基底上一步共聚 PANI/α-SnP 杂化膜材料，制备过程如图 2-2，0.25V/0.15V 氧化还原峰对应 PANI 的氧化/还原过程，0.9V 处出现 PANI 氧化聚合过程对应的峰[36]。第一次循环 0.25V 处没有氧化峰，此时 PANI 没有聚合，经过 0.6～0.9V 第一次聚合之后，PANI 出现还原峰。从第二次循环开始，每次循环出现明显的氧化峰，且氧化峰及聚苯胺的聚合峰电流随循环次数均逐渐下降，有向高电位移动的趋势，因为随着不导电的 α-SnP 逐渐沉积，杂化膜材料导电性下降电阻增大。

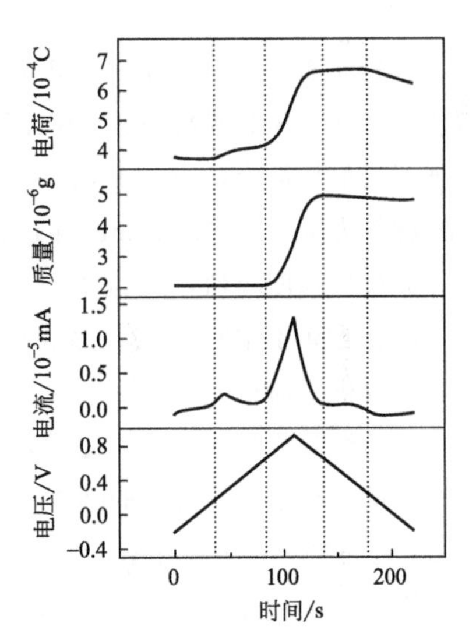

图 2-3 单圈沉积过程 PANI/α-SnP 杂化膜材料电极电位、电流、质量、电量与沉积时间的关系

分析单圈沉积过程 PANI/α-SnP 杂化膜材料电极电位、电流、质量、电量随沉积时间的变化（图 2-3），在 0.6～0.9V 之间沉积电流明显增加而对应的质量、电量也显著增

加，是聚苯胺聚合及静电吸引 α-SnP 沉积的共同结果；0.25V/0.15V 出现的氧化/还原峰对应着电荷小幅地增加/减少，可以确定为聚苯胺的氧化/还原过程。

2.2.1.2 PANI/α-SnP 的形貌与结构表征

采用傅里叶红外光谱（FTIR）表征手段分析 PANI/α-SnP 电活性功能膜材料的制备，图 2-4(a) 中 925～1250cm^{-1}对应的强吸收带为 HPO_4 的伸缩振动峰[37]，1428cm^{-1}和 1623cm^{-1} 处为聚苯胺的苯式及醌式结构的特征吸收峰[38,39]。

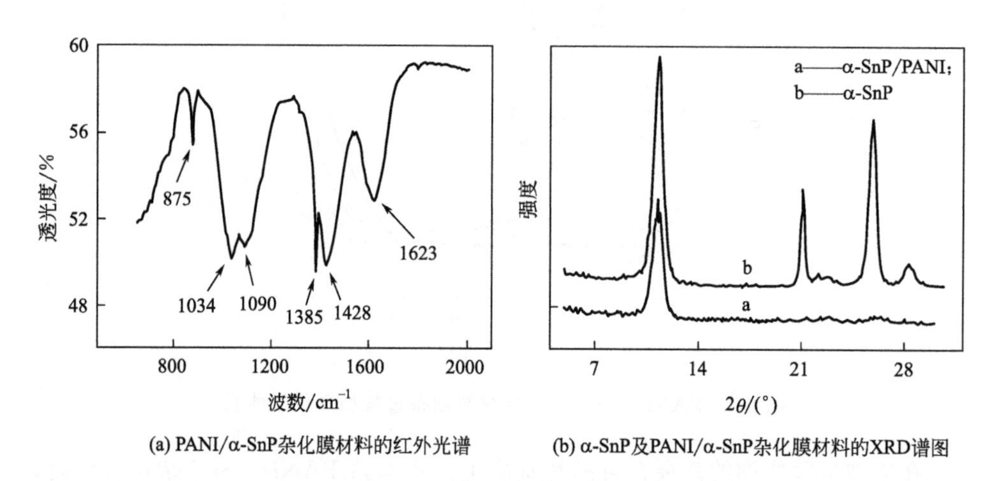

(a) PANI/α-SnP杂化膜材料的红外光谱 (b) α-SnP及PANI/α-SnP杂化膜材料的XRD谱图

图 2-4 PANI/α-SnP 杂化膜材料的结构表征

分析 α-SnP 及 PANI/α-SnP 杂化膜材料的 XRD 谱图［图 2-4(b)］，进一步解析 PANI/α-SnP 膜材料的 ESIX 机理。SnP 在 11.4°、21.1°、25.8°分别出现三个强的衍射特征峰，与 SnP 的（002）、（110）及（112）晶面对应，可知制备的 SnP 材料为层状结构。α-SnP 与 PANI 杂化后的 XRD 图谱仅在 11.4°出现一个强峰，此处高强度峰值，掩盖了 α-SnP 在 21.1°、25.8°两个衍射峰，表明 PANI/α-SnP 杂化膜材料在（002）晶面具有更高的导向性，此方向为离子的快速置入与释放提供了通道。

电活性功能材料采用电化学方法制备时，制备方法中扫描速率参数的选取影响制备的材料结构，材料的结构决定着离子的传递速率、吸附容量、稳定性等。图 2-5 是不同扫描速率下，PANI/α-SnP 杂化膜材料的 SEM（扫描电子显微镜）图，图中 SnP 由半径 100～200nm 的不规则圆片沿碳纸纤维平铺而成，图 2-5(a) 为 10mV·s^{-1}扫描速率条件制备的 PANI/α-SnP，片状 α-SnP 表面沉积了部分半径约 10nm 的规则 PANI 球形颗粒，没有形成 PANI 纤维或堆积结构，分析其原因是：SnP 亲水性较差，与表面的 PANI 形成较弱的范德华力，PANI 很难在其表面大量沉积。扫描速率 50mV·s^{-1}时 [图 2-5(b)]，片状 α-SnP 表面隐约看到粗糙的 PANI 突起，在高扫描速率条件下，PANI 晶核来不及生长，不会形成较大颗粒；图中还可看到 PANI/α-SnP 呈现出疏松多孔的结构，并具有较大的比表面积，疏松多孔结构提高了薄膜容量，减小膜电极的极化现象，有助于提高离子向膜内传递的速率以及 PANI/α-SnP 杂化膜材料的循环伏安稳定性[40]。

(a) 10mV·s^{-1}制备的PANI/α-SnP

(b) 50mV·s^{-1}制备的PANI/α-SnP

图 2-5 不同扫描速率下制备的 PANI/α-SnP 杂化膜材料的 SEM 图

2.2.1.3 PANI/α-SnP 电活性功能膜材料的电控离子交换行为及选择性

电活性功能膜材料的传递动力学性质对其电控离子交换性能有很大影响。分析电活性功能膜材料电极动力学传递过程，将在苯胺浓度为 10mmol·L^{-1}、扫描速率为 10mV·s^{-1}条件下制备的 PANI/α-SnP 膜电极于 0.1mol·L^{-1} $Ni(NO_3)_2$ 溶液中以 2～500mV·s^{-1}区间不同扫描速率进行 CV（循环伏安法）测试。图 2-6(a) 的循环伏安曲线分析，当扫描速率发生改变时，电极有快速电流响应，峰电位基本没有较大偏移，表明杂化膜材料内阻较小，动力学可逆性良好；图 2-6(b) 为氧化还原电位峰电流与扫描速率的变化曲线，扫描速率由 2mV·s^{-1}增加至 500mV·s^{-1}时，杂化膜材料氧化还原电位峰电流逐渐增大，且与扫描速率呈良好线性关系，说明 PANI/α-SnP 杂化膜由表面扩散控制，离子传递性能良好。

α-SnP 是一种具有一定晶型的无机阳离子层状材料，类似于离子交换树脂，有较大的离子交换容量，同时拥有像沸石一样的选择性吸附性能。所以，PANI/α-SnP 杂化膜材料在不加外动力情况下，对 Ni^{2+} 离子具有自然吸附功能，但达到吸附饱和状态需要较长时间。当膜电极施加负电压后，膜材料会被还原带负电荷，由于静电吸引作用，Ni^{2+} 进入膜内维持电中性，在自然吸附的同时额

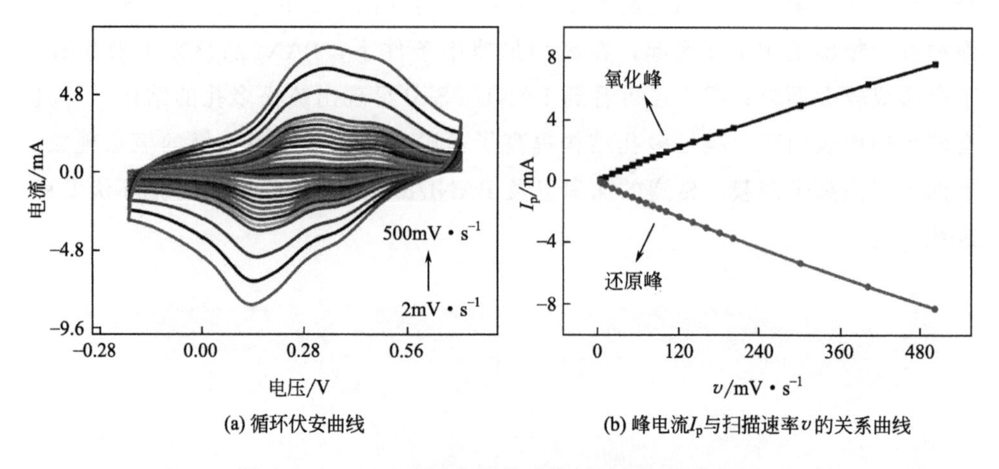

(a) 循环伏安曲线

(b) 峰电流I_p与扫描速率v的关系曲线

图 2-6 PANI/α-SnP 电活性功能材料的电化学表征

外增加电动力使其吸附速度大幅度加快，且随着附加电压增加，PANI/α-SnP 杂化膜材料吸附 Ni^{2+} 的量增加，如图 2-7(a)。PANI/α-SnP 电活性功能材料的解吸（脱附）过程，如图 2-7(b)，当 PANI/α-SnP 杂化膜材料电极被施加正电压后，膜材料被氧化而带正电荷，已进入膜内的 Ni^{2+} 由于静电排斥作用，从膜内释放以保持电荷平衡，随着附加电位增加，PANI/α-SnP 杂化膜材料吸附离子的解吸速度和溶液质量显著提高。因此，通过调节膜电极电压，Ni^{2+} 会快速释放，实现杂化膜材料的再生，无须使用化学试剂再生。

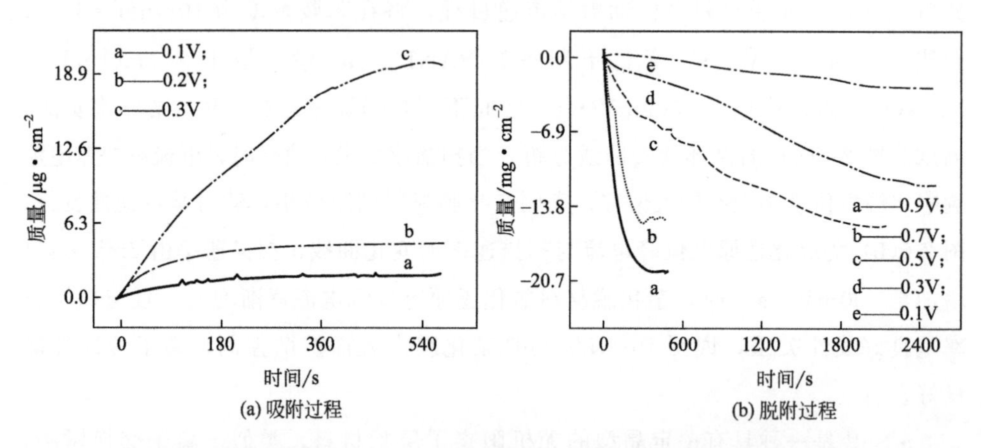

(a) 吸附过程

(b) 脱附过程

图 2-7 不同条件下 PANI/α-SnP 杂化膜材料对 Ni^{2+} 离子的吸脱附效果

PANI/α-SnP 杂化膜材料对 Ni^{2+} 的连续吸脱附性能分析图 2-8，通过在膜电极上反复交替施加－0.3V、0.9V 电压，膜电极质量依次增加和减少，实现对 Ni^{2+} 的连续吸脱附，每次吸脱附的离子质量相对稳定，PANI/α-SnP 杂化材料膜的再生能力良好。

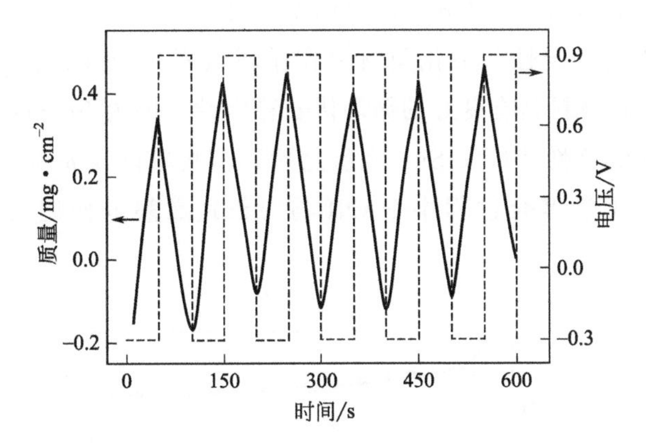

图 2-8　PANI/α-SnP 杂化膜材料对 Ni^{2+} 离子的电控离子交换性能

不同杂化材料对重金属离子选择性不同。PANI/α-SnP 膜材料对重金属 Ni^{2+} 的选择性采用原子吸收分光光度计检测，选择不同 Mg^{2+}/Ni^{2+}（浓度比）溶液，PANI/α-SnP 杂化膜材料对 Mg^{2+}、Ni^{2+} 具有不同吸附效果。吸附效果受离子水合半径影响，离子水合半径越小，离子进入 SnP 层间容易。分析图 2-9，杂化膜材料对 Mg^{2+} 吸附量较少，但加入微量的 $Ni(NO_3)_2$，对阳离子的吸附总量有较大程度增加，且随着 $Ni(NO_3)_2$ 含量的增加，杂化膜材料吸附离子质量逐渐增加，这是由于 Ni^{2+} 与 Mg^{2+} 相比水合半径小，更容易进入杂化膜材料内部，同时 Ni 的相对原子质量较大，Ni^{2+} 进入杂化膜材料后易引起吸附质量增加。

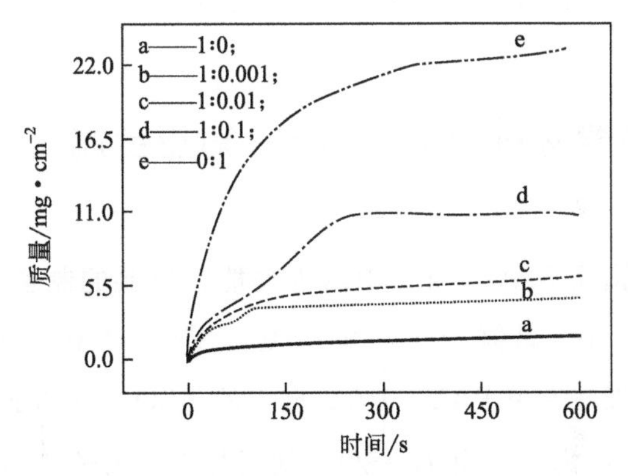

图 2-9　PANI/α-SnP 杂化膜材料电极在不同比例 Mg^{2+}/Ni^{2+} 溶液中的吸附效果

循环稳定性是评价电活性功能膜材料性能的一个重要指标，循环伏安图模拟微纳电极交流电流电阻抗（ECIS）过程中氧化还原状态间的转化，测定其循环稳定性。图 2-10 显示为 PANI/α-SnP 杂化膜材料电极在 0.1mol·L^{-1} $Ni(NO_3)_2$ 溶液中的循环伏安稳定性。杂化膜材料在循环伏安 1500 圈之后峰电流仅下降 19%，说明杂化膜材料具有良好的循环伏安稳定性。因为 Sn 相对于其他四价重金属具有更强的电负性[32]，α-SnP 剥层之后，苯胺单体与 α-SnP 颗粒能均匀地混合，并且在电化学聚合过程中 PANI 与 α-SnP 靠静电作用力牢固地结合在一次。

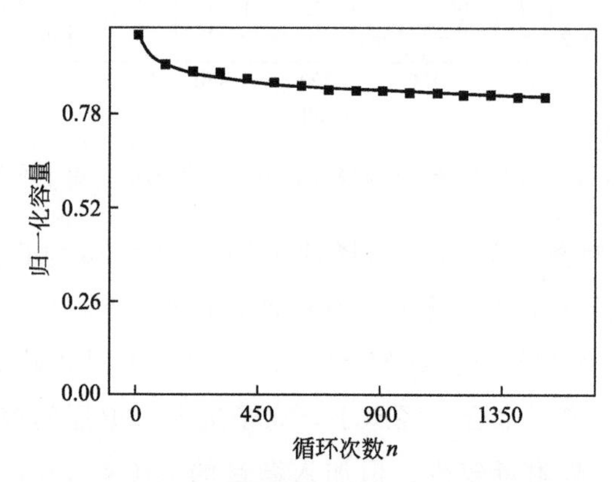

图 2-10　PANI/α-SnP 杂化膜材料电极在 0.1mol·L^{-1} $Ni(NO_3)_2$ 溶液中的循环伏安稳定性

PANI/α-SnP 电活性功能材料对重金属 Ni^{2+} 离子表现出较好的电控离子交换性能、良好的氧化还原可逆性和循环伏安稳定性。因此，PANI/α-SnP 固体质子酸/有机物电活性功能材料在重金属离子的分离中具有巨大的潜在应用价值。

2.2.2 电活性功能材料 PAY/α-SnP 对重金属离子 Pb^{2+} 的选择性去除

2.2.2.1 PAY 的结构及 PAY/α-SnP 电活性功能膜材料的制备

酸性黄 9（4-氨基-1-1-偶氮苯-3,4-磺酸基，AY）具有类似苯胺结构特点[41,42]，可聚合生成聚酸性黄 PAY。PAY 链中的—SO_3^- 基团通过静电吸附作用吸附溶液中的重金属阳离子，由于—SO_3^- 基团与不同离子的结合力不同，因此 PAY 对不同离子的亲和力和选择性不同。α-SnP 有良好的离子交换性能、较大的离子交换容量、较高的热稳定性和耐酸碱性能，但化学稳定性、机械稳定性、导电性都较差。遵循优势互补，PAY/α-SnP 杂化膜材料兼具无机、有机材料独特优势，对重金属离子进行选择性分离去除，其机理类似于 PANI/α-SnP，但又有独特之处。PAY 和 α-SnP 杂化，α-SnP 作为固体质子酸，为 PAY 导电提供酸性环境，而在 PAY 主链中，与苯环相连的磺酸基基团可以电离成带负电的—SO_3^-，通过静电吸附，选择性吸附溶液中的重金属离子。

采用水热法合成 α-SnP，然后称取一定量 α-SnP 粉末溶入蒸馏水，随后加入一定量四丁基氢氧化铵（TABOH，作为剥层剂）和酸性黄 9 单体，使用磁力搅拌仪将所得混合溶液搅拌 48h，形成黄色的胶体溶液。剥层后直接作为制膜液，在三电极体系下采用循环伏安电沉积法在碳纸基体上制得 PAY/α-SnP 杂化膜材料。

2.2.2.2 PAY/α-SnP 的形貌与结构表征

应用 FTIR 表征手段，分析电活性功能材料 PAY/α-SnP 的制备及对 Pb^{2+} 的吸附效果，图 2-11 为 PAY/α-SnP 杂化膜材料以及吸附 Pb^{2+} 后的红外光谱图，图中 950～1250cm^{-1}处所对应的强吸收带为 HPO_4 的伸缩振动峰；1624cm^{-1}处为醌式结构的特征吸收峰；1385cm^{-1}对应苯环及醌环同分异构变形；2911cm^{-1}则表明有胺盐存在，说明成功制备 PAY/α-SnP 杂化膜材料。此外，从红外光谱图可以看出杂化膜材料吸附 Pb^{2+} 后在 610cm^{-1}出现 Pb-O 吸收峰，表明 Pb^{2+} 进入膜材料并且与磺酸基结合。

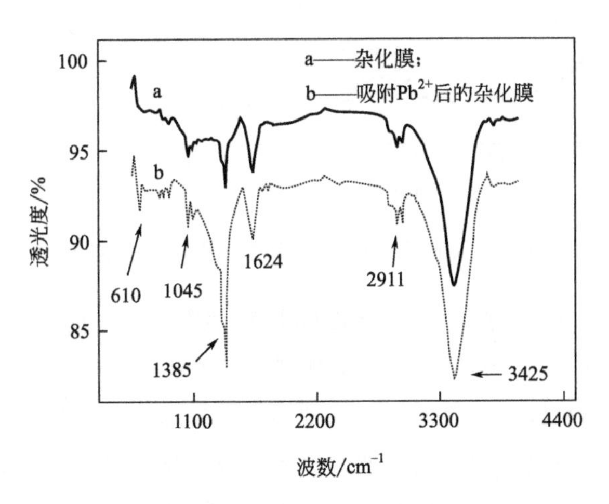

图 2-11　PAY/α-SnP 杂化膜材料以及吸附 Pb^{2+} 后的红外光谱图

通过图 2-12 分析 α-SnP、PAY/α-SnP 杂化膜材料及杂化膜材料吸附不同离子后结构的变化。图中 α-SnP 横坐标分别在 11.4°、21.1°、25.8°处出现三个强峰，与 SnP 的（002）、（110）及（112）晶面对应，说明水热法制备的 SnP 材料为层状结构。α-SnP 与 PAY 杂化后的 XRD 图仅在 11.4°出现一个强峰，说明 PAY/α-SnP 杂化膜材料具有更高的导向性，有利于离子的快速置入置出，且通过公式 $2d\sin\theta=n\lambda$ 计算出杂化膜材料层间距为 0.79nm。PAY/α-SnP 杂化膜材料在吸附 K^+、Mg^{2+} 离子之后，层间距没有明显变化，说明吸附 K^+、Mg^{2+} 离子之后膜材料晶型保持不变，然而在吸附 Pb^{2+} 之后 PAY/α-SnP 杂化膜材料分别在 6.2°、19.8°、22.9°处出现三个新峰，分析其原因为：Pb^{2+} 与 α-SnP 结构中的 PO_4^- 基团之间有很强的静电结合力，Pb^{2+} 水合离子在低电位吸附诱导下进入 α-SnP 层间与 PO_4^- 基团结合，因而扩大了 α-SnP 层间距，经计算，层间距由 0.79nm 扩充到 1.42nm。19.8°、22.9°处出峰位置与纯 α-SnP 相比均向左偏，说明 Pb^{2+} 水合离子进入 α-SnP 层间，引发 α-SnP 平行六面体单斜晶系晶型结构扭动或错位。所以，由 XRD 图分析可知，PAY/α-SnP 杂化膜材料具有良好的导向性，且对 Pb^{2+} 有较高的选择性。

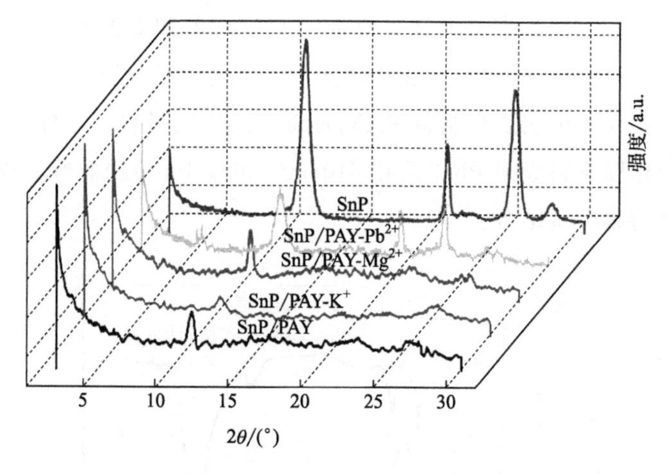

图 2-12 α-SnP 及 PAY/α-SnP 杂化膜材料的 XRD 图

分析图 2-13(a) PAY/α-SnP 杂化膜材料吸附 Pb^{2+} 前的 SEM 图，PAY/α-SnP杂化膜材料由半径 80～200nm 不规则圆形或椭圆形颗粒结构平铺，呈现疏松多孔结构，且具有较大比表面积。这种结构可提高薄膜容量，减小膜电极的极化现象，有利于提高离子向膜内传递的速率以及杂化膜材料的循环稳定性。图中可观察到沿着片状 α-SnP 表面均匀地沉积了一些微小的较规则的 PAY 圆球颗粒，PAY 与 α-SnP 较好地复合在一起，有利于离子吸附在 PAY 表面并储存在 α-SnP 材料中。图 2-13(b) 为杂化膜材料吸附 Pb^{2+} 后的 SEM 图，原来独立的颗粒更加紧密地结合在一起，且分布更加均匀，由于每个 PAY 分子链上有四个磺酸基，α-SnP 片上有大量的 PO_4^- 基团，Pb^{2+} 进入膜材料后在静电吸引下使

PAY 分子与 α-SnP 紧密联合，表明 PAY/α-SnP 杂化膜材料对 Pb^{2+} 有较好的吸附效果。

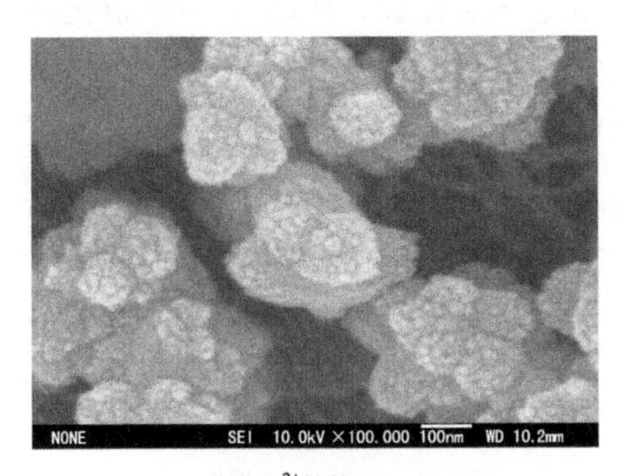

(a) 吸附Pb^{2+}前的 PAY/α-SnP

(b) 吸附Pb^{2+}后的PAY/α-SnP

图 2-13　吸附 Pb^{2+} 前、后的 PAY/α-SnP 杂化膜材料的 SEM 图

2.2.2.3　PAY/α-SnP 电活性功能膜材料的电控离子交换行为及选择性

图 2-14 为自然吸附及施加电压后 PAY/α-SnP 膜电极对 Pb^{2+} 的吸附效果，在自然吸附过程中，吸附速率较为平缓，经过 150min 达到近似平衡状态，平衡状态对 Pb^{2+} 的吸附容量仅为 9.6mg · g^{-1}。施加电压后，吸附速度及饱和吸附量均大幅增加，以电驱动作为主要推动力时，PAY 结构中磺酸基与 Pb^{2+} 会产生静电吸引作用，明显促进了杂化膜材料对 Pb^{2+} 的吸附。施加－0.2V 电压，经过 40min 基本达到吸附饱和；当还原电压提高到－0.3V 时，吸附 15min 后即达到平衡吸附量的 90.7%，达到平衡状态时，对 Pb^{2+} 的吸附容量为 27.6mg · g^{-1}。表明随着还原电压提高，吸附速率不仅加快，而且吸附容量明显提高。

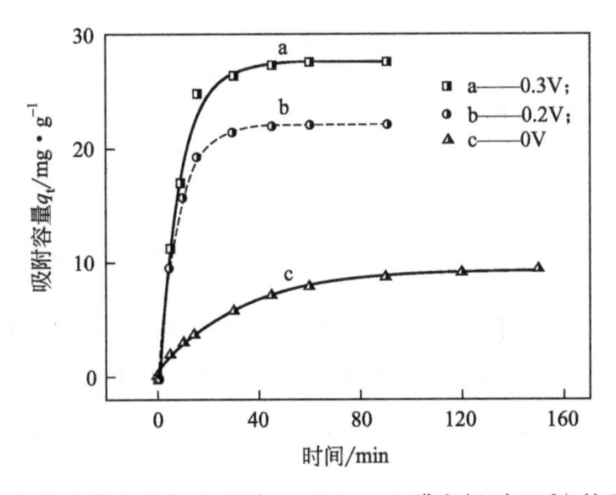

图 2-14　自然吸附及施加电压后 PAY/α-SnP 膜电极对 Pb^{2+} 的吸附效果

为分析 PAY/α-SnP 杂化膜材料对重金属阳离子的选择性，在同一混合溶液中考察杂化膜材料电极对金属阳离子的分配系数 K_d。表 2-1 列出 PAY/α-SnP 杂化膜材料对不同金属阳离子的吸附效果，通过 K_d 比较，PAY/α-SnP 杂化膜材料对 Pb^{2+}、Cd^{2+} 具有较高的选择性，因为 Pb^{2+}、Cd^{2+} 水合离子半径较小，且 Pb^{2+}、Cd^{2+} 与 PAY 中的磺酸基和 α-SnP 中的磷酸基结合力较强。

表 2-1 PAY/α-SnP 杂化膜材料对不同金属阳离子的吸附效果

重金属离子	Pb^{2+}	Cd^{2+}	Mn^{2+}	Cu^{2+}	Zn^{2+}	Ni^{2+}	Co^{2+}
吸附容量/($mg \cdot g^{-1}$)	12.3	7.36	4.25	4.18	3.6	3.25	2.53
分配系数 K_d/($mL \cdot g^{-1}$)	12376	7358	4717	5109	4767	1850	2775

图 2-15 为 PAY/α-SnP 杂化膜材料吸脱附金属阳离子反应机理。通过改变电极的附加电压，可以有效调节 PAY 氧化还原状态，达到控制 Pb^{2+} 置入与释放的目的，在低电压下 PAY 中偶氮基被还原得到电子，从固体酸 α-SnP 中夺取氢质子，同时溶液中 Pb^{2+} 离子由于磺酸基及偶氮基的静电吸引作用吸附在 PAY 表面；在高电压下，PAY 中偶氮基被氧化失去电子带正电，置入膜中的 Pb^{2+} 被释放以减少杂化膜材料中的正电荷维持电平衡，同时使膜材料得到再生。

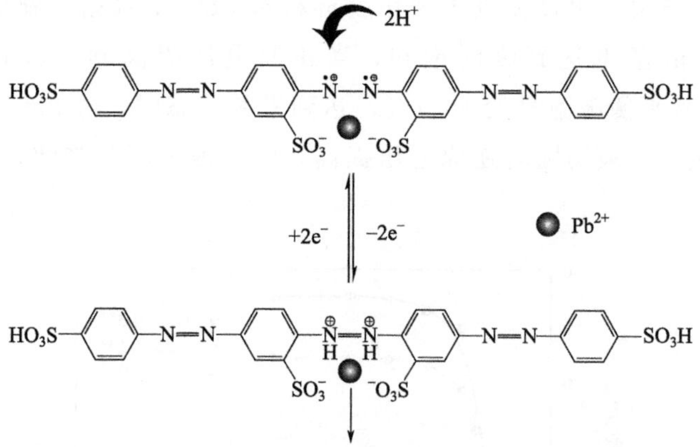

图 2-15 PAY/α-SnP 杂化膜材料吸脱附 Pb^{2+} 的反应机理

PAY/α-SnP 杂化膜材料具有疏松结构，有较多的孔隙和较大比表面积，利于离子交换进行；PAY/α-SnP 膜材料吸附 Pb^{2+} 过程中，PAY 和 α-SnP 均发挥了显著作用，提高了吸附容量，电活性 PAY/α-SnP 材料对 Pb^{2+} 表现出很好的选择性及电控离子交换性能。

2.2.3 电活性功能材料 PEDOT/α-ZrP 对重金属离子 Pb^{2+} 的选择性去除

2.2.3.1 PEDOT/α-ZrP 电活性功能材料的制备

α-ZrP 作为一种无机阳离子交换剂，由于其较高的离子交换容量、良好的热稳定性、独特的层状结构，受到关注，但其导电性能较差，本课题组将有机导电高分子材料聚（3,4）乙烯二氧噻吩（PEDOT）与 α-ZrP 进行杂化，合成电活性功能材料 PEDOT/α-ZrP，并用于重金属离子 Pb^{2+} 去除。

PEDOT/α-ZrP 膜电极的制备：将磷酸锆（α-ZrP）粉末、四丁基氢氧化铵（TBAOH）溶液置于乙腈溶液中，获得 α-ZrP 悬浮液，TBAOH 作为剥层剂。为减少 α-ZrP 水解，将上述混合溶液置于 0℃低温恒温槽中搅拌 10h 以上形成剥层的 α-ZrP 胶体，再加入 EDOT 单体形成混合制膜液。建立三电极体系，分别使用单极脉冲法、恒电位法、循环伏安法制备 PEDOT/α-ZrP 杂化膜材料[43]。

PEDOT 在水相中聚合电压是 1.1V，通过不同电化学制备方法（单极脉冲法 UPED、恒电位法 PM、循环伏安法 CV）在 Pt 片基体上与 ZrP 共沉积时，表现出不同的电化学容量，单极脉冲法制备的杂化膜材料电容量大于恒电位法和循环伏安法（图 2-16）。PEDOT 聚合依赖于单体 EDOT 的阳离子自由基反应，在特定电位 1.1V 下持续聚合。而 ZrP 剥层后形成的 ZrP 片层，导电性差，单依靠本身的负电性在 EDOT 阳离子自由基聚合时相互吸引掺杂到一起。恒电位方法复合制膜时，电压持续作用，EDOT 不断在其 2、5 位形成 C^{+} 活性位点，聚合反应不断发生，来不及吸引 ZrP 片层，致使 ZrP 的掺杂量非常有限；循环伏安方法制备时，扫描过程电压由高电压扫至低电压，往复循环，虽然有足够的低压

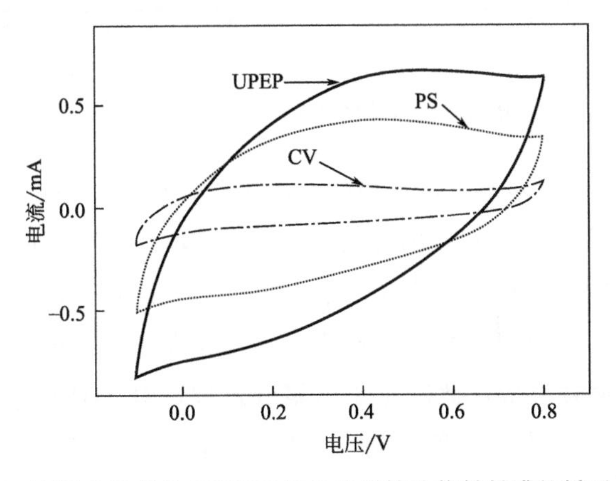

图 2-16　不同方法制备 PEDOT/ZrP 电活性功能材料膜的循环伏安图

时间，保证带一定量正电的PEDOT有充足时间静电吸引ZrP片层，但因高电压停留时间过短，合成的PEDOT有限，限制了杂化膜材料的聚合量。单极脉冲法制备时，在1s开时间，电压固定在1.1V，EDOT大量聚合，关时间时无电流通过，电压降至开路电压，带正电的PEDOT静电吸引ZrP片层，为ZrP片层的扩散吸引提供了足够的时间，有效地完成了PEDOT的聚合，两者良好地复合到一起。单极脉冲法制备的杂化膜材料在循环伏安检测时表现出更大的容量。

单极脉冲方法制备PEDOT/α-ZrP电活性功能材料过程中，除原料液浓度、电压外，脉冲宽度是一项十分重要的参数，它决定材料的复合情况。图2-17，当开/关时间＝1.0s/1.0s时，电化学石英晶体微天平（EQCM）质量变化中，开时间，杂化膜材料质量快速增长，导电聚合物PEDOT快速聚合；1.0 s关时间时，质量微量增长，说明是ZrP吸附过程；电阻随时间变化的规律恰恰相反，因为导电高分子PEDOT的电导率很高，导电性很好，但ZrP属于无机盐类物质，与导电聚合物比较有很高电阻。开时间时，PEDOT的增长并没有明显地为体系增加电阻，保持在水平状态，而在关时间，由于静电作用ZrP被吸附在聚合物上，高阻值的ZrP使得体系的电阻大大增加，证明ZrP已复合在膜内。图中显示，制备过程中质量与电量的增长规律一致，电量与电阻的增长规律相反。

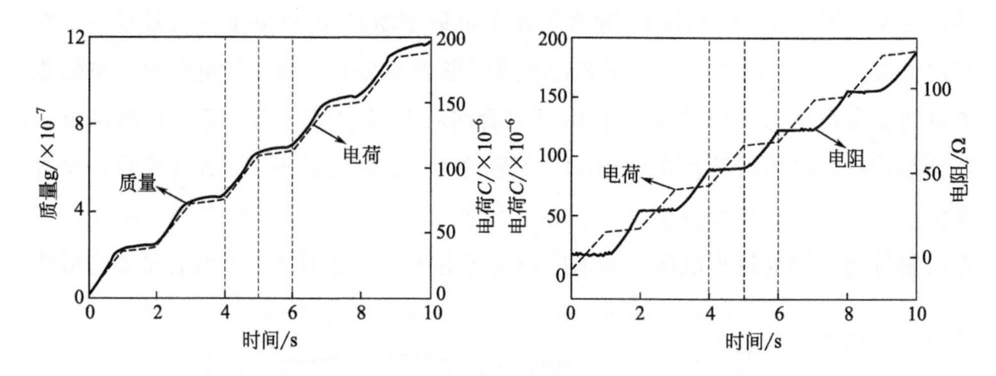

图2-17　PEDOT/ZrP电活性功能材料膜的质量、电阻、电量与时间的互比图

比较不同脉冲宽度对电阻增长的影响，如图2-18，脉冲宽度为开/关时间＝1.0s/1.0s时，电阻增长最快，因为关时间为ZrP增长过程，但ZrP的生长依靠静电吸附，推动力较电压作用很小，所以增长过程依赖于ZrP片层的扩散，当扩散时间过短时，即关时间短时，ZrP片层未来得及扩散至电极表面，接着发生下一次开时间的聚合反应，此时是正电聚合过程，对ZrP片层具有排斥作用，ZrP无法聚合。适当增加关时间，利于ZrP的大量聚合。若关时间较长，ZrP过量聚合，导致电阻较大的无机成分大量增加，使体系电阻过大，影响EDOT的

聚合，使体系导电聚合物部分含量降低，限制 ZrP 的掺杂，致使总的质量有所下降。质量的增长与电阻增长的规律同样在占空比为开/关=(1.0s，1.0s) 时，质量及电阻增长最快。

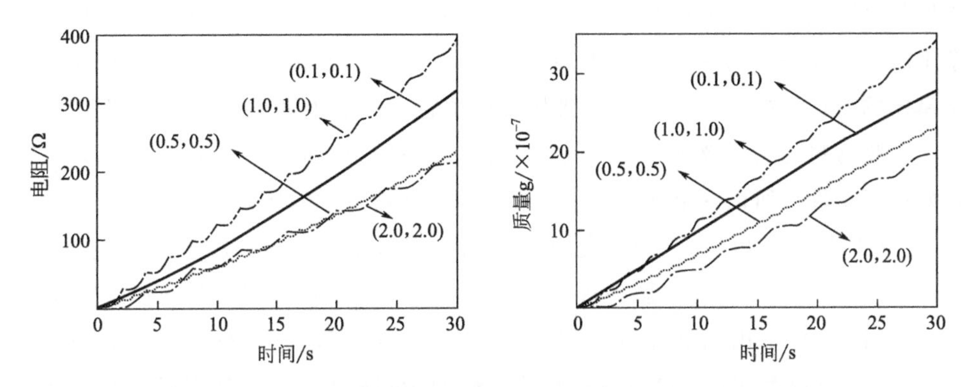

图 2-18　不同脉冲宽度下杂化膜材料的电阻、质量随时间变化图

2.2.3.2　PEDOT/α-ZrP 电活性功能材料的形貌与结构表征

固体薄膜的亲水性是其非常重要的性能，亲水性主要取决于固体表面的化学组成和微观形貌。如图 2-19 所示，α-ZrP 与 PEDOT/α-ZrP 电活性功能材料的接触角均小于 90°，均为亲水性材料。回流法制备的 α-ZrP 比水热法制备的材料具

(a) 回流法制备α-ZrP 接触角16.34°

(b) 水热法制备α-ZrP接触角27.00°

(c) 回流法制备PEDOT/α-ZrP 接触角58.25°

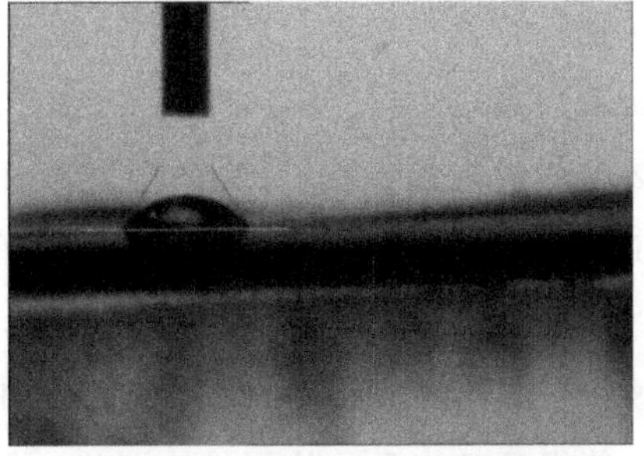

(d) 水热法制备PEDOT/α-ZrP接触角59.12°

图 2-19　回流法、水热法制得 α-ZrP 与 PEDOT/α-ZrP 电活性功能材料的接触角图

有更好的润湿性，这是因为水热法合成的 α-ZrP 粉末晶型较好，致使其剥层困难，剥层后的 α-ZrP 较少，且排列紧密；而回流法制备的 α-ZrP 粉末剥层后暴露出更多片层表面，其部分水解后的组成结构中的羟基有很好的亲水性，所以显出更好的润湿性。掺杂 PEDOT 后，α-ZrP 膜材料的润湿性有所下降，这是因为掺杂 EDOT 后，无机层状盐表面被有机柔性链包裹，借助 PEDOT 链段表面的疏水基团的改性，掺杂后的无机层状盐表面覆盖上一层有机物，其表面粗糙度增加，使膜材料的润湿效果有所降低。回流法制备的 PEDOT/α-ZrP 杂化膜材料有较好的润湿性，所以在电活性及稳定性方面可获得更好的性能。

α-ZrP 与 PEDOT/α-ZrP 杂化膜材料的表观形貌通过 SEM 进行分析。如图 2-20(a) 所示，α-ZrP 单一膜为排列整齐的 ZrP 片层结构，部分 ZrP 片层整齐地排列一起，类似山脊的结构。图 2-20(b) 为 PEDOT/α-ZrP 杂化膜材料，PEDOT 完全覆盖在 α-ZrP 表面，轻质柔性的 PEDOT 在 α-ZrP 表面铺展，为无机材料穿上一层有机外衣，提高了无机材料的电化学性能。

(a) α-ZrP单一膜

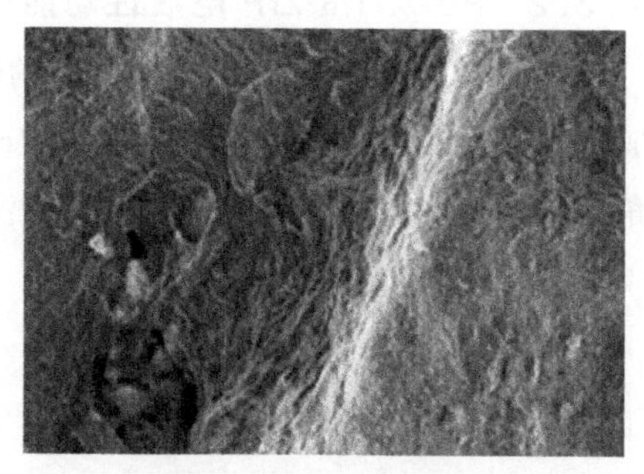

(b) PEDOT/α-ZrP杂化膜材料

图 2-20　α-ZrP 单一膜与 PEDOT/α-ZrP 杂化膜材料的扫描电镜图

图 2-21 为回流法和水热法制得的 ZrP 粉末及其与 PEDOT 通过单极脉冲法、恒电位法复合得到的 PEDOT/α-ZrP 杂化膜材料的 XRD 谱图。比较水热法与回流法制备的 ZrP 粉末，两者均在 $2\theta=8.43°$、$16.61°$、$23.66°$处出峰，出峰位置与 α-ZrP 的 (002)、(110) 及 (112) 晶面相吻合，由此确定，两种制备方法所得 ZrP 材料均为 α-ZrP，晶格排列为横向排列，但水热法合成的 α-ZrP 各处峰形尖锐，说明水热法合成的 α-ZrP 晶形好，结晶度高。但当 α-ZrP 与 PEDOT 复合后，三处出峰位置均无衍射现象发生，这是由于剥离后的 ZrP 片层在聚合过程中被带正电的 PEDOT 吸引，并包裹在其中。柔性的 PEDOT 链层层包绕在 ZrP 外，使得 ZrP 本身的片层结构弱化。但是由于 PEDOT 在噻吩链的 2、5 位聚合，使得其排列方式整齐，形成一定方向排列的 PEDOT 阵列，故可在 $2\theta=27.64°$

处出现 PEDOT 晶型有机物的特征峰。此外，分别比较单极脉冲法、恒电位法复合得到的 PEDOT/α-ZrP 杂化膜材料的出峰位置，均可在 $2\theta=27.64°$观察到衍射现象，层间距经计算为 8.04Å。恒电位法复合得到的 PEDOT/α-ZrP 杂化膜材料还可在 $2\theta=11.81°$处观察到另一特征峰。这是由于恒电压方法较单极脉冲方法聚合速度快，采用单极脉冲方法制备过程中，聚合物在关时间内可以调整自身聚合的方向，在开路电压下，挣脱了聚合电压的束缚，新聚合的 PEDOT 有条件进行舒展，促使其排列更加整齐。但在恒电压条件下，电压持续作用带来了 EDOT 的不断氧化，氧化位点陆续形成，促使聚合反应不停地发生，导致其晶型复杂，排列方向多样。由于 Pb^{2+} 的水和离子半径小，更容易进入 PEDOT 晶格，所以 PEDOT/α-ZrP 膜材料从分子层面达到了对 Pb^{2+} 的选择性吸附效果。

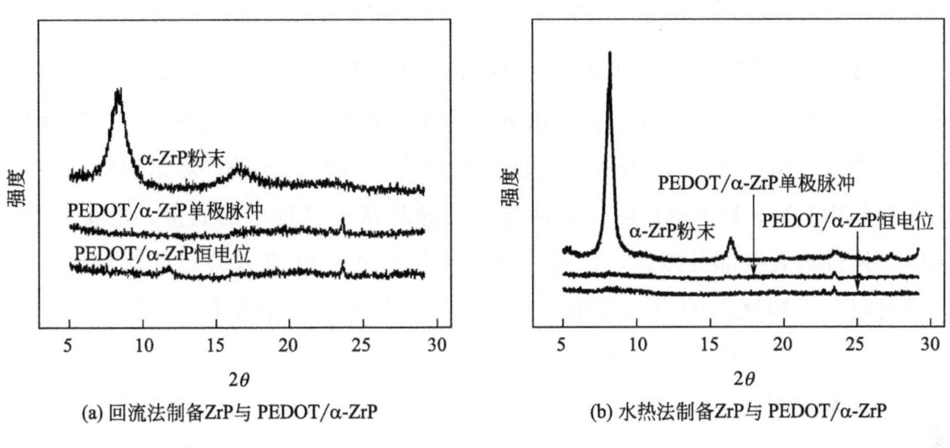

图 2-21　回流法和水热法制备 ZrP 粉末及其与 PEDOT/α-ZrP 杂化膜材料的 XRD 谱图

2.2.3.3　PEDOT/α-ZrP 电活性功能膜材料的电控离子交换行为及选择性

分析 PEDOT/α-ZrP 杂化膜材料于 Cd^{2+} 和 Pb^{2+} 溶液中的 CV 曲线及相应的 EQCM 监测膜质量改变量曲线，如图 2-22 所示。PEDOT/α-ZrP 杂化膜材料于 $Cd(NO_3)_2$溶液中进行检测时，在还原过程中，电流随电压降低而降低，但质量随电压降低而增加，因为还原过程中，电荷量下降，为维持体系电荷平衡，溶液中的阳离子置入膜内；在氧化过程中，电流随电压增加而增加，且膜质量随电压增加而降低，因为在氧化过程中，电荷量增加，体系不再需要多余的正电荷，且由于电驱动作为主要推动力，致使膜内阳离子被排斥到溶液中。整体循环过程中，PEDOT/α-ZrP 杂化膜材料表现出阳离子交换功能，且氧化还原过程中离子置入、置出的质量变化一致，故可得出离子交换过程可逆，且无副反应发生。PEDOT/α-ZrP 杂化膜材料于 $Pb(NO_3)_2$溶液中进行检测时，表现出相同的阳离子交换功能，表明电活性 PEDOT/α-ZrP 材料可用于重金属 Pb^{2+} 的选择性去除。

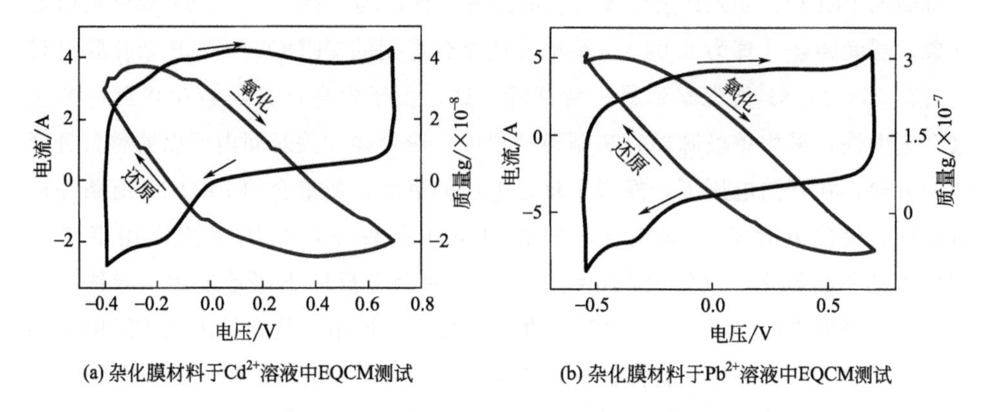

(a) 杂化膜材料于 Cd^{2+} 溶液中EQCM测试　　(b) 杂化膜材料于 Pb^{2+} 溶液中EQCM测试

图 2-22　PEDOT/α-ZrP 杂化膜材料于 Cd^{2+} 和 Pb^{2+} 溶液中进行循环伏安测试时的质量变化图

为直观理解 PEDOT/α-ZrP 杂化膜材料对重金属铅离子的选择性，检测在不同比例 $Cd(NO_3)_2$、$Pb(NO_3)_2$ 配比下，杂化膜材料对重金属 Pb^{2+} 混合溶液的吸附选择性。借助 EQCM 石英晶体微天平研究 PEDOT/α-ZrP 杂化膜材料在小比例 $Cd(NO_3)_2$、$Pb(NO_3)_2$ 检测液配比下循环伏安过程中的质量、电量变化。选取交换过程直线部分拟合，把直线部分的斜率 $\Delta m/Q$ 带入公式计算可得到杂化膜材料在不同比例的表观摩尔质量。运用杠杆定理，带入 Cd、Pb 的原子量(112.4、207.2)，计算摩尔分数，进而得到分离系数。不同 Cd^{2+}、Pb^{2+} 比例的表观摩尔质量及分离系数列于表 2-2，表中数据分析可知：在 Cd^{2+}、Pb^{2+} 小比例与大比例时，Pb^{2+} 对 Cd^{2+} 的分离系数均大于 1，说明 PEDOT/α-ZrP 杂化膜材料对 Pb^{2+} 有很好的选择性。

表 2-2　不同 Cd^{2+}、Pb^{2+} 比例的表观摩尔质量及分离系数

$X_{Cd^{2+}}:X_{Pb^{2+}}$	$M/g\cdot mol^{-1}$	α_{Cd}^{Pb}
0∶1	34.96978	
1∶1	52.1019	1.652987
4∶1	49.8364	9.150927
49∶1	51.0334	100.0949
99∶1	58.4427	107.1477
499∶1	58.7582	526.2866
1∶0	83.8474	

注：表中 X 为摩尔数；M 为表观摩尔质量；α 为分离系数。

电活性 PEDOT/α-ZrP 杂化膜材料对 Pb^{2+} 有良好的选择性，是由于 PEDOT 覆盖在 ZrP 片层表面，且 PEDOT 在 $2\theta=27.64°$ 处出现结晶有机物特有的 (0,

2，0）峰面，PEDOT晶型结构按照轴向排列，晶格距为8.04Å，更利于水合半径较小的Pb^{2+}通过。表面的PEDOT特有的高导向晶型结构及固定的层间距对目标阳离子的交换设立了分子级别的选择性通道，更利于对目标离子的选择性吸附。因此，电活性功能材料PEDOT/α-ZrP能够有效地用于重金属Pb^{2+}的去除。

2.3 介孔分子筛/有机物电活性功能材料的重金属离子去除

介孔分子筛/有机物电活性功能材料在污染物离子去除中的应用，体现在采用介孔分子筛或特定官能团修饰的功能化介孔分子筛吸附废液中的金属离子、染料及有机物分子。由于分子筛良好的化学稳定性和纳米级的微孔结构，已经成功的应用在重金属污染物治理[44-47]领域。更重要的是分子与有机物结合后，克服了有机物的膨胀收缩特性，可以以小颗粒的形式存在。因此分子筛在重金属污染物离子的去除方面非常引人注目。然而，介孔分子筛本身导电性较差，限制了其在电控离子交换技术上的应用。因此，我们将导电聚合物PANI与介孔分子筛复合，制备介孔分子筛/有机物电活性功能材料，并掺杂了较大尺寸的阴离子如PSS^{n-}，由于大尺寸阴离子在导电聚合物链上的固定性，使其表现出阳离子交换行为，解决了介孔分子筛导电性差及PANI选择性差的问题，并可以高效地去除废水中的重金属污染物离子。

2.3.1 电活性功能材料HZSM-5/PANI/PSS对重金属离子Pb^{2+}的选择性去除

2.3.1.1 纳米ZSM-5分子筛的结构及电活性功能材料的制备

ZSM-5分子筛是一种具有离子交换能力的特殊结构微孔沸石分子筛，如图2-23，骨架内包含十元环形成的大孔，其晶胞是由八个五元环组成，晶体结构属于斜方晶系，空间群为Pnma，晶胞参数为$a=20.1$Å，$b=19.9$Å，$c=13.4$Å。ZSM-5的孔道是它的空腔，骨架由两种交叉的孔道组成，直筒形孔道是椭圆形，长轴为5.7～5.8Å，短轴为5.1～5.2Å；另一种是“Z”字形横向孔道，截面接近圆形，孔径为（5.4±0.2）Å，“Z”字形通道的折角为110°，阳离子位于十元环孔道对称面上。ZSM-5分子筛具有很高的的热稳定性，是由于其骨架中有结构稳定的五元环和高硅铝比所导致，在废水吸附处理领域得到了广泛关注，表现出了对重金属离子良好的吸附能力及选择性。

ZSM-5分子筛采用水热法合成，称取所制得的ZSM-5分散在超纯水中，进

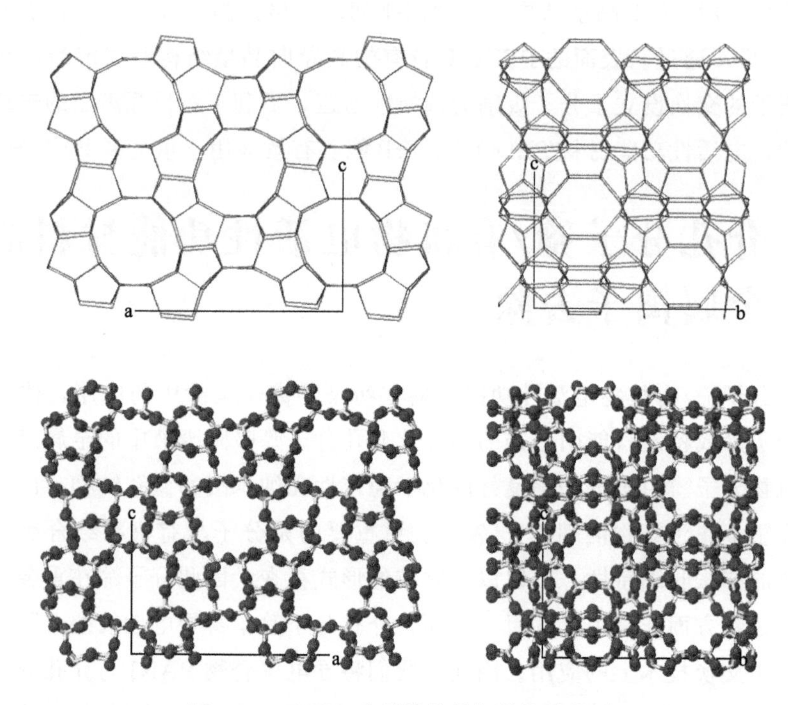

图 2-23 ZSM-5 分子筛的骨架结构示意图

行细胞粉碎超声处理，使 ZSM-5 分散均匀后，加入苯胺，再加入聚苯乙烯磺酸钠（PSS），最后加入硫酸调节 pH 值为 1，将所得的溶液作为制膜液，在三电极体系下，采用双极脉冲法在石英晶体金电极上一步沉积形成 ZSM-5/PANI/PSS 杂化膜材料[48]。

2.3.1.2 ZSM-5/PANI/PSS 的形貌与结构表征

为提高 PANI/PSS 的吸附选择性，将 PANI/PSS 与三维多孔结构的 ZSM-5 复合，通过 SEM 表征考察是否成功地合成具有纳米级微孔结构的分子筛以及三维多孔结构的杂化膜材料。如图 2-24(a) 中是制备的 ZSM-5 纳米分子筛的 SEM 图，图中分子筛为球形小颗粒状，颗粒大小较均匀，结晶度较高，颗粒间无团聚现象，颗粒直径在 90～100nm 之间。图 2-24(b) 为双极脉冲法制备的 ZSM-5/PANI/PSS 杂化膜材料在 2000、20000 放大倍数下的 SEM 图，低倍数下明显看到杂化膜材料表面呈现出三维疏松多孔的结构；高倍数下该杂化膜材料由聚苯胺包裹在 ZSM-5 表面，然后通过聚苯胺链和其他的 ZSM-5 相连接，形成由 ZSM-5 球形颗粒和聚苯胺及聚对苯乙烯磺酸钠均匀复合的结构，杂化膜材料三维疏松多孔的结构有利于离子在溶液和杂化膜材料之间的传递，并使材料内部得到充分的利用。

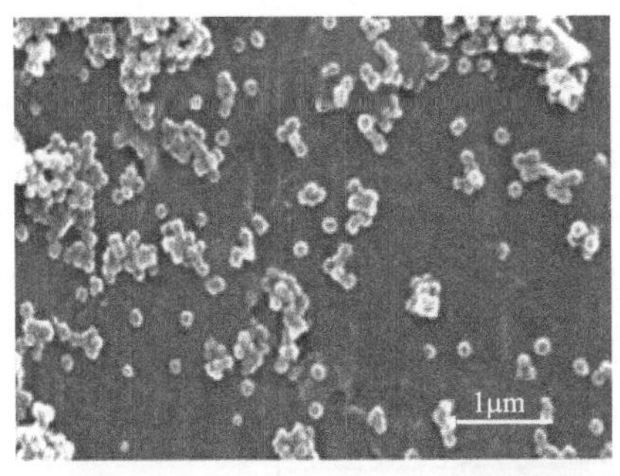

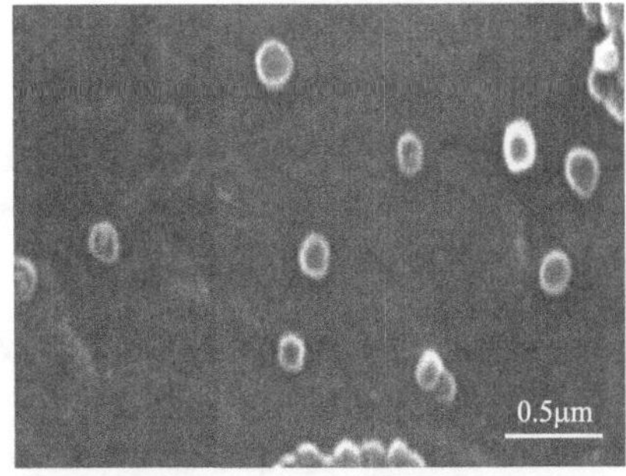

(a) ZSM-5纳米分子筛的SEM图

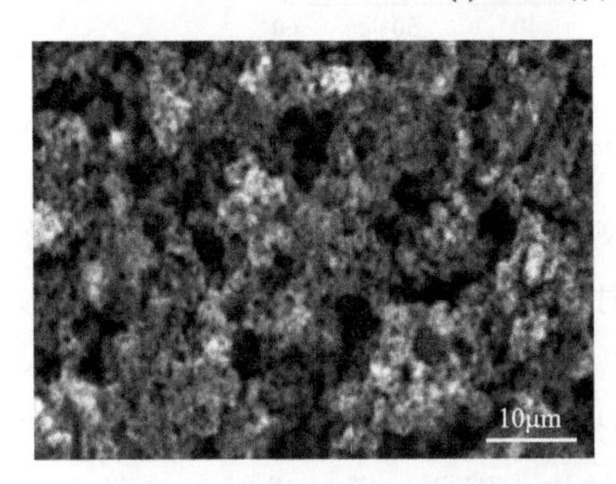

(b) ZSM-5/PANI/PSS杂化膜材料不同放大倍数下的SEM图

图 2-24　ZSM-5 分子筛颗粒和 ZSM-5/PANI/PSS 杂化膜材料的 SEM 图

通过图 2-25 中 PANI、ZSM-5 分子筛和 ZSM-5/PANI/PSS 杂化膜材料的 XRD 谱图分析，ZSM-5 分子筛的 2θ 出峰位位置为 20.8°、23.1°、23.2°、23.7°、24.4°、25.7°、26.8°、29.3°、29.9°，与 ZSM-5 的标准 XRD 图谱一致，表明通过水热法制备的物质为具有双十元环交叉孔道（MFI）结构的高结晶度纳米 ZSM-5 分子筛；图中 PANI 的 XRD 谱图，在 20.5°和 25.1°处有两个宽的馒头峰，分别对应 PANI 链段中的 100 晶面和 110 晶面。对照 PANI、ZSM-5，可以发现 ZSM-5/PANI/PSS 杂化膜材料中的 ZSM-5 出峰位置和单一 ZSM-5 出峰位置相同，说明 ZSM-5 和 PANI/PSS 实现好的复合，成功制备出电活性 ZSM-5/PANI/PSS 杂化膜材料。

通过 X 射线能谱分析（EDS）、TEM 等技术手段分析杂化膜材料的组成以及电沉积过程，检测该杂化膜材料的吸附选择性及重金属离子在杂化膜材料中 ESIX 的过程。图 2-26 是 ZSM-5/PANI/PSS 杂化膜材料的 EDS 能谱图和点状图，C、N、O、S、Si、Al 均匀地分布在杂化膜材料中，表明在电化学沉积过程中，ZSM-5 分子筛掺杂到 PANI 和 PSS 中，成功制备了电活性 ZSM-5/PANI/PSS 杂化膜材料，经在 $Pb(NO_3)_2$ 溶液中进行吸附，Pb^{2+} 均匀分布在杂化膜材

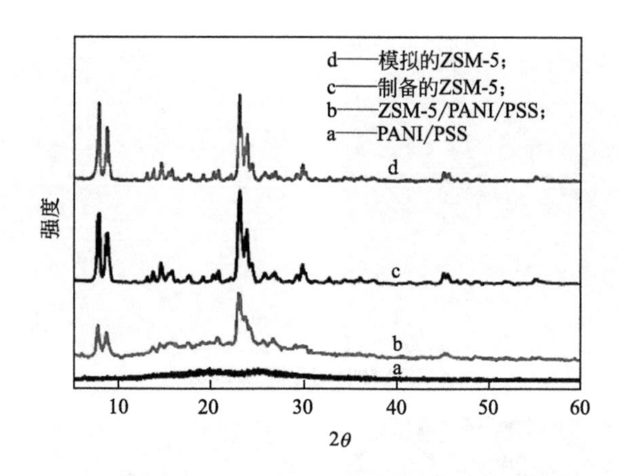

图 2-25 PANI、ZSM-5 分子筛和 ZSM-5/PANI/PSS 杂化膜材料的 XRD 谱图

料中，表明该杂化膜材料对 Pb^{2+} 具有良好的吸附能力。图 2-27 是 ZSM-5 分子筛与 ZSM-5/PANI/PSS 杂化膜材料的透射电镜图，纯的 ZSM-5 分子筛颗粒形貌规则，颗粒之间的界面清晰，颗粒大小在 100nm 左右，杂化膜材料中的 ZSM-5 之间的界面变得模糊，这是由于聚苯胺和聚苯乙烯磺酸钠包覆在 ZSM-5 颗粒表面，聚苯胺和聚苯乙烯磺酸钠是无定型结构，因此，通过透射电镜可观察到 ZSM-5 分子筛颗粒和 PANI 及 PSS 均匀的复合在一起。

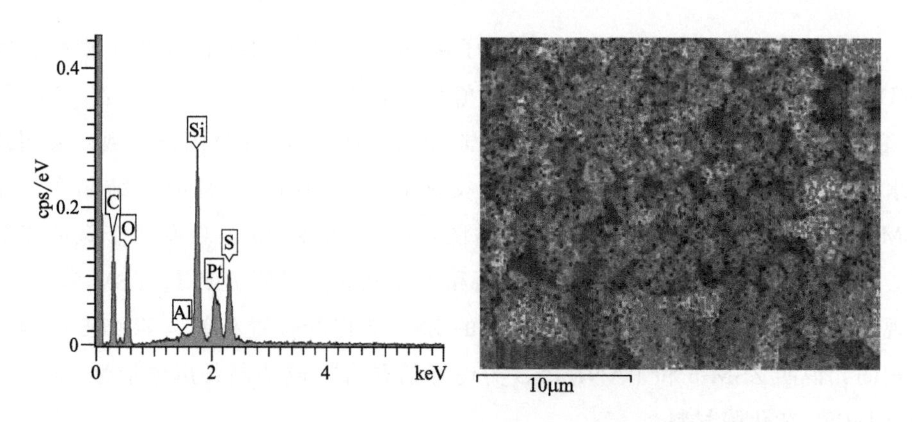

图 2-26 ZSM-5/PANI/PSS 杂化膜材料的 EDS 能谱图和点状图

综上分析，ZSM-5/PANI/PSS 电活性功能膜材料沉积规律：杂化膜材料的制备初期，高电位下，苯胺单体聚合成聚苯胺链沉积到膜电极上；低电位下，因达不到苯胺的聚合电位，苯胺无法聚合，此时溶液中的带负电的 ZSM-5 和聚苯乙烯磺酸钠会在静电吸引作用下沉积到膜电极上，最终将形成均一的三维多孔的 ZSM-5/PANI/PSS 杂化膜材料。

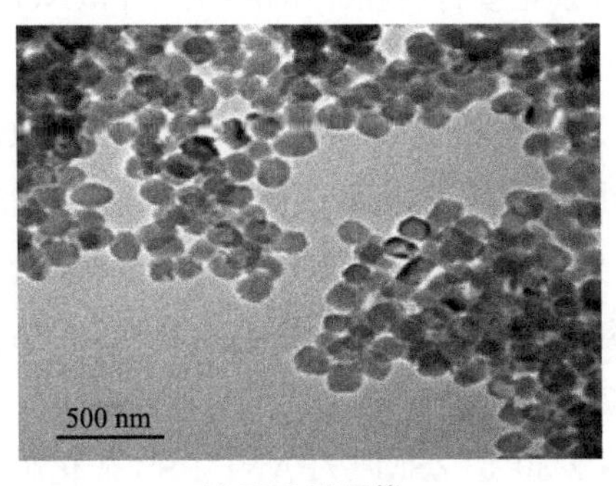

(a) ZSM-5分子筛

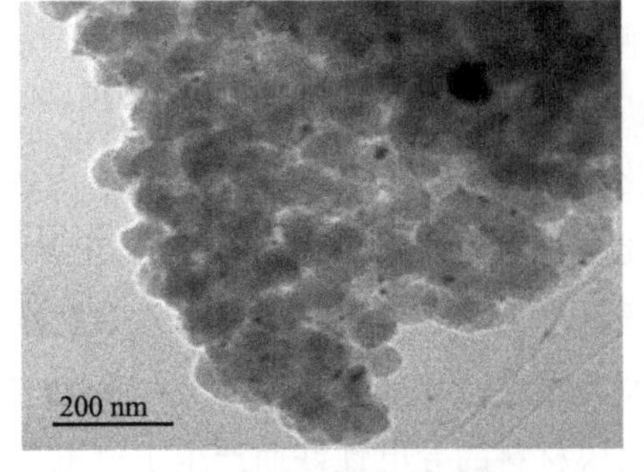

(b) ZSM-5/PANI/PSS杂化膜材料

图 2-27　ZSM-5 分子筛和 ZSM-5/PANI/PSS 杂化膜材料的 TEM 图

2.3.1.3　ZSM-5/PANI/PSS 电活性功能膜材料的电化学性能及分离选择性

ZSM-5/PANI/PSS 膜电极在循环过程中有明显的电流响应，表明杂化材料膜电极有电活性。图 2-28 是 ZSM-5/PANI/PSS 杂化膜材料在 0.1mol·L^{-1} $Pb(NO_3)_2$ 溶液中于不同的低电位下的循环伏安和质量变化曲线，扫描速率是 50mV·s^{-1}。由 2-28(a) 图和 2-28(b) 图比较，随着扫描低电位降低，交换容量随之增加，但低电位的降低是有限度的，低电位设置为－0.45V 时，－0.4V 以下循环伏安曲线中的电流发生急剧变化。对应的 EQCM 曲线也发生急剧的变化，此时发生的不是离子的吸附和脱附，而是 Pb^{2+} 还原为铅单质，已经违背了电控离子交换的初衷。当发生金属的还原时必然会造成不必要的电能消耗。所以根据循环伏安和质量检测，可以确定电活性 ZSM-5/PANI/PSS 材料在重金属离子去除时的吸附和脱附电位。

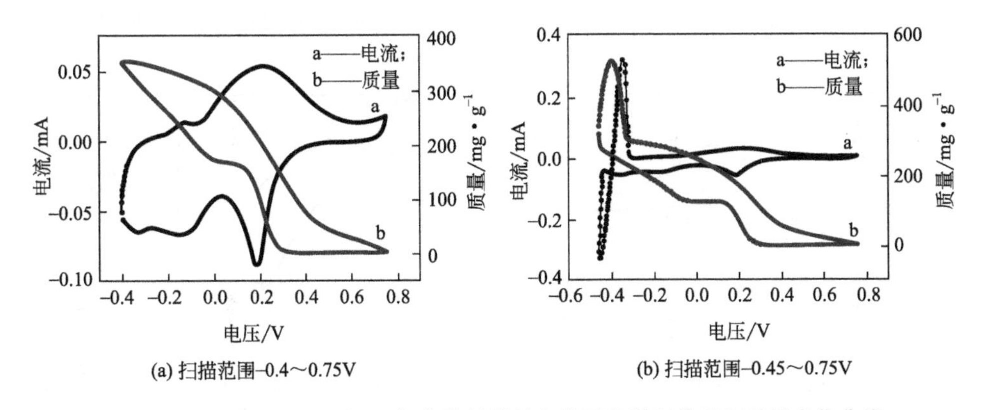

(a) 扫描范围-0.4～0.75V　　(b) 扫描范围-0.45～0.75V

图 2-28　ZSM-5/PANI/PSS 杂化膜材料低电位下的循环伏安和质量变化曲线

结合 EQCM，进一步分析 ZSM-5/PANI/PSS 杂化膜材料的 ESIX 机理。

图 2-29 是石英金片电极和 ZSM-5/PANI/PSS 杂化膜材料在0.1mol・L^{-1} $Pb(NO_3)_2$ 溶液中于−0.45V 的低电位下的循环伏安和质量变化曲线，扫描速率 50mV・s^{-1}。分析图 2-29(a)，在−0.4V 左右 Pb^{2+} 发生还原，检测到电流和质量都发生急剧变化，与能斯特方程算出的 Pb 单质的析出电位一致。而在 ZSM-5/PANI/PSS 杂化膜材料中，发现在−0.4V 以上从高电位向低电位扫描时，膜电极的质量亦是逐渐增加，该过程是离子置入杂化膜材料的过程，并且杂化膜材料中的 Pb^{2+} 还原为单质，比在石英晶体金电极上的电位更负一些，这是由于金片的导电性比杂化膜材料的导电性好而产生了过电位。图 2-30 是 ZSM-5/PANI/PSS 杂化膜材料于不同扫描速率时循环伏安和质量变化曲线，随着扫描速率变化，循环伏安曲线形状并没有发生明显的变化，说明三维多孔结构 ZSM-5/PANI/PSS 杂化膜材料中的 PANI 利于发生质子的掺杂和去掺杂反应。随着扫描速率增加，膜的交换质量从 340mg・g^{-1}减少到 200mg・g^{-1}，说明低扫描速率更利于离子深入膜内吸附位点，高扫描速率不利于离子置入膜内。

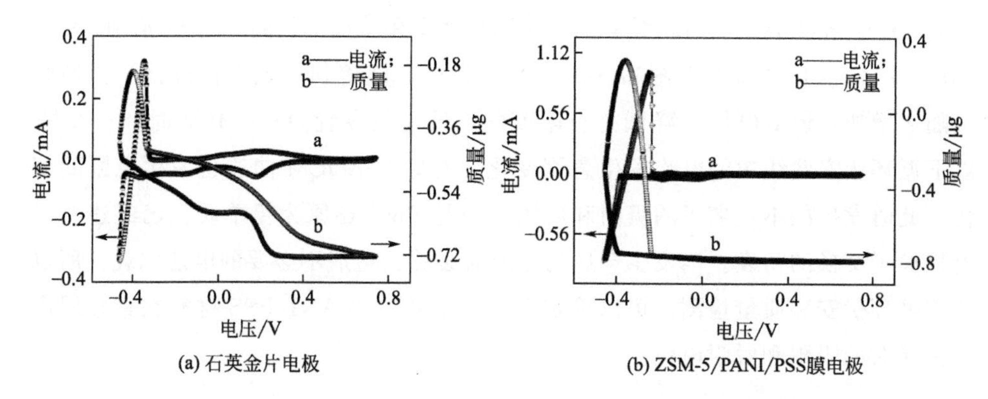

(a) 石英金片电极　　(b) ZSM-5/PANI/PSS膜电极

图 2-29　石英金片电极和 ZSM-5/PANI/PSS 膜电极的循环伏安和质量变化曲线

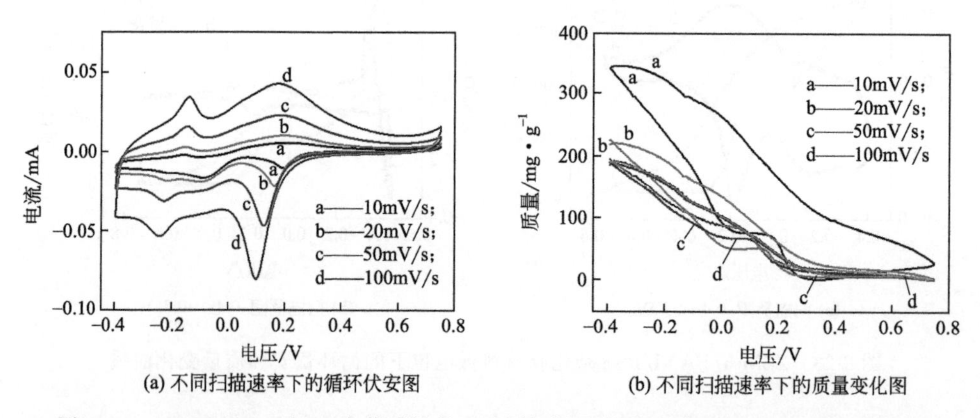

(a) 不同扫描速率下的循环伏安图　　(b) 不同扫描速率下的质量变化图

图 2-30　ZSM-5/PANI/PSS 杂化膜材料于不同扫描速率时的循环伏安和质量变化曲线

采用阶跃检测实验，分析电活性 ZSM-5/PANI/PSS 杂化膜材料的吸脱附性能（图 2-31）。阶跃时间为 150s，高电位设置为 0.9V，低电位设置为－0.4V。每次阶跃达到吸脱附平衡时，吸附容量可达 315mg・g^{-1}。向 ZSM-5/PANI/PSS 膜电极施加负电位时，该杂化膜材料具有非常快的吸附速率，能够在 20s 内达到吸附容量的 90%；相对应的脱附速率于前 10s 可达到 75%。

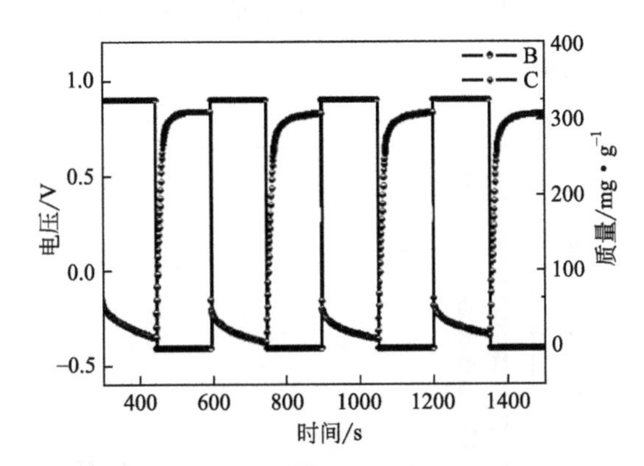

图 2-31　ZSM-5/PANI/PSS 杂化膜材料在 0.1mol・L^{-1} $Pb(NO_3)_2$ 溶液中的阶跃曲线

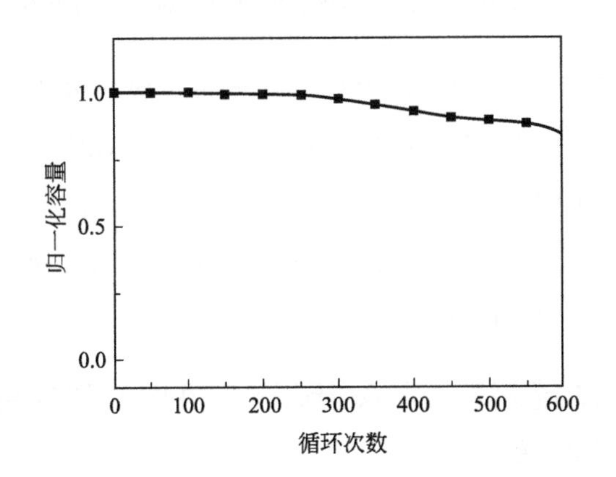

图 2-32　ZSM-5/PANI/PSS 杂化膜材料的稳定性

电活性功能材料的选择性和稳定性决定其应用。图 2-32 是 ZSM-5/PANI/PSS 杂化膜材料的循环稳定性曲线，ZSM-5/PANI/PSS 杂化膜材料经循环伏安扫描 600 圈，离子交换容量保持初始值的 80%，表明 ZSM-5/PANI/PSS 杂化膜材料循环稳定性高。此外，通过原子吸收分光光度计检测（图 2-33）ZSM-5/PANI/PSS 杂化膜材料在含有 Pb^{2+}、Zn^{2+}、Cd^{2+}、Co^{2+}、Ni^{2+} 各 0.5mg 的 100mL 硝酸盐混合溶液的检测液中各离子的吸附选择性。ZSM-5/PANI/PSS 杂化膜材料质量 5mg，吸附电位为－0.4V，沉积 3000 次，吸附时间 180min 条件进行检测时，检测结果为 ZSM-5/PANI/PSS 杂化膜材料的吸附选择性为 Pb^{2+} ＞ Ni^{2+} ＞ Co^{2+} ＞ Cd^{2+} ＞ Zn^{2+}，这是因为金属离子的水合半径顺序为 Pb^{2+} ＜ Ni^{2+} ＜ Co^{2+} ＜ Cd^{2+} ＜ Zn^{2+}，Pb^{2+} 的水合半径最小，且 Pb^{2+} 的水合吉布斯自由能最小。单独的 ZSM-5 分子筛对 Pb^{2+} 的吸附选择性高于其他重金属离子，ZSM-5/PANI/PSS 杂化膜材料对 Pb^{2+} 优异的选择性是 ZSM-5 分子筛的吸附选择性和 Pb^{2+} 水合半径共同作用结果。

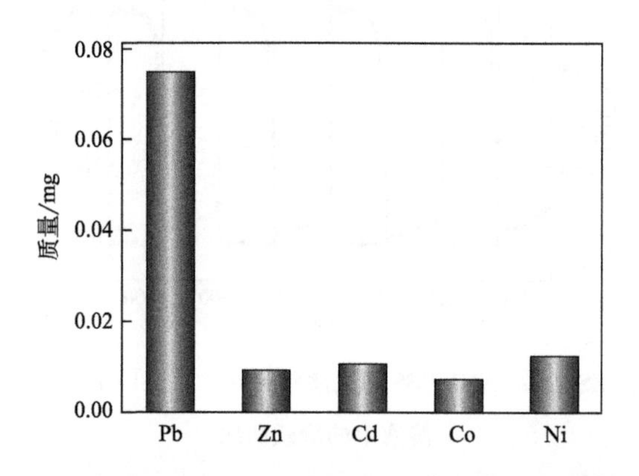

图 2-33　ZSM-5/PANI/PSS 杂化膜材料对金属离子的吸附选择性

电活性功能材料 ZSM-5/PANI/PSS 在中性重金属盐溶液中表现出了良好的电活性，其吸附选择性顺序为 Pb^{2+} ＞ Ni^{2+} ＞ Co^{2+} ＞ Cd^{2+} ＞ Zn^{2+}，对重金属 Pb^{2+} 表现出了优良的吸附选择性，吸附量高达 $235mg \cdot g^{-1}$，且 ZSM-5/PANI/PSS 电活性功能材料具有良好的氧化还原可逆性和循环伏安稳定性，在污染物离子的去除中表现出了广阔的应用前景。

2.3.2 电活性功能材料 SBA-15/PANI/PSS 对重金属 Pb^{2+} 的选择性去除

2.3.2.1 SBA-15 的结构及 SBA-15/PANI/PSS 的制备

介孔分子筛 SBA-15，纯硅介孔分子筛，孔道为二维六方型，孔径 50Å 到 300Å 可调，孔与孔之间会有微孔相连，孔壁较厚且具有较大的比表面积、孔隙率高且具有良好的水热稳定性。根据文献［47］制备 SBA-15（图 2-34），然后将所制得的 SBA-15 纳米颗粒均匀分散到去离子水中，细胞粉碎超声处理，使 SBA-15 分散均匀，然后加入苯胺，再加入聚苯乙烯磺酸钠（PSS），加入硫酸调节溶液 pH 值为 1。在三电极体系下，采用脉冲电位法制备 SBA-15/PANI/PSS

杂化膜材料[49]。

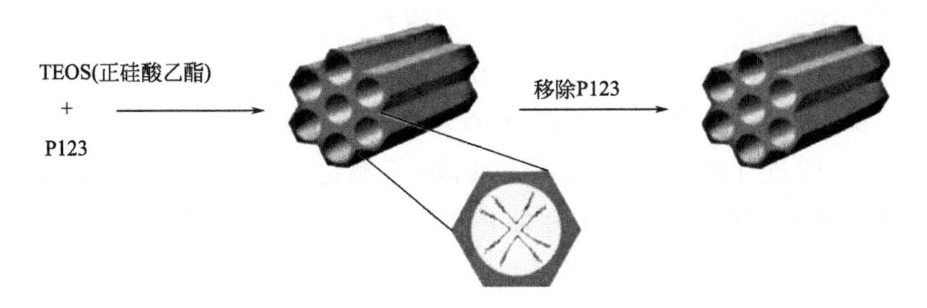

图 2-34　SBA-15 的制备及结构示意图

为获得 SBA-15/PANI/PSS 复合膜，所制备的介孔分子筛 SBA-15、苯胺单体和聚对苯乙烯磺酸钠（NaPSS）在水溶液中通过超声细胞粉碎使其呈均匀分散的溶液。通过双极脉冲方法将复合膜沉积在水平放置的石英晶体金电极上，其中双极脉冲高电位为 0.85V，脉冲低电位为 0.3V。图 2-35 为双极脉冲法制 SBA-15/PANI/PSS 复合膜的质量变化-时间曲线及瞬时的质量-时间放大图。图 2-35(a) 中，沉积 15s 后，复合膜在晶片电极上沉积的质量与时间呈比例增长，且沉积在基体上的复合膜厚度均匀，与 SEM 表征一致。因此，可以通过调节沉积时间来控制复合膜的厚度。图 2-35(b) 为 58.4～64.0s 时间段内的质量变化放大图，当施加脉冲高电位 0.85V（*vs.* Ag/AgCl）时，因为苯胺单体氧化聚合，PSS 作为大阴离子掺杂到聚苯胺链上形成膜，沉积到石英晶体金电极上，质量显著增加，同时，SBA-15 在重力场及静电引力的辅助作用下沉积在导电聚合物 PANI 表面，形成复合膜。当施加脉冲低电位时，苯胺单体的氧化受阻，SBA-15 仍在重力场作用下沉降，但由于缺乏聚苯胺的交联及膜表面 SBA-15 之间的排斥作用使 SBA-15 不稳定发生脱落，因此，在低电位下质量有略微的下降，但整

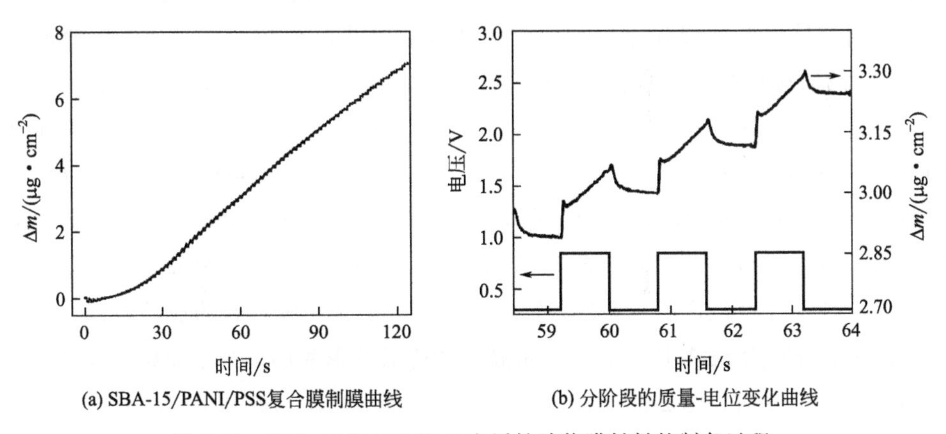

图 2-35　SBA-15/PANI/PSS 电活性功能膜材料的制备过程

体质量呈上升趋势，证明复合膜的成功沉积。

2.3.2.2 SBA-15/PANI/PSS 的形貌与结构表征

介孔分子筛 SBA-15 因其有较大孔径、较高比表面积及孔体积，且孔径可调等优点，使其在吸附领域成为研究的热点。所以通过氮气吸脱附曲线及孔径分布图，对 SBA-15 进行比表面积、孔径和孔体积的测定。图 2-36 显示 SBA-15 的典型Ⅳ型氮吸附等温线，在相对压力为 $P/P_0=0.4\sim1.0$ 处，有一个明显的滞后环，表明 SBA-15 中存在介孔结构，H1 型滞后环表明材料具有均匀圆柱孔结构。通过 BET 比表面积计算得知，SBA-15 的比表面积为 $459.1m^2\cdot g^{-1}$，其孔径和孔隙总体积分别为 10.9nm 和 $1.25cm^3\cdot g^{-1}$。

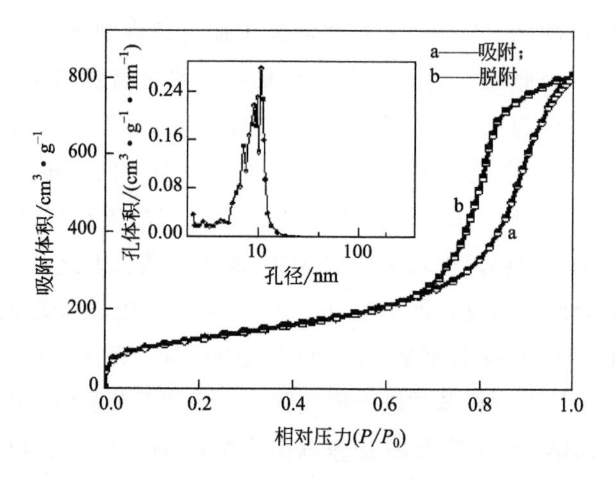

图 2-36 介孔分子筛 SBA-15 的氮气吸脱附曲线及孔径分布图

应用 FTIR 表征手段分析 SBA-15/PANI/PSS 材料的制备情况，如图 2-37 所示。SBA-15 的红外光谱中，$804cm^{-1}$ 和 $1092cm^{-1}$ 处的吸收峰分别为 Si—O—Si 内部的对称伸缩振动峰和非对称伸缩振动峰；另外，在 $964cm^{-1}$ 处的吸收峰是 Si—OH 的对称伸缩振动峰。在 PANI/PSS 和 SBA-15/PANI/PSS 杂化膜材料的红外光谱图中，$1608cm^{-1}$ 和 $1492cm^{-1}$ 是聚苯胺的特征峰，分别对应醌环和苯环的 C═N 键伸缩振动和 C═C 键伸缩振动；在 $1304cm^{-1}$ 处观察到的吸收峰为聚苯胺中苯环的 C—N 键伸缩振动；在 $1171cm^{-1}$ 和 $1007cm^{-1}$ 处的峰对应的是 PSS 中的 S═O 双键的振动峰。结合 SBA-15 以及 PANI/PSS 的红外谱图，SBA-15/PANI/PSS 复合物包含了二者的特征峰，充分证明杂化膜材料的成功制备。

图 2-38(a) 为 SBA-15 在乙醇溶液超声粉碎后的形貌图，为不规则颗粒状，粒径约为 150nm 左右；图 2-38(b)、(c) 为 SBA-15/PANI/PSS 和 PANI/PSS 杂化膜材料的 SEM 图，两者均展现出均匀分散结构，PANI/PSS 杂化膜材料更致密紧凑，

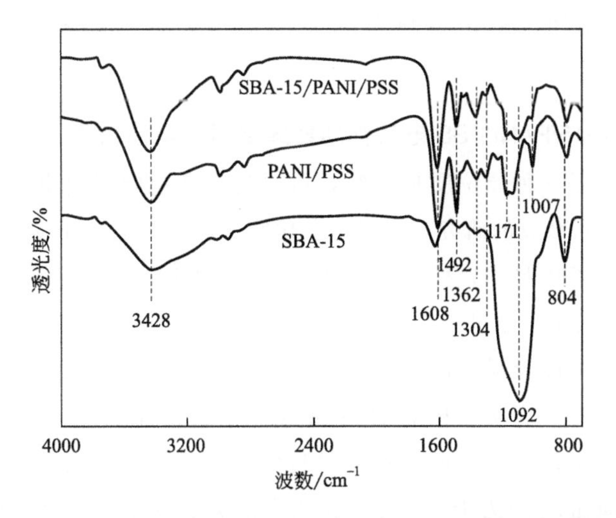

图 2-37　SBA-15/PANI/PSS 及 SBA-15/PANI/PSS 杂化膜材料的红外光谱图

SBA-15/PANI/PSS 杂化膜材料表面呈现出三维多孔疏松结构，这种结构可以提供比较大的比表面积，同时提供快速的电子和离子传输通道，更加有利于离子的传输。三维多孔疏松结构是由于聚苯胺包裹在 SBA-15 表面，聚苯胺链连接其他的 SBA-15，形成由 SBA-15 颗粒和 PANI/PSS 复合的均匀膜结构。图 2-38(d)

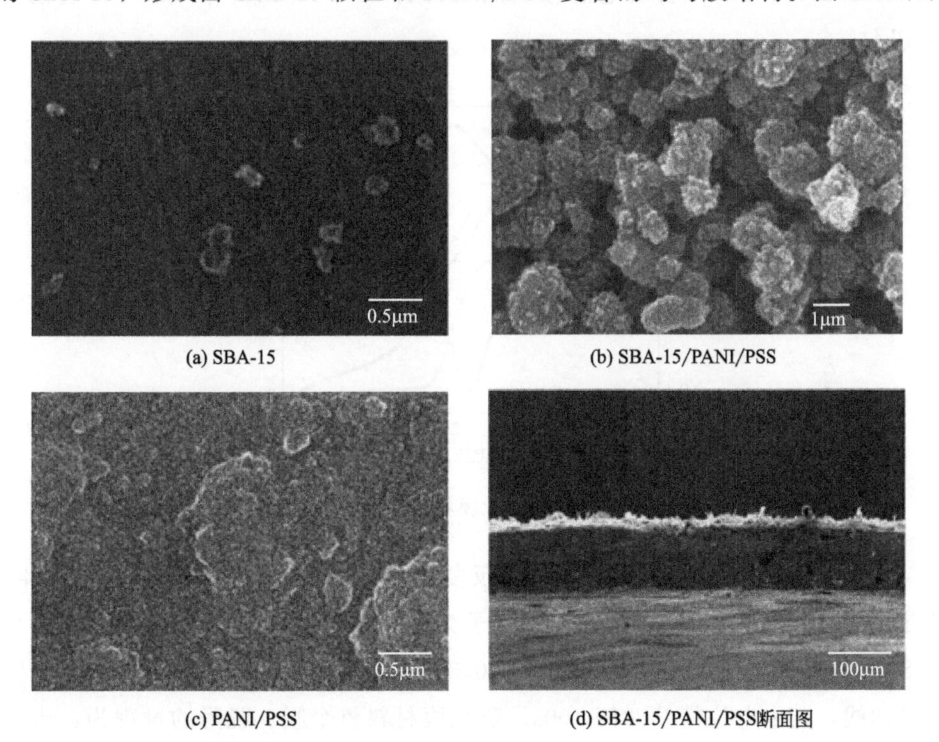

(a) SBA-15　(b) SBA-15/PANI/PSS

(c) PANI/PSS　(d) SBA-15/PANI/PSS断面图

图 2-38　杂化膜材料的 SEM 图及 SBA-15/PANI/PSS 杂化膜材料的断面图

为 SBA-15/PANI/PSS 杂化膜材料的断面图，从图中知该杂化膜材料厚度均一。

2.3.2.3 SBA-15/PANI/PSS 电活性功能膜材料的电控离子交换行为及选择性

EQCM 技术是一种原位质量探针，可以进行杂化膜材料电极和电解液界面之间离子的置入和释放的研究，以确定杂化膜材料电极的离子交换行为。采用循环伏安法结合 EQCM 技术，检测 SBA-15/PANI/PSS 杂化膜材料在 0.1mol・L^{-1} $Pb(NO_3)_2$ 溶液氧化还原过程中的离子交换行为，如图 2-39，杂化膜材料具有明显的氧化还原峰以及显著的质量变化。当电压从 0.75V 到－0.4V 时，产生的电流是还原电流，表明电极表面的 SBA-15/PANI/PSS 杂化膜材料发生还原反应，此过程中工作电极表面杂化膜材料的质量会显著增加。根据电荷补偿机理，此阶段的质量增加为 Pb^{2+} 从电解液中进入到杂化膜材料中发生 Pb^{2+} 置入，中和杂化膜材料过量的负电荷。相反，当电位扫描从－0.4V 至 0.75V 时，杂化膜材料被氧化产生氧化电流，SBA-15/PANI/PSS 杂化膜材料的质量表现出下降的趋势，该质量变化对应杂化膜材料 Pb^{2+} 的释放。所以，SBA-15/PANI/PSS 杂化膜材料对 Pb^{2+} 具有良好的 ESIX 行为。此外，Pb^{2+} 的理论吸附容量计算为 433.3mg・g^{-1}，表明电活性功能膜材料 SBA-15/PANI/PSS 可有效地去除 Pb^{2+}。

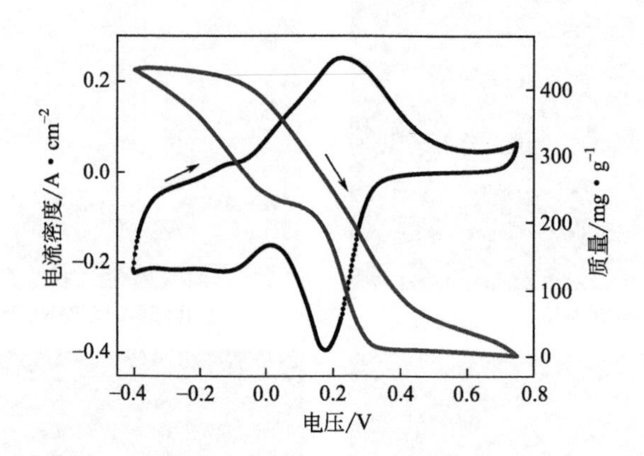

图 2-39 SBA-15/PANI/PSS 杂化膜材料的循环伏安及质量变化曲线

结合 EQCM 技术检测杂化膜材料反复氧化还原过程中的质量变化的规律，确定 SBA-15/PANI/PSS 杂化膜材料离子交换行为的可逆性和再生能力。图 2-40 为 SBA-15/PANI/PSS 杂化膜材料在－0.3～0.75V 重复氧化还原的动态质量变化的曲线，其中电位持续时间 100s。杂化膜材料整个吸、脱附的过程为：当杂化膜材料被施加 0.75V 的氧化电位，杂化膜材料中 PANI 氧化成氧化态 PANI，杂化膜材料显正电性，为保持电中性，杂化膜材料中被吸附的 Pb^{2+} 会从膜内释放出来，膜质量表现出明显的衰减。相反，当杂化膜材料被施加 −0.3V 的还原电位时，其质量变化呈现出明显上升趋势，对应于溶液中 Pb^{2+} 在杂化膜材料中的置入。通过电极电位的反复交替变化，SBA-15/PANI/PSS 杂化膜材料的质量表现出周期性变化规律，且杂化膜材料可以在 100s 内快速地达到离子吸脱附平衡。因此，可通过调节 SBA-15/PANI/PSS 杂化膜材料的电极电位，快速地实现膜的再生，同时证明该杂化膜材料具有良好的氧化还原可逆性及快速的可再生能力。

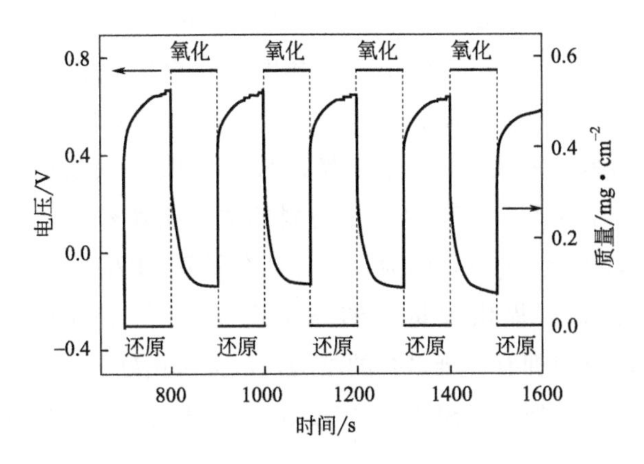

图 2-40　SBA-15/PANI/PSS 杂化膜材料电位阶跃过程中的质量变化曲线

SBA-15/PANI/PSS 杂化膜材料在循环伏安过程中，扫描时间对该杂化膜材料的离子交换机理产生了重要的影响。因此，通过调节不同的扫描速率，间接考察扫描时间对 SBA-15/PANI/PSS 杂化膜材料离子交换过程的影响。图 2-41 为 SBA-15/PANI/PSS 杂化膜材料在 $5mV\cdot s^{-1}$、$10mV\cdot s^{-1}$、$25mV\cdot s^{-1}$、$50mV\cdot s^{-1}$ 及 $100mV\cdot s^{-1}$ 扫描速率下的循环伏安及质量变化曲线。随扫描速

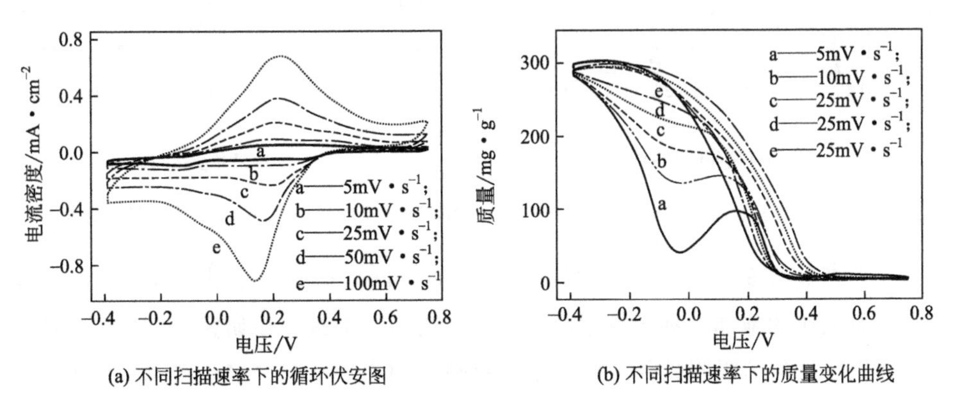

(a) 不同扫描速率下的循环伏安图

(b) 不同扫描速率下的质量变化曲线

图 2-41　SBA-15/PANI/PSS 杂化膜材料在不同扫描速率下的循环伏安和质量变化曲线

率的增加，氧化还原峰电流随之增加，但杂化膜材料质量没有明显变化，说明即使在高扫描速率条件下，杂化膜材料离子吸脱附平衡也能快速实现，SBA-15/PANI/PSS杂化膜材料在离子传递过程中离子传递阻力较小，在低扫描速率（5mV·s^{-1}和10mV·s^{-1}）下，杂化膜材料在还原阶段（0.14V→−0.02V），质量呈现出减小的趋势，表明在低扫描速率下，阴离子和阳离子均参与了离子交换的过程。

为考察介孔分子筛在杂化膜材料中的作用，将PANI/PSS、SBA-15/PANI/PSS两种膜材料于0.1mol·L^{-1} $Pb(NO_3)_2$ 溶液中进行循环伏安及质量变化测试。如图2-42(a)，两种杂化膜材料虽有相似的循环伏安曲线，但PANI/PSS膜具稍有较高的氧化还原峰电流氧化还原峰电流及电活性面积，因为SBA-15/PANI/PSS杂化膜材料中掺杂的介孔分子筛SBA-15本身导电性较差。图2-42(b)中，两种杂化膜材料均表现出阳离子交换行为，即 Pb^{2+} 交换行为，然而当掺杂SBA-15后，SBA-15/PANI/PSS杂化膜材料的离子交换容量得到显著提高，离子交换量可达261.2mg·g^{-1}，因为：①介孔分子筛SBA-15表面及孔壁富含大量的Si—OH基团，可提供大量能够与 Pb^{2+} 络合的活性位点；②SBA-15/PANI/PSS杂化膜材料拥有三维多孔的结构，可提供更好的离子扩散路径以及更优异的电子转移性能，所以，SBA-15/PANI/PSS杂化膜材料具有更优异的离子交换性能。

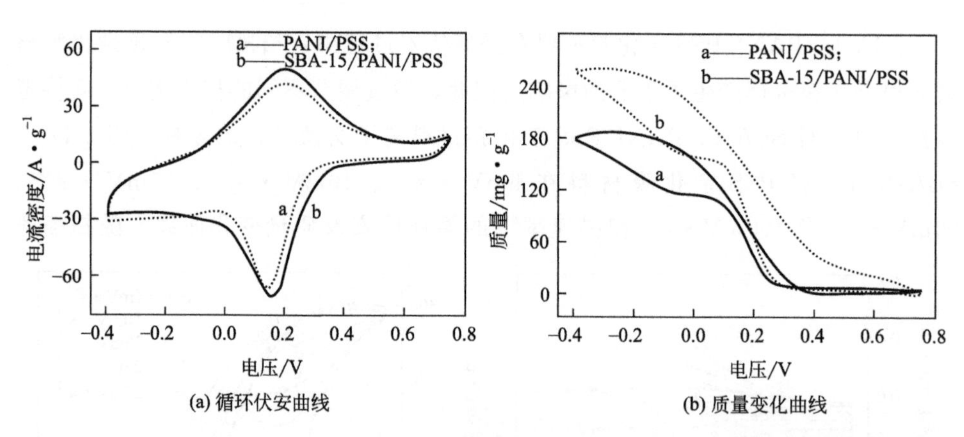

图2-42 SBA-15/PANI/PSS杂化膜材料、PANI/PSS膜的循环伏安曲线及质量变化曲线

在处理低浓度含 Pb^{2+} 废水溶液时，传质驱动力会受到限制，而电控离子交换中还原电压的施加有利于克服离子的传递阻力。为进一步研究SBA-15/PANI/PSS杂化膜材料的吸附性能，将电活性材料沉积在导电三维多孔碳毡基体上，置于200mL含50mg·L^{-1} Pb^{2+} 的 $PbNO_3$ 溶液中，对比SBA-15/PANI/PSS杂化

膜材料静态吸附以及加电吸附的吸附性能，图 2-43(a) 中，相比于静态吸附，杂化膜材料施加−0.3V 还原电位时，Pb^{2+} 浓度下降迅速；图 2-43(b) 中，当吸附过程达到平衡时，静态吸附过程的吸附容量达到 62.7mg·g^{-1}，而加电吸附过程的吸附容量可达 254.6mg·g^{-1}，明显高于静态吸附，这是由于施加还原电位后，杂化膜材料被还原显负电性，为保持电荷平衡，溶液中的 Pb^{2+} 被吸附，同时，杂化膜材料中 SBA-15 表面的 Si—OH 会与溶液中 Pb^{2+} 发生络合作用；另外，还原电位的施加促进电子的快速转移，增强了离子传递推动力。随着吸附过程进行，SBA-15/PANI/PSS 杂化膜材料电极上的有限活性位点逐渐被占据，已被占据的活性位点将阻碍其他离子的置入，所以在吸附后期离子吸附速率较缓慢直至最后保持平衡。

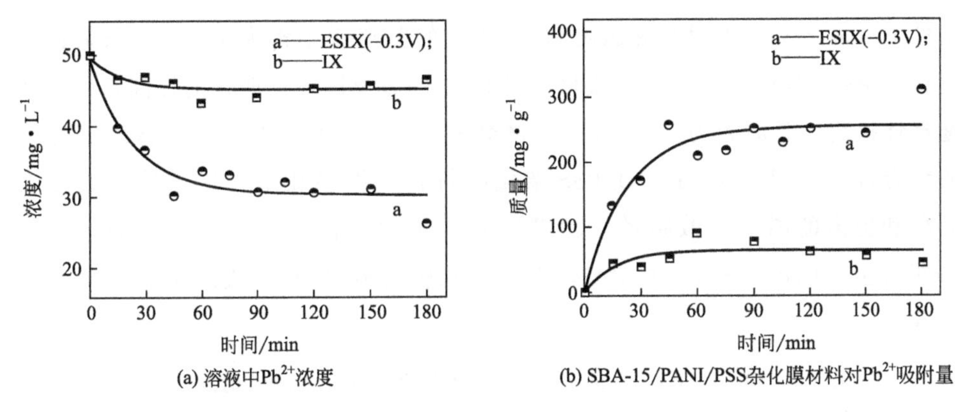

图 2-43　还原电位对 SBA-15/PANI/PSS 复合膜电极吸附 Pb^{2+} 的影响

由于在实际废水中往往含有多种不同的重金属离子，因此会有其他重金属离子的干扰，会使 SBA-15/PANI/PSS 杂化膜材料对 Pb^{2+} 的吸附性能产生影响。为进一步研究 SBA-15/PANI/PSS 杂化膜材料对 Pb^{2+} 的选择性，分别将 SBA-15/PANI/PSS 与 PANI/PSS 膜材料置入含有 Pb^{2+}、Ni^{2+}、Cd^{2+}、Co^{2+} 以及 Zn^{2+} 五种重金属离子的模拟废液中，并对其离子选择性能进行测试，溶液体积 200mL，初始浓度 50mg·L^{-1}，在杂化膜材料电极上施加−0.3V 的电位吸附 3h。采用原子吸收分光光度计对吸附前、后溶液中不同重金属离子的浓度测试，计算各重金属离子的分配系数，如图 2-44，SBA-15/PANI/PSS 杂化膜材料电极对五种重金属离子的选择性顺序为 $Pb^{2+}>Co^{2+}>Zn^{2+}>Cd^{2+}>Ni^{2+}$，表明了 SBA-15/PANI/PSS 杂化膜材料电极对 Pb^{2+} 表现出较高的选择性。

计算两种杂化膜材料对 Pb^{2+} 的分离因子，可知在五种重金属离子共存的

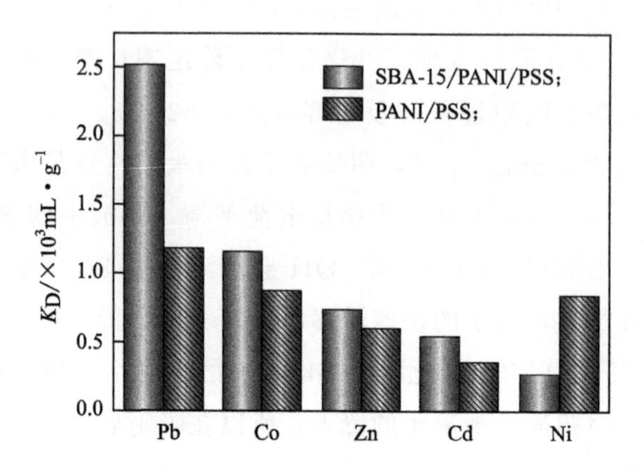

图 2-44 SBA-15/PANI/PSS、PANI/PSS 杂化膜材料电极对重金属离子的选择性

条件下（表 2-3），两种杂化膜材料对 Pb^{2+} 的分离因子都大于 1.0，当杂化膜材料中掺杂 SBA-15 后，杂化膜材料对 Pb^{2+} 的分离因子有明显的提高，表明其选择性提高。其原因为：①SBA-15 材料表面 Si—OH 基团与重金属离子之间的络合性；②SBA-15/PANI/PSS 杂化膜材料三维多孔结构提供的更大比表面积和更多的离子扩散路径；③Pb^{2+} 最小的水合离子半径和较低的水合吉布斯自由。因此，SBA-15/PANI/PSS 杂化膜材料对 Pb^{2+} 表现出了更高的选择性。

表 2-3 SBA-15/PANI/PSS 及 PANI/PSS 杂化膜材料对 Pb^{2+} 的分离因子

金属离子	杂化膜材料对 Pb^{2+} 的分离因子	
	SBA-15/PANI/PSS	PANI/PSS
Pb^{2+}	—	—
Co^{2+}	2.18	1.34
Zn^{2+}	3.42	1.99
Cd^{2+}	4.70	3.34
Ni^{2+}	9.66	1.41

SBA-15/PANI/PSS 杂化膜材料是由介孔二氧化硅 SBA-15 和 PANI/PSS 包覆层组成的新型有机-无机杂化膜材料，可通过调节沉积时间等控制杂化膜材料的厚度和结构，且 SBA-15/PANI/PSS 杂化膜材料有较低的离子传递电阻，对重金属 Pb^{2+} 表现出优的选择性，施加－0.3V 还原电位时，对 Pb^{2+} 的电控离子交换量可达 254.6mg·g^{-1}。所以，介孔分子筛/有机物电活性功能材料 SBA-15/PANI/PSS 杂化膜材料在废水中分离和回收 Pb^{2+} 领域具有潜在的应用价值。

参 考 文 献

[1] Aroua M K, Leong S P, Teo L Y, et al. Real-time determination of kinetics of adsorption of lead (Ⅱ) onto palm shell-based activated carbon using ion selective electrode [J]. Bioresource Technology, 2008, 99 (13): 5786-5792.

[2] 夏星辉，陈静生．土壤重金属污染治理方法研究进展 [J]. 环境科学，1997 (3): 72-76.

[3] 张聪，张弦．土壤重金属污染修复技术研究进展 [J]. 环境与发展，2018 (2): 87-88.

[4] Poliakoff M, Fitzpatrick J M, Farren T R, et al. Green chemistry: science and politics of change [J]. Science, 2002, 297 (5582): 807-810.

[5] Chavan A A, Li H, Scarpellini A, et al. Elastomeric nanocomposite foams for the removal of heavy metal ions from water [J]. ACS Applied Materials & Interfaces, 2015, 7 (27): 14778-14784.

[6] Papageorgiou S K, Katsaros F K, Kouvelos E P, et al. Prediction of binary adsorption isotherms of Cu^{2+}, Cd^{2+} and Pb^{2+} on calcium alginate beads from single adsorption data [J]. Journal of Hazardous Materials, 2009, 162 (2-3): 1347-1354.

[7] Lilga M A, Orth R J, Sukamto J P H, et al. Metal ion separations using electrically switched ion exchange [J]. Separation & Purification Technology, 1997, 11 (3): 147-158.

[8] Rassat S D, Sukamto J P H, Orth R J, et al. Development of electrically switched ion exchange process for selective ion separations [J]. Separation & Purification Technology, 1999, 15 (3): 207-222.

[9] Lilga M A, Orth R J, Sukamto J P H, et al. Cesium separation using electrically switched ion exchange [J]. Separation & Purification Technology, 2001, 24 (3): 451-466.

[10] 郝晓刚，张忠林，刘世斌，等．电活性铁氰化镍离子交换膜的制备及应用 [P]. CN: 1562485A, 2005.

[11] Khawaji A D, Kutubkhanah I K, Wie J M. Advances in seawater desalination technologies [J]. Desalination, 2008, 221 (1): 47-69.

[12] Cui H, Li Q, Qian Y, et al. Defluoridation of water via electrically controlled anion exchange by polyaniline modified electrode reactor [J]. Water Research, 2011, 45 (17): 5736-5744.

[13] Lin Y, Cui X, Bontha J. Electrically controlled anion exchange based on polypyrrole and carbon nanotubes nanocomposite for perchlorate removal [J]. Environmental Science & Technology, 2006, 40 (12): 4004-4009.

[14] 鞠健，郝晓刚，张忠林，等．电沉积 NiHCF 薄膜在碱土金属溶液中的电控离子分离性能 [J]. 无机材料学报，2008, 23 (6): 1115-1120.

[15] Du X, Zhang H, Hao X, et al. Facile preparation of ion-imprinted composite film for selective electrochemical removal of nickel (Ⅱ) ions [J]. ACS Applied Materials & Interfaces, 2014, 6 (12): 9543-9549.

[16] 张玫，郝晓刚，马旭莉，等．石墨基体 NiHCF 薄膜的离子交换性能 [J]. 稀有金属材料与工程，2006: 249-253.

[17] Chen W, Xia X H. Highly stable nickel hexacyanoferrate nanotubes for electrically switched ion exchange [J]. Advanced Functional Materials, 2007, 17 (15): 2943-2948.

[18] Hao X G, Guo J X, Liu S B, et al. Electrochemically switched ion exchange performances of capillary deposited nickel hexacyanoferrate thin films [J]. Transactions of Nonferrous Metals Society of China, 2006, 16 (3): 556-561.

[19] 毛祖秋，郝晓刚，李一兵，等．多排石墨芯 NiHCF 膜电极电化学控制 Cs^+ 分离 [J]. 水处理技术，2009, 35 (8): 55-58.

[20] 臧杨，郝晓刚，王忠德，等．碳纳米管/聚苯胺/铁氰化镍复合膜的电化学共聚制备与电容性能 [J]. 物理化学学报，2010, 26 (2): 291-298.

[21] Liao S L, Xue C F, Wang Y H, et al. Simultaneous separation of iodide and cesium ions from dilute wastewater based on PPy/PTCF and NiHCF/PTCF electrodes using electrochemically switched ion exchange method [J]. Separation and Purification Technology, 2015, 139: 63-69.

[22] Lin Y H, Cui X L. Novel hybrid materials with high stability for electrically switched ion exchange: Carbon nanotube-polyaniline-nickel hexacyanoferrate nanocomposites [J]. Chem. Commun., 2005, 1 (17): 2226-2228.

[23] 张权．电活性 α-ZrP/PANI 杂化膜材料的制备及其对铅离子的电控离子交换性能 [D]. 太原理工大学，2015.

[24] Takei T, Yonesaki Y, Kumada N, et al. Preparation of oriented titanium phosphate and tin phosphate/polyaniline hybrid films by electrochemical deposition [J]. Langmuir, 2008, 24 (16): 8554-8560.

[25] Sugata S, Suzuki S, Miyayama M, et al. Effects of tin phosphate nanosheet addition on proton-conducting properties of sulfonated poly (ether sulfone) membranes [J]. Solid State Ionics, 2012, 228: 8-13.

[26] Wellman D M, Mattigod S V, Parker K E, et al. Synthesis of organically templated nanoporous tin (Ⅱ/Ⅳ) phosphate for radionuclide and metal sequestration [J]. Inorganic chemistry, 2006, 45 (6): 2382-2384.

[27] Parida K M, Sahu B B, Das D P A. comparative study on textural characterization: Cation-exchange and sorption properties of crystalline α-zirconium (Ⅳ), tin (Ⅳ), and titanium (Ⅳ) phosphates [J]. Journal of colloid and interface science, 2004, 270 (2): 436-445.

[28] Gonçalves A B, Mangrich A S, Zarbin A J G. Polymerization of pyrrole between the layers of α-tin (Ⅳ) bis (hydrogenphosphate) [J]. Synthetic Metals, 2000, 114 (2): 119-124.

[29] Iqbal N, Mobin M, Rafiquee M Z A. Synthesis and characterization of sodium bis (2-ethylhexyl) sulfosuccinate based tin (Ⅳ) phosphate cation exchanger: Selective for Cd^{2+}, Zn^{2+} and Hg^{2+} ions [J]. Chemical Engineering Journal, 2011, 169 (1-3): 43-49.

[30] Lee J G, Son D, Kim C, et al. Electrochemical properties of tin phosphates with various mesopore ratios [J]. Journal of Power Sources, 2007, 172 (2): 908-912.

[31] Pérez R F J, Olivera P P, Maireles T P, et al. Factors influencing on the surface properties of chromia-pillared α-zirconium phosphate materials [J]. Langmuir, 1998, 14 (15): 4017-4024.

[32] Stenina I. Cation mobility and ion exchange in acid tin phosphate [J]. Solid State Ionics，2003，162-163：191-195.

[33] Bontchev R P，Moore R C A. series of open-framework tin（Ⅱ）phosphates：A [$Sn_4(PO_4)_3$]（a—Na，K，NH_4）[J]. Solid State Sciences，2004，6（8）：867-873.

[34] Szirtes L，Révai Z，Megyeri J，et al. Investigations of tin（Ⅱ/Ⅳ）phosphates prepared by various methods，mössbauer study and x-ray diffraction characterization [J]. Radiation Physics and Chemistry，2009，78（4）：239-243.

[35] 李修敏．电活性导电聚合物/α-SnP 杂化膜材料的制备及其对镍，铅离子的电控离子交换性能 [D]. 太原理工大学，2014.

[36] Wang Z D，Sun S B，Hao X G，et al. A facile electrosynthesis method for the controllable preparation of electroactive nickel hexacyanoferrate/polyaniline hybrid films for H_2O_2 detection [J]. Sensors and Actuators B：Chemical，2012，171-172：1073-1080.

[37] Takei T，Yonesaki Y，Kumada N，et al. Preparation of oriented titanium phosphate and tin phosphate/polyaniline hybrid films by electrochemical deposition [J]. Langmuir，2008，24（16）：8554-8560.

[38] Li Y，Zhao K，Du X，et al. Capacitance behaviors of nanorod polyaniline films controllably synthesized by using a novel unipolar pulse electro-polymerization method [J]. Synthetic Metals，2012，162（1-2）：107-113.

[39] 臧杨，郝晓刚．聚苯胺-铁氰化镍纳米复合材料的可控制备与电化学性能 [D]. 太原：太原理工大学，2010.

[40] Li X M，Du X，Wang Z M，et al. Electroactive nihcf/pani hybrid films prepared by pulse potentiostatic method and its performance for H_2O_2 detection [J]. Journal of Electroanalytical Chemistry，2014.

[41] Kumar S A，Wang S F，Yang T C，et al. Acid yellow 9 as a dispersing agent for carbon nanotubes：Preparation of redox polymer-carbon nanotube composite film and its sensing application towards ascorbic acid and dopamine [J]. Biosensors and Bioelectronics，2010，25（12）：2592-7.

[42] Kumar S A，Tang C F，Chen S M. Poly（4-amino-1-1′-azobenzene-3，4′-disulfonic acid）coated electrode for selective detection of dopamine from its interferences [J]. Talanta，2008，74（4）：860-6.

[43] 杨欢．微米级高导向 PEDOT 膜与 PEDOT/α-ZrP 杂化膜材料的制备与应用 [D]. 太原理工大学，2015.

[44] Liu Y，Wang Y，Zhang X J，et al. Synthesis of SBA-15 under normal pressure by microwave irradiation method for adsorption of Pb（Ⅱ）in environment [J]. Advanced Materials Research，2010，113：775-779.

[45] Wang S，Wang K，Dai C，et al. Adsorption of Pb^{2+} on amino-functionalized core-shell magnetic mesoporous SBA-15 silica composite [J]. Chemical Engineering Journal，2015，262：897-903.

[46] Abady S，Mina Dashti A，Tayebi H A. Removal of mercury from aqueous media using polypyrrole/SBA-15 nanocomposite [C]. The 8th International Chemical Engineering Congress and Exhibition IChEC 2014，2014.

[47] Johansson E M，Ballem M A，Cordoba J M，et al. Rapid synthesis of SBA-15 rods with variable lengths，widths，and tunable large pores [J]. Langmuir，2011，27 (8)：4994-4999.
[48] 乔文磊．一步共沉积法制备 ZSM-5/PANI/PSS 电活性膜及其去除水中低浓度重金属铅离子 [D]. 太原理工大学，2017.
[49] 张贝蕾．基于有机-无机杂化膜材料电极电控分离废水中的铅，钠离子 [D]. 太原理工大学，2018.

第 3 章

电活性功能材料的超级电容器性能

3.1 引言

人类能源需求量越来越大以及传统的化石能源越来越少，使得能源危机成为目前全球面临的最大的挑战之一。风能、太阳能作为取之不尽、用之不竭的可再生能源，受到人类的青睐，但这些能源的储存和转化大大限制了它们的使用，研究便捷可靠的储能设备是解决能源危机、高效利用可再生清洁能源的关键[1]。超级电容器由于具有充电和放电迅速、功率密度高和循环寿命长、低碳环保清洁储能等优点，在新能源领域应用具有很大的优势，成为目前受青睐的能源存储设备之一[2-4]。

超级电容器主要由五部分组成，即正电极、负电极、电解液、隔膜和集流体。集流体主要用于承载电活性材料，在电极反应过程中发挥收集电子和汇聚电流作用，主要由一些低电阻率的金属或碳材料充当，如泡沫镍、铝箔、铜箔、金箔、不锈网、碳纤维薄膜、石墨烯纸等。隔膜主要是阻止正极和负极之间的物理接触，防止回路短路。隔膜须具有丰富的孔隙率，这些孔的尺寸仅允许电解液中带电离子自由进出，实现传质效果。而电极材料是影响超级电容器性能的关键因素，也是超级电容器的核心构成部分。目前大部分文献报道均以电极材料研究为主，电解液次之，因此具有电活性功能的电极材料的选择及其组装是目前需要探究的主要问题。

根据超级电容器的储能机理不同，电极材料可分为双电层材料和赝电容材料。双电层电容器（electrical double-layer capacitor，EDLC）的存储主要依靠电场作用实现，充电时形成双电层，放电时双电层消失，为典型的物理储能过程，不涉及材料的电子转移。双电层电容器能量的存储与释放过程极快，具有高的功率密度和优异的循环稳定性[5]。双电层电容的大小主要取决于电极材料，可通过高比表面积、高导电性和电化学稳定性的碳基材料来优化[6-9]。赝电容储能机理为法拉第过程，在充放电过程中，电活性材料离子与电解液发生可逆的法拉第氧化还原反应，释放或得到电子，实现电荷的储存[10,11]。赝电容电容器由于电极表面快速、可逆的氧化还原反应，能够增加其比电容及能量密度，但是功率密度和循环寿命不及双电层电容。赝电容主要取决于在电极表面或近电极表面产生法拉第电荷，所以使用在短时间内具有高电荷生成和存储能力的电极材料对于赝电容电容器来说至关重要。

选择赝电容电极材料的关键在于缩短离子与电子的扩散和运输路径，能快速产生动力并使电活性物质与电解液具有更大面积的接触，提供更多的电活性位点，使电极材料在高电流密度下还具有较高的比电容。目前常用的电极材料有三大系列：碳材料系列，导电聚合物系列，过渡金属氧化物和氢氧化物系列[12,13]。其中碳材料和导电聚合物在过去被大家广泛研究，但比电容相对较低，随着储能能量要求增大，拥有超高比电容的过渡金属氧化物和氢氧化物被广泛研究[14,15]。其中，作为赝电容电容器电极材料，过渡金属氧化物和导电聚合物材料应用最广，如图 3-1。常见的过渡金属氧/氢氧化物有 RuO_2、MnO_2[16,17]、Co_3O_4、NiO[18]、MoO[19]、Fe_2O_3[20]等；导电高分子聚合物[21-23]有聚苯胺（PANI）、聚吡咯（PPY）和聚噻吩（PTH）。导电高分子聚合物是利用在分子链中发生快速可逆的 p 型/n 型掺杂和去掺杂的氧化-还原反应进行储能。

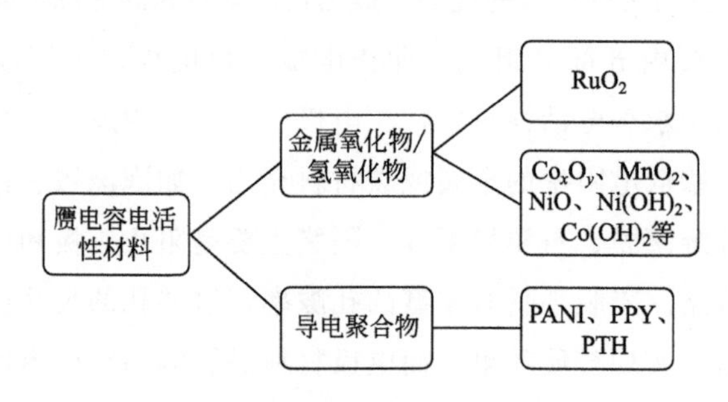

图 3-1　常见赝电容电活性电极材料

虽然过渡金属氧化物/氢氧化物在赝电容器电极的结构和组成设计上已经取得了不错的研究成果，但基于现有的技术对混合电极来说还不能满足未来电源的许多要求（例如：高能量和功率密度，寿命长，成本低，安全性好和环境友好等）。未来可能的发展趋势：①充分利用电活性材料的孔隙或者纳米阵列相邻的间隙来复合活性纳米材料以提高其能量密度；②最大程度上改善电活性金属氧化物/氢氧化物薄膜或阵列的整体电导性以提高其功率密度；③在电极结构的设计上，通过设计轻便、多孔、柔性的电极来满足将来的功率输出。此外，还应关注相关的基础科学问题，如电活性复合电极材料的电化学反应机理、界面处的物理化学性能以及电极微观结构对电化学性能的影响等。

为了获得高性能的赝电容超级电容器，近年来，本课题组围绕电活性材料结构决定材料性能，采用独特的单极脉冲制备方法开发出多种电活性材料结构体系，如层状结构、纳米结构、核壳结构、多孔结构、表面修饰、复合材料体系等，用于制备高性能的超级电容器电极材料，超级电容器的比容量、倍率性能、循环性能、阻抗特性等各方面均得到了提高。

3.2　层状结构双金属氢氧化物电活性功能材料在超级电容器中应用

双金属氢氧化物（LDHs）材料作为一种典型的二维层状材料，因其独特的层状结构、大的比表面积、较高的理论比电容、成本低廉以及环境友好等，成为超级电容器研究的热点材料。Nagaraju 等人[24]用两电极电沉积法在碳布上施加−1.2V 恒定电位，制得纳米片状 NiCo-LDHs 电极，在 $1mol \cdot L^{-1}$KOH 电解液中进行性能检测，$2A \cdot g^{-1}$电流密度时单电极的比电容为 $2105F \cdot g^{-1}$，经过 2000 次充放电循环稳定性测试，保持初始比电容的 89.5%。Li 等人[25]采用三电极电沉积法，在泡沫镍上施加−0.7V 恒定电位，制得 NiCo-LDHs 薄膜电极，在 $1mol \cdot L^{-1}$KOH 电解液中，电流密度 $1A \cdot g^{-1}$条件下测得单电极的比电容为 $2046F \cdot g^{-1}$，电流密度为 $15A \cdot g^{-1}$时，比电容还达到 $1335F \cdot g^{-1}$。Chen 等人[26]用十六烷基三甲基溴化铵作为氧化剂通过水热法直接把 NiCo-LDHs 电活性材料负载在泡沫镍上，在 $20A \cdot g^{-1}$电流密度下充放电，比电容能保留值 $1706F \cdot g^{-1}$。Wang 等人[27]用共沉淀法制得 CoAl-LDHs，经过剥层得到厚度为 0.8nm 单层纳米片，和石墨烯重新组装，形成石墨烯/CoAl-LDHs 电极材料，在 $1A \cdot g^{-1}$的电流密度时测得比电容为 $1031F \cdot g^{-1}$，在 $20A \cdot g^{-1}$电流密度下进行 6000 次循环稳定性，其电容量几乎没有衰减，LDHs 材料自身元素的分散性以及可调变性为其在超电容材料发展领域提供了优势。

除 LDHs 层状金属元素、层间阴离子不同外，LDHs 电极材料的合成方法与条件不同，制备出的 LDHs 纳米片的尺寸大小、均匀程度及其电容性能也不相同。探索更简便、尺寸可控且形貌更均匀的合成 LDHs 的方法，优化其合成条件，同样是改善超级电容器性能的一个研究方向。

3.2.1 碳纸基体 NiCo-LDHs 固态柔性超级电容器性能

3.2.1.1 NiCo-LDHs 电活性功能材料的制备及反应机理

NiCo-LDHs 电极材料采用单极脉冲电沉积方法制备，以碳纸做工作电极，以 Ag/AgCl 为参比电极，铂片为对电极。在单极脉冲电沉积过程中，通过控制脉冲电压、脉冲时间、脉冲次数、Ni^{2+}/Co^{2+} 摩尔比等制备参数实现 NiCo-LDHs 电活性材料的形貌、结构可控制备。

图 3-2 为单级脉冲电沉积法在碳纸集流体制备 NiCo-LDHs 过程最初 18s（a）和最后 18s（b）沉积的电位（电流密度）-时间图。控制脉冲电压为－1.0V，开时间 1s，关时间 1s，脉冲次数 200 次，沉积时间 400s。当电极表面未开始沉积 NiCo-LDHs 时，碳纸电极上的开路电压为 0.08V，电解池无电流通过，脉冲开始瞬间，电极表面的液/固界面形成的双电层电容产生快速放电。当碳纸电极上开始进行电化学沉积时（开时间时），电解池两端的开路电压迅速由 0V 增大到－1.0V，此时，NO_3^- 被还原成 NO_2^- 产生电流，峰电流值瞬间增大至－1.8A·g^{-1}，NiCo-LDHs 膜开始形成。之后，在第一个截断时间，双电层电容进行充电，测得的开路电压从－1.0V 迅速降低至－0.21V。此后，工作电极上电活性物质沉积量逐渐增长，在沉积 18s 后，开路电压逐渐降低至－0.27V。沉积过程最后 18s，开路电压达到－0.35V，而峰电流值也减小至－1.6A·g^{-1}。在沉积过程中，最后一个脉冲时，电极施加－1.0V 脉冲电位，会产生 0.65V 的过电位。

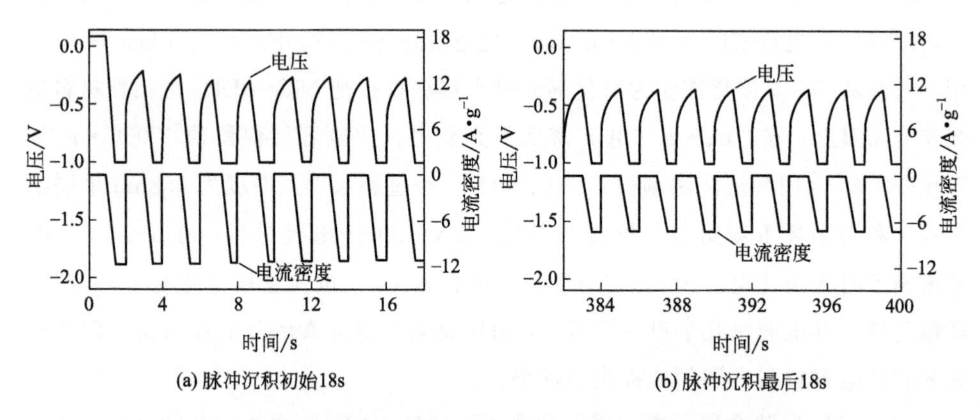

图 3-2 单级脉冲沉积的电位-时间、电流密度-时间曲线图

反应机理：开时间时，碳纸集流体上发生如下氧化还原反应：

$$NH_3^- + H_2O + 2e^- \longrightarrow NO_2^- + 2OH^- \tag{3-1}$$

在关时间时，阴极电极上部分 Co^{2+} 被电解液中的 O_2 氧化成 Co^{3+}，同时，Co^{2+}、Ni^{2+} 和 Co^{3+} 与开时间生成的 OH^- 反应，在碳纸上生成 NiCo-LDHs。

3.2.1.2 NiCo-LDHs 电活性功能材料的结构表征

采用单极脉冲法沉积 Ni∶Co 摩尔比分别为 1∶0、9∶1 和 0∶1 的 NiCo-LDHs 电极材料的 XRD 谱图（图 3-3），由图可知，均在 2θ 为 11 °、22°、34 °、59 °位置出峰，根据类水滑石的标准 X 射线衍射图，其分别对应（003）、（006）、（009）、（100）晶面，各峰的信号强度与标准衍射图谱（JCPDS No. 14-0191）基本对应，证明单极脉冲法制备的电极材料是层状双金属氢氧化物[28,29]。在 Ni^{2+}/Co^{2+} 摩尔比为 0∶1 时制得的 $Co(OH)_2$ 的衍射峰数据，与文献中 α-Co(OH) 衍射峰位置吻合，证明脉冲制备的材料是层间阴离子为 NO_3^- 的 $Co_2(OH)_3NO_3$[30]；在 Ni^{2+}/Co^{2+} 的摩尔比为 1∶0 时制得的电极材料为 $Ni_3(NO_3)_2(OH)_4$。对比三个电极材料的 XRD 谱图，从 $Co_2(OH)_3NO_3$→NiCo-LDHs→$Ni_3(NO_3)_2(OH)_4$，（003）晶面逐渐向低角度偏移，说明 NiCo-LDHs 电极材料比单晶 $Ni_3(NO_3)_2(OH)_4$ 电极材料具有更大的层间距[31]。

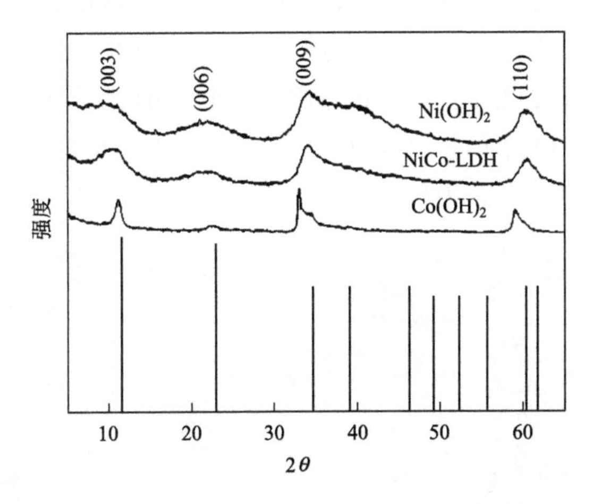

图 3-3　$Ni(OH)_2$、$Co(OH)_2$ 和 NiCo-LDHs 电极材料的 XRD 谱图

通过 X 射线光电子能谱分析（XPS）测试对 NiCo-LDHs 电极材料的表面电子组成结构价态进行分析。图 3-4(a) 中 873.5eV、855.9eV 处两个峰分别是 $Ni2p_{1/2}$、$Ni2p_{3/2}$ 的特征峰，两个峰的自旋轨道分离能 17.6eV，与 NiCo-LDHs 中 Ni^{2+} 对应[32-34]。在图 3-4(b) 中，781.8eV、797.1eV 处两峰对应 Co^{3+}，784.1eV、798.2eV 处两峰对应 Co^{2+}[35]；根据峰面积计算 Co^{3+} 与 Co^{2+} 的含量比为 3∶2。结合 XRD 谱图结果分析，充分证明单极脉冲法制备的纳米片结构材料是层状双金属氢氧化物 NiCo-LDHs。

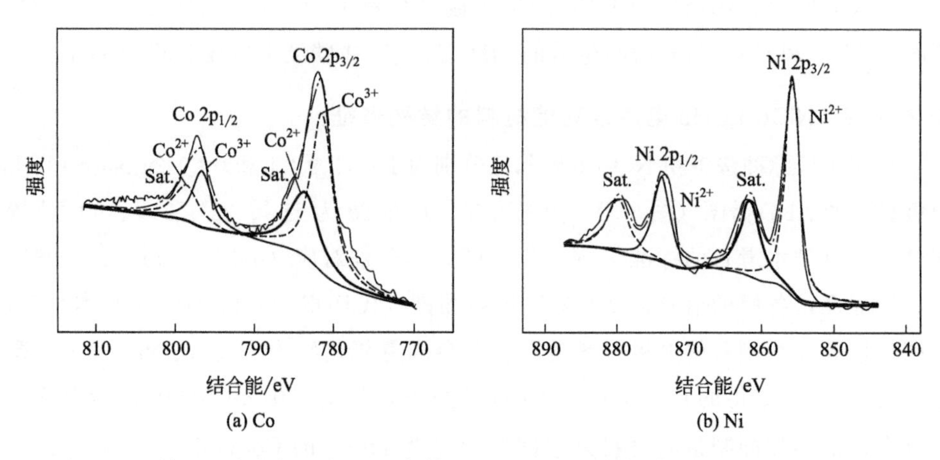

(a) Co (b) Ni

图 3-4 Ni^{2+}/Co^{2+}摩尔比为 9∶1 条件 NiCo-LDHs 电极材料 Ni 和 Co 的 2p 能谱图

图 3-5 是不同 Ni^{2+}/Co^{2+}摩尔比条件下沉积在碳纸上的电极材料的 SEM 图。图中分析，碳纸上被均匀负载上活性材料，采用单极脉冲电沉积法制备的膜材料电极呈均匀的多孔纳米片层结构，垂直生长在碳纸上，纳米片尺寸受 Ni^{2+}/Co^{2+}的摩尔比影响，NiCo-LDHs 膜比 $Co(OH)_2$ 和 $Ni(OH)_2$ 形貌更均匀、纳米片尺寸相对较小，Ni^{2+}/Co^{2+}摩尔比为 9∶1 条件下制得的 NiCo-LDHs 纳米片最小，纳米片之间形成了更多量的孔状通道，多孔结构增加了材料的比表面积，能够提高电解液离子和电子的传输能力，从而提高电化学性能。这种层状结构的层间也可以容纳电解质离子，为化学反应提供更多的电化学活性位点，进而可以提

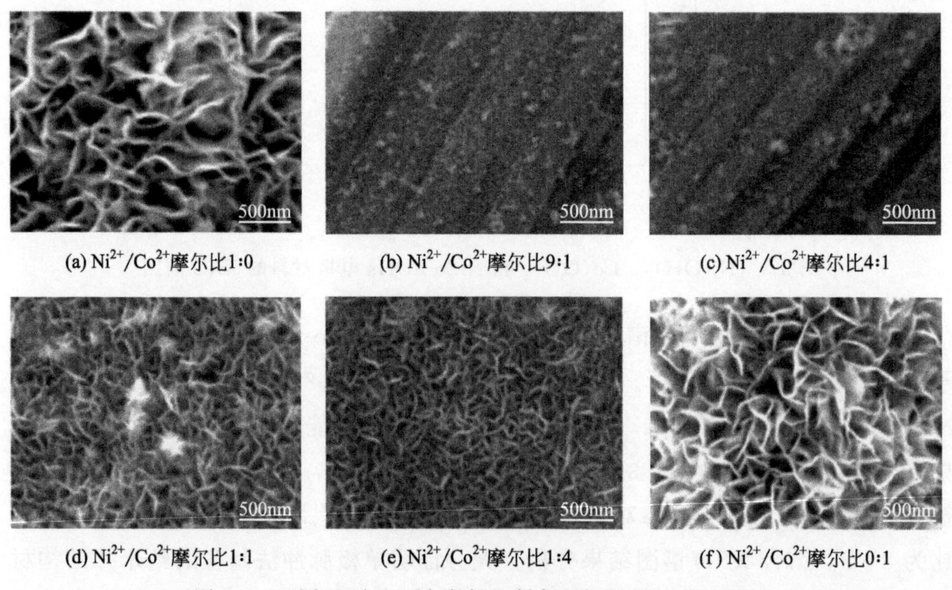

(a) Ni^{2+}/Co^{2+}摩尔比1:0 (b) Ni^{2+}/Co^{2+}摩尔比9:1 (c) Ni^{2+}/Co^{2+}摩尔比4:1

(d) Ni^{2+}/Co^{2+}摩尔比1:1 (e) Ni^{2+}/Co^{2+}摩尔比1:4 (f) Ni^{2+}/Co^{2+}摩尔比0:1

图 3-5 不同 Ni^{2+}/Co^{2+}摩尔比制备电极材料的 SEM 图

高 NiCoLDHs 材料的有效利用率。

图 3-6 为 Ni^{2+}/Co^{2+} 摩尔比 9∶1 条件下制得的 NiCo-LDHs 电极材料的 HRTEM 图显示的形貌结构，晶面间距 0.26nm，与 NiCo-LDHs（009）晶面间距吻合，再次验证单级脉冲沉积制备的纳米片结构层状材料是层状双金属氢氧化物 NiCoLDHs。

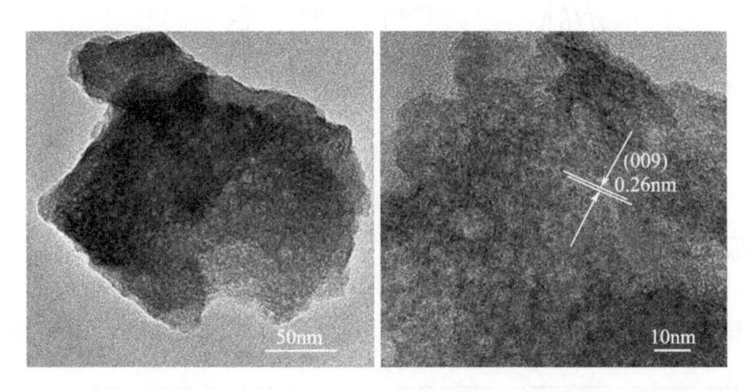

图 3-6　Ni^{2+}/Co^{2+} 摩尔比 9∶1 条件下制得的电极材料的透射电镜图（HRTEM）

不同 Ni^{2+}/Co^{2+} 摩尔比制备的电极材料中 Ni、Co 原子个数不同，通过溶液中不同 Ni^{2+}/Co^{2+} 摩尔比沉积制得的 NiCo-LDHs 粉末溶解到 HNO_3 溶液中，采用原子吸收分光光度，得出 NiCo-LDHs 电极材料中 Ni、Co 原子个数分别为 $Ni(NO_3)_2 \cdot 6H_2O$（1∶0）、$Ni_{0.76}Co_{0.24}$-LDHs（9∶1）、$Ni_{0.73}Co_{0.27}$-LDHs（4∶1）、$Ni_{0.63}Co_{0.37}$-LDHs（1∶1）、$Ni_{0.05}Co_{0.95}$-LDHs（1∶4）和 $Co(NO_3)_2 \cdot 6H_2O$（0∶1）。片状材料尺寸与电极材料中 Ni、Co 原子个数比相关。

3.2.1.3　NiCo-LDHs 电活性功能材料的电容性能

NiCo-LDHs 电活性材料的电容性能通过在 $1mol \cdot L^{-1}$ KOH 电解液中进行循环伏安和恒电流充放电法研究。通过不同 Ni^{2+}/Co^{2+} 摩尔比溶液制备的电极材料的循环伏安 CV 曲线测试，选取最优比例 NiCo-LDHs 电活性材料电极。图 3-7(a) 中观察到 CV 曲线在 0.0～0.5V 均出现一对氧化还原峰，表明 NiCo-LDHs 电极材料产生的电容性质是由氧化还原反应产生的赝电容，电容性能通过发生如下可逆电化学氧化还原反应形成赝电容器而产生[36,37]，与 XPS 测得结果一致[38,39]：

$$Ni(OH)_2 + OH^- \rightleftharpoons NiOOH + H_2O + e^- \quad (3\text{-}2)$$

$$Co(OH)_2 + OH^- \rightleftharpoons CoOOH + H_2O + e^- \quad (3\text{-}3)$$

$$CoOOH + OH^- \rightleftharpoons CoO_2 + H_2O + e^- \quad (3\text{-}4)$$

Ni^{2+}/Co^{2+} 摩尔比对制得的 NiCo-LDHs 电极材料的峰面积和峰电流影响很大，随着 Co 原子数的增加，氧化还原峰的峰电位在向低电位偏移；其中，

$Ni_{0.76}Co_{0.24}$-LDHs（Ni^{2+}/Co^{2+}摩尔比 9∶1）电极材料具有最高的氧化还原峰电流和最大的循环伏安面积，与 SEM 电镜分析一致，其提供的电活性点位最多，达到最佳的电化学性。

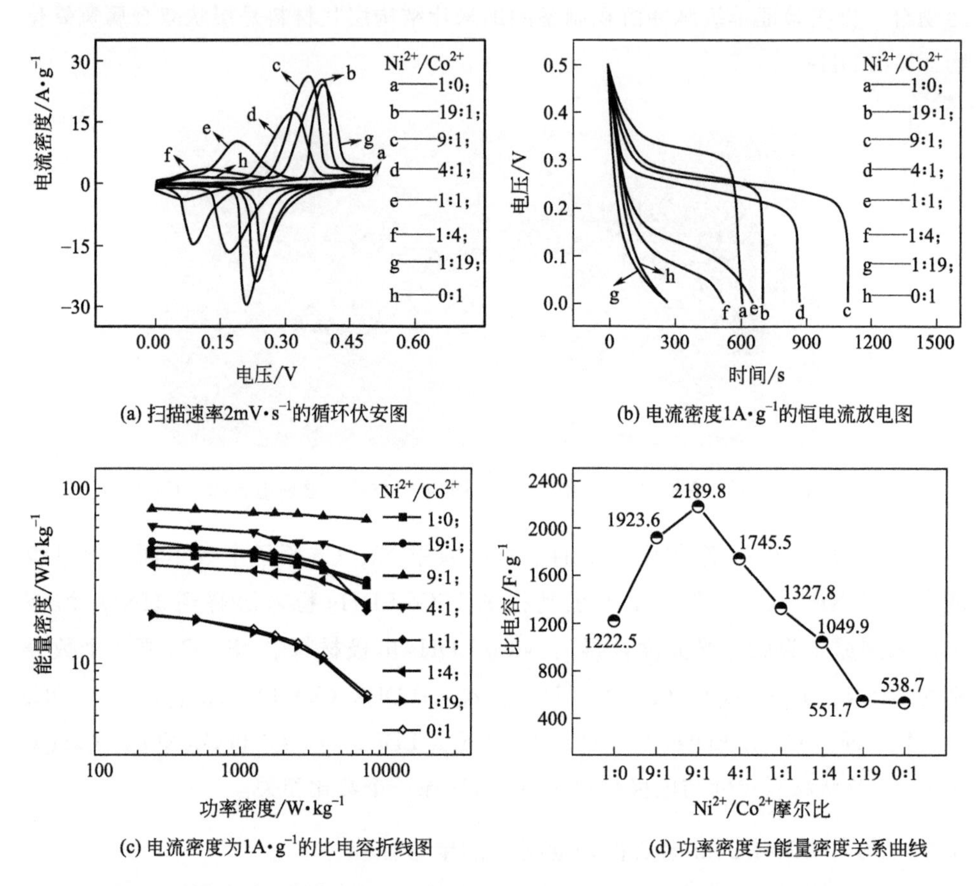

(a) 扫描速率2mV·s⁻¹的循环伏安图　(b) 电流密度1A·g⁻¹的恒电流放电图

(c) 电流密度为1A·g⁻¹的比电容折线图　(d) 功率密度与能量密度关系曲线

图 3-7　不同 Ni^{2+}/Co^{2+} 摩尔比电极在 1mol·L^{-1} KOH 电解液中电容性能表征

不同制膜液浓度制备的 NiCo-LDHs 电极材料在电流密度为 1A·g^{-1}条件下的放电曲线如图 3-7(b) 所示，电极的比电容根据放电曲线测量的数据采用以下公式计算[40]：

$$C = I\Delta t / m\Delta V \tag{3-5}$$

式中，C 是比电容值，F·g^{-1}；I 是放电电流，A；m 是活性物质的质量，g；ΔV 是放电电位差，V；Δt 是放电时间，s。

通过式(3-5) 计算，随着制膜液 Co^{2+}浓度的增加，电极材料的比电容增大，$Ni_{0.76}Co_{0.24}$-LDHs 电极的比电容最高，与 CV 曲线电容性能结果一致。Ni^{2+}/Co^{2+}摩尔比为 Co^{2+}含量相对较多时，合成材料的比电容比较低，这是因为过量的

Co^{2+}会导致$Co_2(OH)_3NO_3$物质的生成，从而降低电极材料的比电容［图3-7(c)］。较好的电容性能主要由NiCo-LDHs电极材料的固有性质和由单极脉冲电沉积法制备的$Ni_{0.76}Co_{0.24}$-LDHs具有更均匀的形貌结构决定。

图3-7(d)是不同电极材料的拉贡曲线，电极材料的能量密度（E）和功率密度（P）可以采用以下公式[41]来计算：

$$E=0.5C(\Delta V)^2 \tag{3-6}$$

$$P=E/\Delta t \tag{3-7}$$

从两个公式可以看出，超级电容器的能量密度和功率密度与比电容、电压的平方成正比，这意味着要想提高超级电容器的能量密度和功率密度，需要有效地扩大电容器的工作电压范围和提高电容器的比电容。$Ni_{0.76}Co_{0.24}$-LDHs电极相比于其他电极材料具有大的能量密度和功率密度，功率密度为250 W·kg^{-1}时，能量密度达到76Wh·kg^{-1}；在能量密度为66Wh·kg^{-1}时，功率密度达到7500W·kg^{-1}。

超级电容器研究过程中，倍率特性以及循环稳定性一直是困扰研究者的两个难题，不论对于静电存储机制的碳材料还是在材料近表面发生法拉第氧化还原反应的赝电容材料，提供充足的反应接触位点，并保证离子的快速扩散是一种有效地提高其倍率特性的手段。通常情况下，电流密度较小时，电解液中的离子拥有足够的时间进行扩散并与活性物质很好接触，使得氧化还原反应完全发生；电流密度较大时，只有电极外部表面的活性物质能够进行储能，倍率特性不足。但根据图3-8(a)和图3-8(b)比电容和放电电流密度之间的关系，在电流密度从1A·g^{-1}增大到30A·g^{-1}时，比电容值从2189.8F·g^{-1}只降到1908.8F·g^{-1}，保持初始值的87.1%，说明$Ni_{0.76}Co_{0.24}$-LDHs电极拥有好的倍率特性；同时，通过对不同合成方法制备的NiCo-LDHs电极材料的性能比较(表3-1)，采用单极脉冲法制备的$Ni_{0.76}Co_{0.24}$-LDHs电极材料的比电容性能较优。

表3-1　不同合成方法制备的NiCo-LDHs电极材料的性能比较

电极材料	制备方法	比电容/F·g^{-1}	测试条件/(A·g^{-1}/F·g^{-1})	参考文献
$Ni_{0.5}Co_{0.5}$-LDHs	恒电位法	1372	30/930	[42]
$Ni_{0.5}Co_{0.5}$-LDHs	恒电流法	1805	80/1339.3	[43]
NiCo-LDHs	微波法	1887.5	10/1187.5	[44]
NiCo-LDHs	水热法	1911.1	20/1469.8	[45]
RGO/NiCo-LDHs	水热法	1902	10/1422	[46]
NiCo-LDHs	水热法	1938	50/1292	[47]
NiCo-LDHs	恒电位法	2046	15/1335	[48]
$Ni_{0.6}Co_{0.4}$-LDHs	水热法	2682	20/1706	[49]
$Ni_{0.76}Co_{0.24}$-LDHs	单极脉冲法	2189.8	30/1908.8	本课题组工作

从图 3-8(b) 不同扫描速率下的 CV 图观察到，随着扫描速率的增加，CV 曲线的线型没有发生畸变，同时氧化、还原峰逐渐逐渐增大，说明了 $Ni_{0.76}Co_{0.24}$-LDHs 电极内部的快速传质过程，表现出了电极的理想赝电容行为。扫描速率为 $100mV \cdot s^{-1}$时，氧化还原峰依然清晰可见，表明 $Ni_{0.76}Co_{0.24}$-LDHs 电极具有良好的倍率特性。图 3-8(c) 是阳、阴极峰电流与扫描速率所做的拟合曲线，由图中峰电流与扫描速率呈线性关系，表明电极上的电化学反应近似可逆，是电解质离子扩散控制过程。

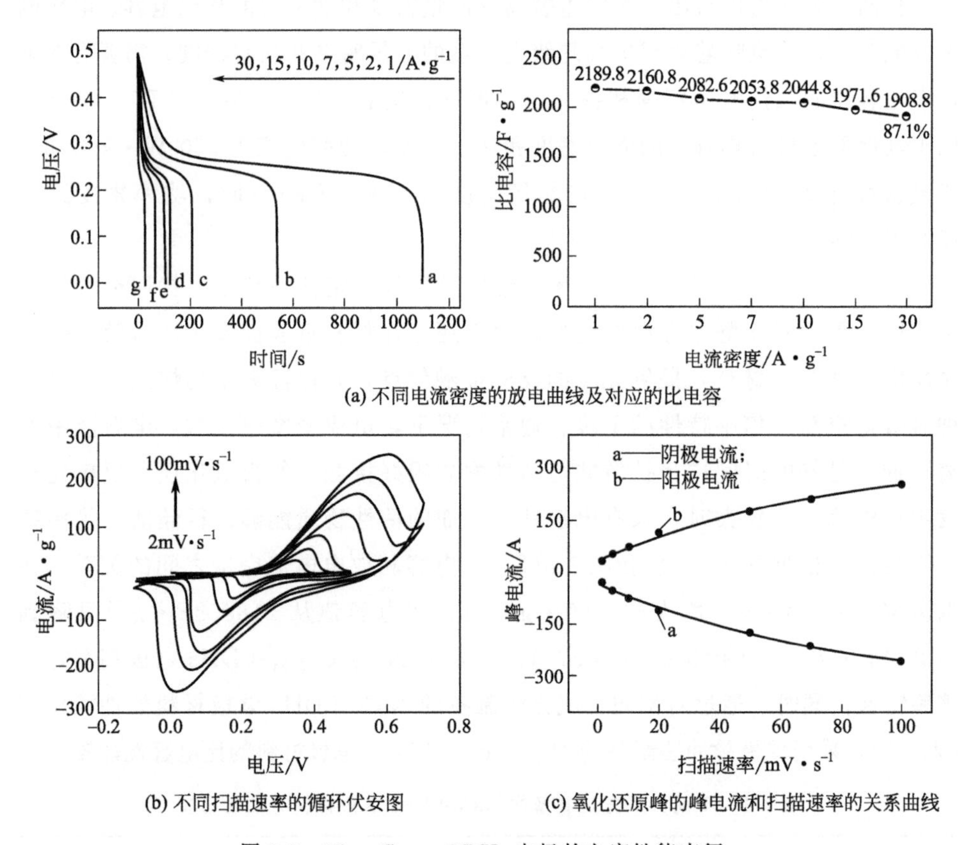

(a) 不同电流密度的放电曲线及对应的比电容

(b) 不同扫描速率的循环伏安图

(c) 氧化还原峰的峰电流和扫描速率的关系曲线

图 3-8 $Ni_{0.76}Co_{0.24}$-LDHs 电极的电容性能表征

电化学交流阻抗谱曲线（EIS）进一步给出了不同电极材料的离子扩散和电子转移性质。电极材料的 Nyquist 图（$0.01 \sim 10^6$ Hz）均表现出高频区为半圆和低频区为一条短的直线的特征，高频区半圆的直径对应的是电荷转移电阻 R_{ct}，电荷转移电阻主要是由电极材料的法拉第氧化还原反应和氢氧根离子的进出产生。图 3-9(a) 中 $Ni_{0.76}Co_{0.24}$-LDHs 电极的半圆直径最小，表明 $Ni_{0.76}Co_{0.24}$-LDHs 电极活性物质与电解液之间具有良好导电性和高的电荷转移率；低频区的短直线是由电解液中离子的扩散过程产生的电阻，低频区直线很短，表示系统不由扩散过程控制，电极材料具有良好的电化学性质，适合选作超级电容器电极材料。

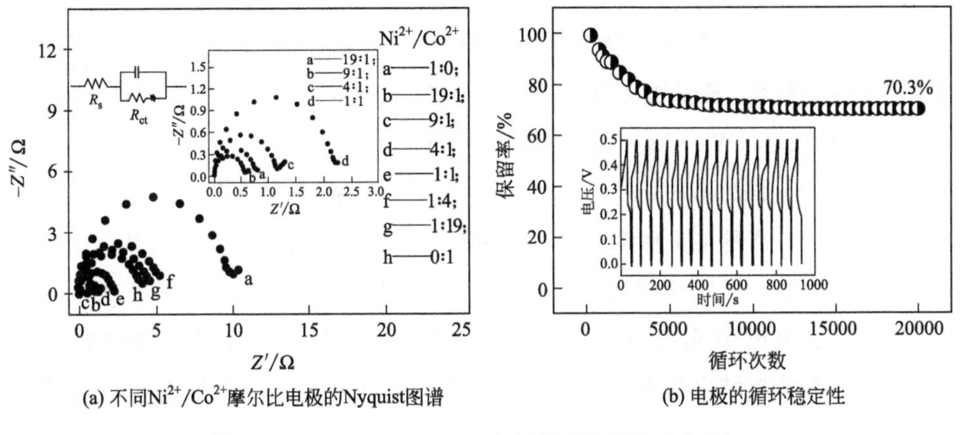

(a) 不同Ni^{2+}/Co^{2+}摩尔比电极的Nyquist图谱
(b) 电极的循环稳定性

图3-9 $Ni_{0.76}Co_{0.24}$-LDHs电极的EIS图和寿命曲线

表3-2是根据等效电路拟合计算出的$Ni(NO_3)_2 \cdot 6H_2O$、$Ni_{0.76}Co_{0.24}$-LDHs，$Ni_{0.73}Co_{0.27}$-LDHs和$Co(NO_3)_2 \cdot 6H_2O$电极的溶液电阻R_s和电荷转移电阻R_{ct}值，$Ni_{0.76}Co_{0.24}$-LDHs电极的半圆直径最小，具有最小的电荷转移电阻，与图3-9(a)中$Ni_{0.76}Co_{0.24}$-LDHs电极的半圆直径最小，具有最小的电荷转移电阻结果一致。图3-9(b)考察了$Ni_{0.76}Co_{0.24}$-LDHs电极在$1mol \cdot L^{-1}$KOH溶液中$50A \cdot g^{-1}$电流密度下充放电20000次的循环稳定性，经过20000次的充放电测试后，电极的比电容还能保持初始值的70.3%，说明$Ni_{0.76}Co_{0.24}$-LDHs电极材料在大电流密度下具有良好的循环稳定性，在实际电容器的应用中具有广阔的前景。

表3-2 不同合成方法制备的NiCo-LDHs相关电极的性能比较

Ni^{2+}/Co^{2+}	R_s/Ω	R_{ct}/Ω
1∶0	3.807±0.38	8.239±3.01
9∶1	1.740±1.2	0.530±0.026
4∶1	7.110±0.86	0.978±0.75
0∶1	2.809±0.19	4.599±2.01

3.2.1.4 NiCo-LDHs//AC非对称电容器的组装与性能研究

将$Ni_{0.76}Co_{0.24}$-LDHs电活性材料做正极，活性炭做负极，PVA-KOH膜即作为隔膜又作为固体电解质，组装成非对称超级电容器。

分析非对称超级电容器在不同扫描速率下的循环伏安图 3-10(a)，随扫描速率增大，循环伏安图形状几乎未发生变化，表明组装的非对称超级电容器具有良好的电容性能。图 3-10(b) 中 NiCo-LDHs//AC 非对称超级电容器不同电流密度下的恒电流放电，比电容值分别是 179.4F・g^{-1}、149.5F・g^{-1}、74.4F・g^{-1}、58.5F・g^{-1} 和 46.6F・g^{-1}。图 3-10 (c) 考察 NiCo-LDHs//AC 非对称超级电容器的能量密度和功率密度关系图，能量密度为 15.9Wh・kg^{-1}、13.3Wh・kg^{-1}、6.6Wh・kg^{-1}、5.2Wh・kg^{-1}、4.1Wh・kg^{-1}时对应的功率密度为 400W・kg^{-1}、800W・kg^{-1}、2000W・kg^{-1}、2800W・kg^{-1}、4000W・kg^{-1}，数据表明，组装成的电容器能为设备输出比较高的能量密度和功率密度。电容器的循环寿命是衡量其应用性能的一个重要参数，对组装成的非对称超级电容器在 10A・g^{-1} 电流密度下进行 20000 次连续恒电流充电放电测试后，如图 3-10(d)，电容仍保持初始值的 82.7%。所有分析结果表明，$Ni_{0.76}Co_{0.24}$-LDHs 电极作为正电极在超级电容器

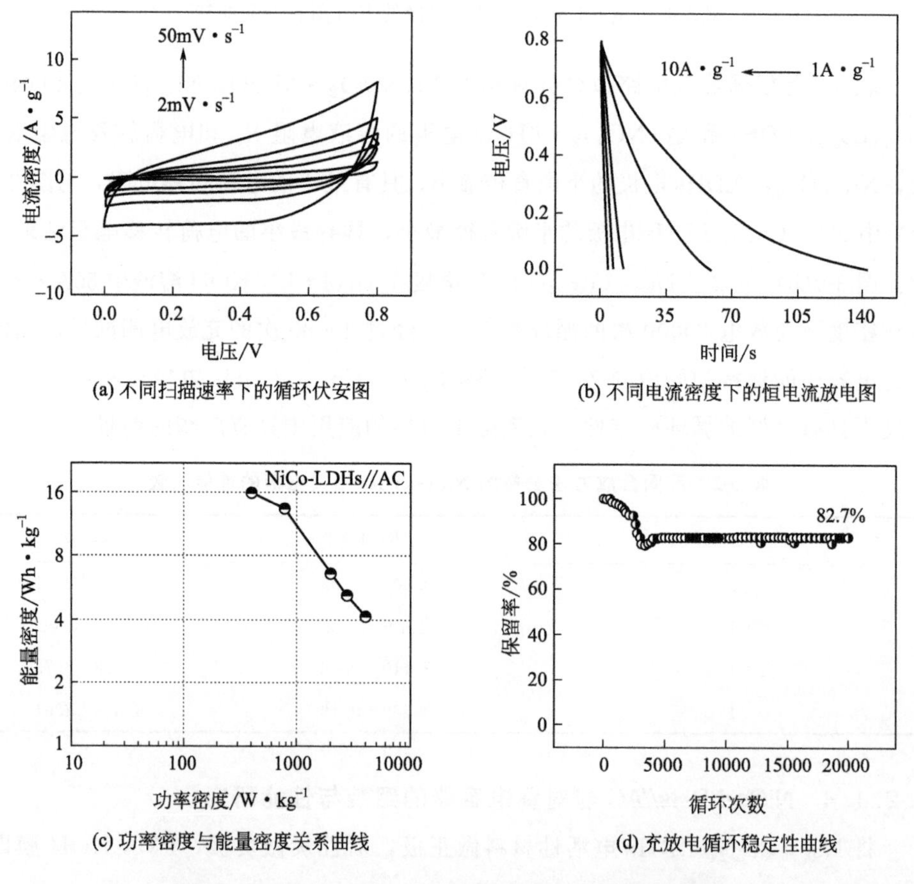

图 3-10 NiCo-LDHs//AC 超级电容器电容性能表征

领域具有广阔的应用前景。

3.2.2 泡沫镍基体 CoMn-LDHs 纳米片不对称超级电容器性能

3.2.2.1 CoMn-LDHs 电活性功能材料的制备及反应机理

关于 CoMn-LDHs 超级电容器应用报道较少，课题组首次采用电沉积方法制备 CoMn-LDHs 电活性材料，分析其超级电容器性能[50]。CoMn-LDHs 电极材料采用三电极体系，−1.0V 恒电位法制备，工作电极不锈钢（SS）基体（$1cm^2$），对电极石墨电极，参比电极为 Ag/AgCl，制备电解液 $Co(NO_3)_2 \cdot 6H_2O$ 和 $Mn(NO_3)_2 \cdot 6H_2O$ 摩尔浓度比分别为 1∶4、2∶3、1∶1、3∶2、4∶1、9∶1 和 19∶1，电解液总浓度为 $0.05mol \cdot L^{-1}$。通过控制电量，各电极材料沉积质量均为 $0.4mg \cdot cm^{-2}$。CM14、CM23、CM11、CM32、CM41、CM91 和 CM191 分别表示以 Co^{2+}/Mn^{2+} 摩尔比例为 1∶4、2∶3、1∶1、3∶2、4∶1、9∶1 和 19∶1 的配比沉积。

图 3-11(a) XRD 图中，CoMn-LDHs 电极材料在 10°、20°、33°、39°和 59°均有明显衍射峰，分别对应（003）、（006）、（009）、（015）和（110）晶面[51,52]。CM14 和 CM23 在 18.7°处出现另外峰值，对应 $Mn(OH)_2$（001）晶面，说明恒电位沉积 CoMn-LDHs，Mn^{2+} 浓度较高时形成了六角结构的 $Mn(OH)_2$。在图 3-11(b) 局部放大图中，（003）晶面对应的峰值位置向低角度偏移，随着溶液中 Mn^{2+} 浓度的降低，层间阴离子 OH^- 无法平衡层板正电荷，引起层板间相互排斥，导致层间距增加[53]。当摩尔比由 1∶4 变为 19∶1 时，晶面间距由 7.8Å 增加到 8.9Å，可提供离子迁移快速通道，在电极充放电过程中保持良好的电化学活性。

CM91 电极材料 Co2p 和 Mn2p 的 XPS 谱图中［图 3-11(c) 和 (d)］780.7eV、796.8eV 的 XPS 峰对应 $Co2p_{3/2}$、$Co2p_{1/2}$, 641.9eV、653.5eV 峰值分别对应 $Mn2p_{3/2}$、$Mn2p_{1/2}$，证明 CoMn-LDHs 电极材料层板上 Co^{2+}、Mn^{3+} 的存在[54,55]，并与图 3-12(a) 分析结果一致。CoMn-LDHs 材料表面的 Co 和 Mn 均具有活性，可以发生赝电容反应，提高材料的比电容。

图 3-12 为 CM14、CM23、CM11、CM32、CM41 和 CM91 的 SEM 图，图中 CoMn-LDHs 表现为六边形纳米花片相连形状。溶液中 Co^{2+} 浓度增加，纳米花片形貌保持不变，但薄片长度增加。Co^{2+}/Mn^{2+} 摩尔比 9∶1（CM91）时，纳米花片长度最长。纳米花片的长度增强可提供良好的电子导电性，活性位点数增加，电极材料的本征电阻减少，表现出优良的超级电容器性能。图 3-13 分析 TEM 结果可知，纳米花片横向尺寸 150～200nm，花片厚度 9.7nm；晶面间距

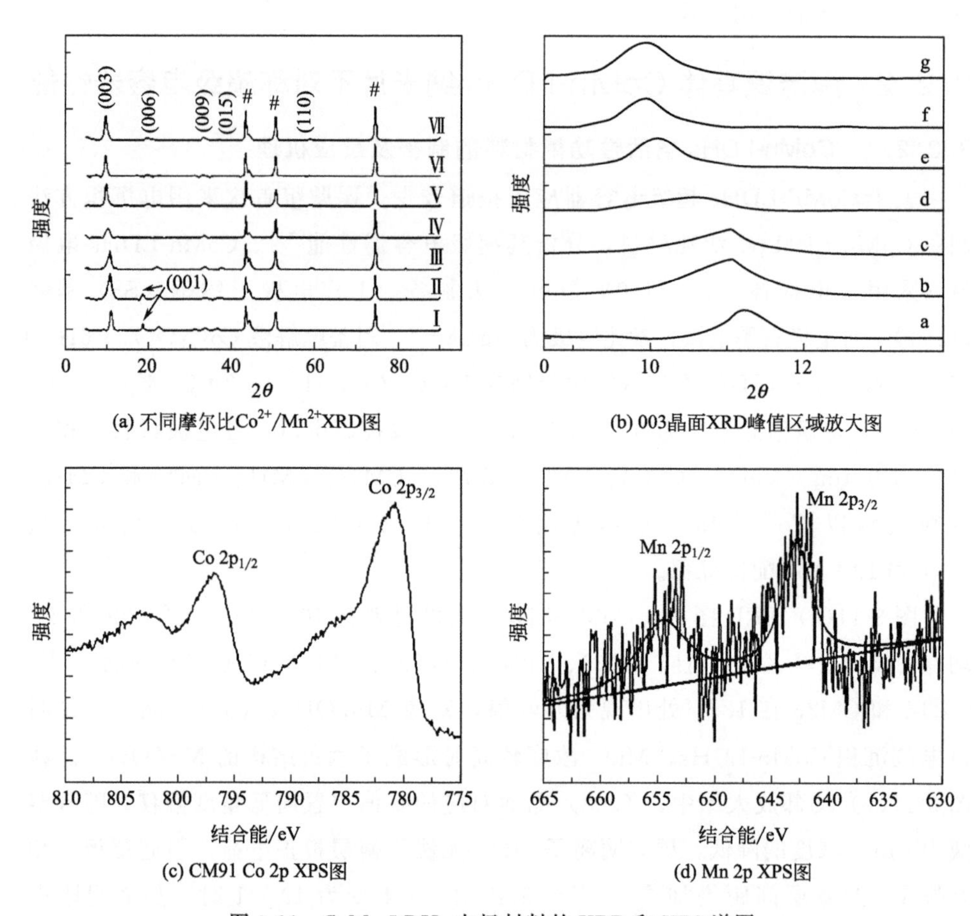

(a) 不同摩尔比 Co^{2+}/Mn^{2+} XRD图

(b) 003晶面XRD峰值区域放大图

(c) CM91 Co 2p XPS图

(d) Mn 2p XPS图

图 3-11 CoMn-LDHs 电极材料的 XRD 和 XPS 谱图

2.28Å 对应 CoMn-LDHs(015) 晶面，证明 CoMn-LDHs 沉积。

3.2.2.2 CoMn-LDHs 电活性功能材料的电容性能

3.2.2.2.1 CoMn-LDHs/SS

CoMn-LDHs/SS 电极的超电容性能通过在 1mol·L^{-1} LiOH 电解质溶液中进行电化学性能测试。CV 和恒电流充放电曲线（GCD）测试电压范围为 −0.2～0.6V。图 3-14(a) 中，CoMn-LDHs/SS 的 CV 曲线均出现一对明显的氧化还原峰［电化学反应如式(3-3)］，具有典型的赝电容行为特征。CM91 电极材料的 CV 曲线面积大于其他材料。图 3-14(b) 显示适量的 Mn 可提高比电容，但当 LDH 中 Mn 含量更多或极小时，比电容大幅度降低，CM91 电极材料最大比电容值在扫描速率 5mV·s^{-1}时为 708F·g^{-1}。图 3-14(e) 中 GCD 曲线呈三角形状，对称性好，CM91/SS 电极材料具有优异的氧化还原可逆性，电极内部阻抗

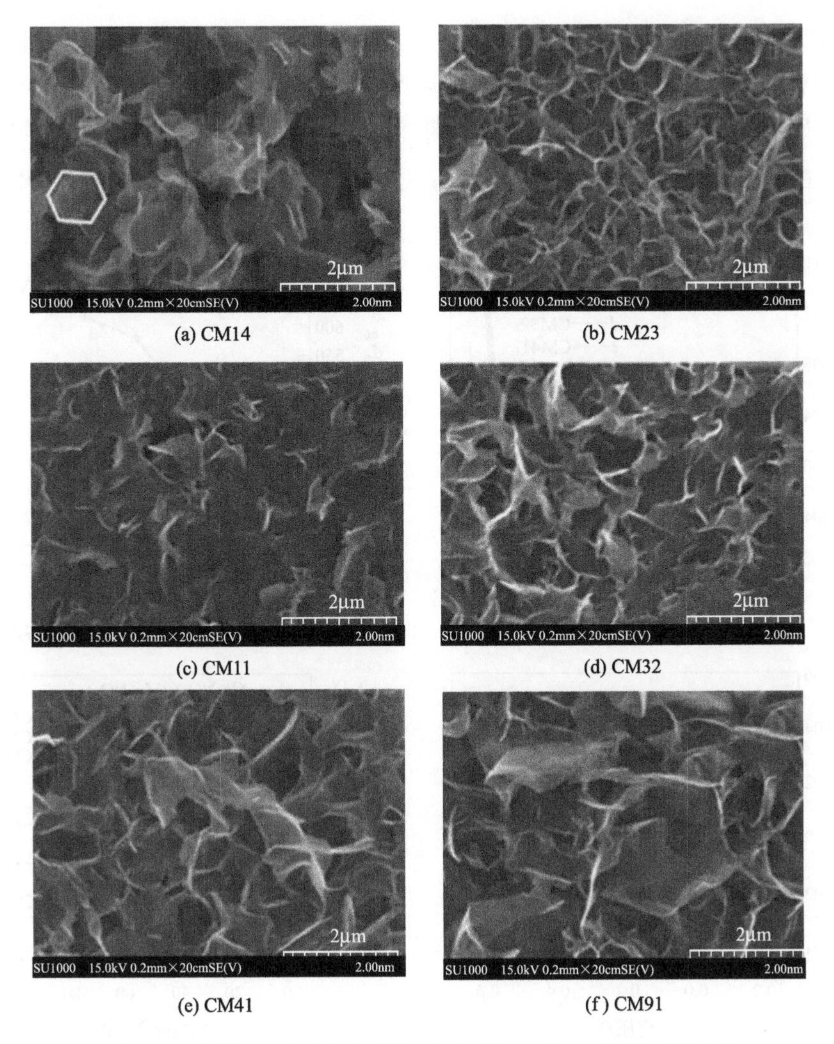

图 3-12　不同 Co^{2+}/Mn^{2+} 摩尔比 CoMn-LDHs 材料的 SEM 图

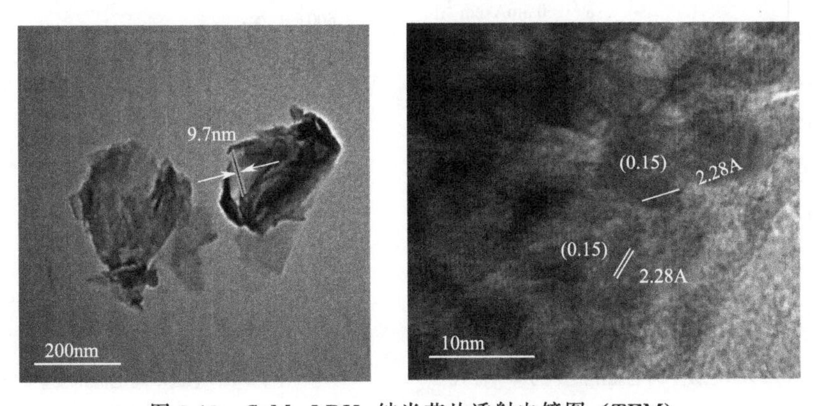

图 3-13　CoMn-LDHs 纳米花片透射电镜图（TEM）

小，有明显的赝电容性质。图 3-14(c) 中，CM 91 电极的循环伏安峰面积逐渐增加，氧化、还原峰微弱发生偏移，说明 CM 91 电极在较高的扫描速率下仍具有良好的倍率性能和较高可逆性。图 3-14(d) 说明：①随着扫描速率增大，由于扩散限制效应所致，比电容降低；②Co^{2+}/Mn^{2+} 摩尔比增加时，电极的

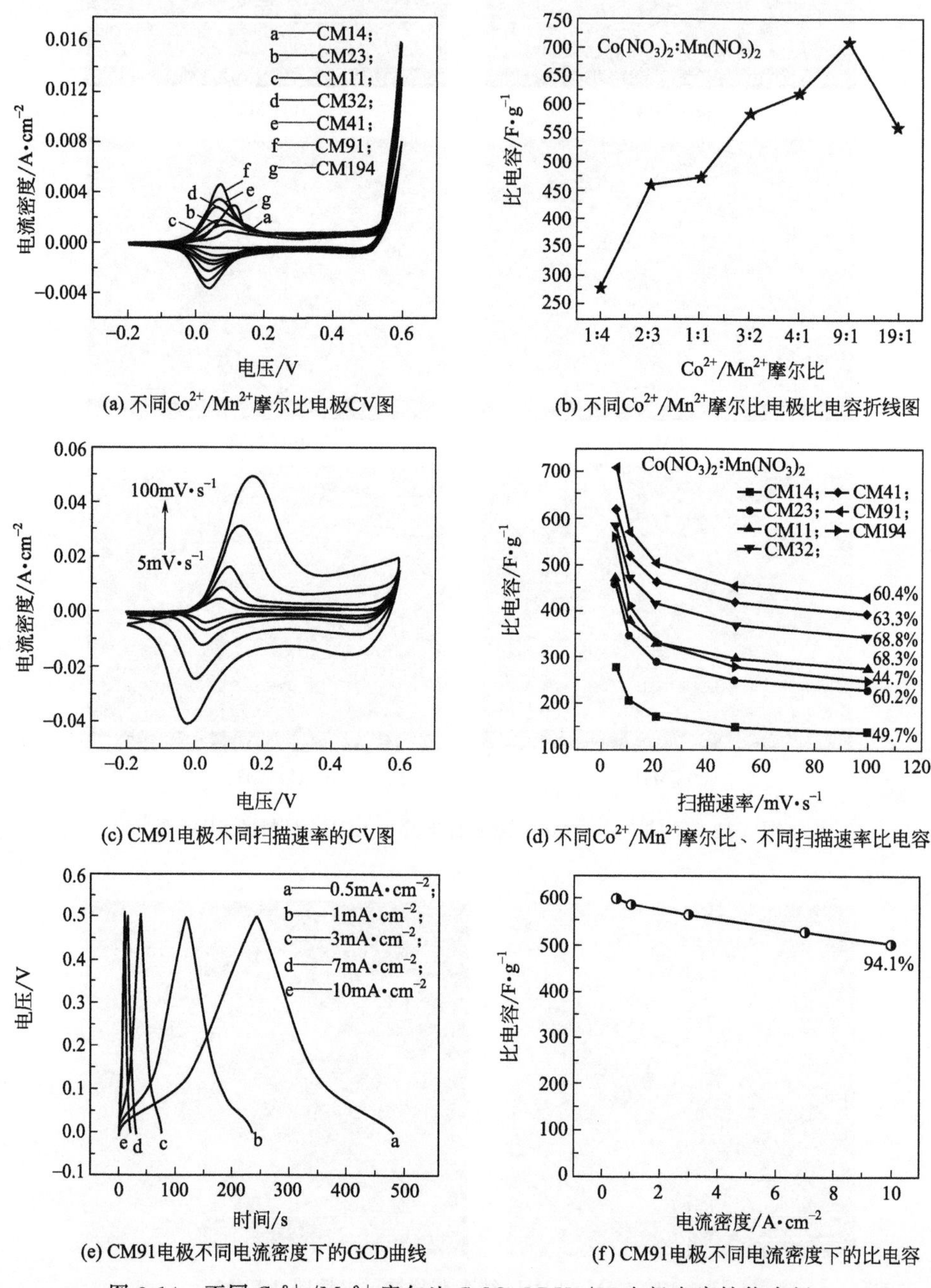

图 3-14 不同 Co^{2+}/Mn^{2+} 摩尔比 CoMn-LDHs/SS 电极电容性能表征

倍率能力同时增加，扫描速率100mV·s^{-1}时，电极仍能提供60.4%的优良倍率性能。图3-14(f)电流密度从5mA·cm^{-2}增加至10mA·cm^{-2}时，CM 91电极的比电容仅下降5.6%，CM 91电极具有优良的高倍率性能[56]。

总之，CoMn-LDHs电活性功能材料通过适当增加Mn^{3+}，一定程度上提高了双金属氢氧化物材料的电导率，增强了CoMn之间的相互作用，在超级电容器应用中呈现较好的电化学特性。

从图3-15(a)中，不同Co^{2+}/Mn^{2+}摩尔比制备的电极材料的交流阻抗图可知，在高频区呈半圆形。表3-3中列出R_s和R_{ct}值，R_s值随Co^{2+}/Mn^{2+}摩尔比增大无明显变化，R_{ct}值随Co^{2+}/Mn^{2+}摩尔比增大，从233.6Ω迅速下降到2.31Ω。R_{ct}值减小，说明电极材料导电性显著提升，影响电极材料的倍率特性。CM 91电极的循环稳定性进行5000次循环测试，比电容仅保持为65.1%[图3-15(b)]，其原因与SS与导电基体之间粘接欠缺有关，可能由于不锈钢与CoMn-LDHs电极的晶格错配[57]所致。为解决这一问题，改用三维泡沫镍作为集流体制备CoMn-LDHs纳米片，并进行了超级电容器电化学性能进行研究。

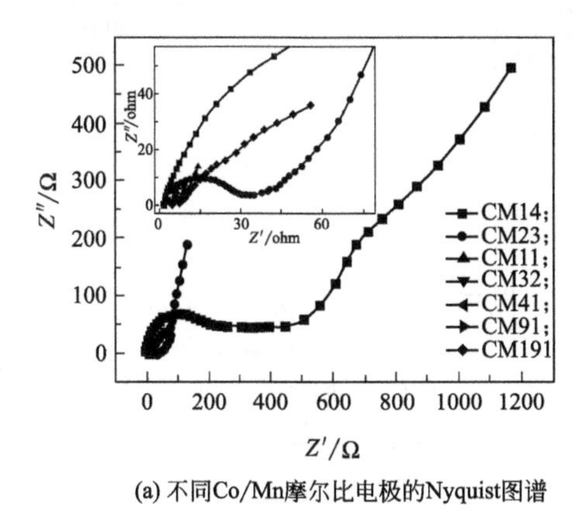

(a) 不同Co/Mn摩尔比电极的Nyquist图谱

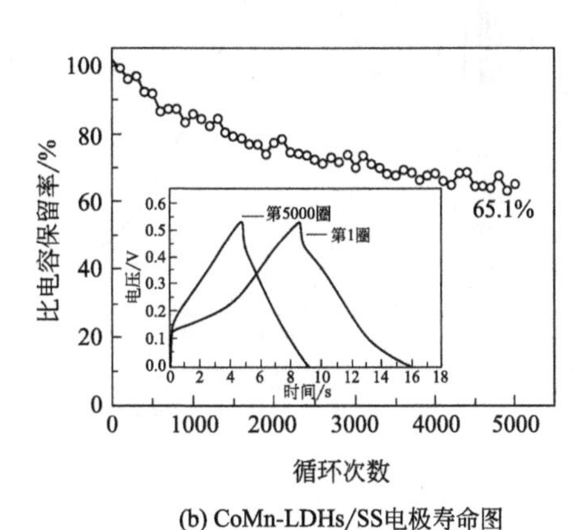

(b) CoMn-LDHs/SS电极寿命图

图3-15 CoMnLDHs/SS电极电容性能表征

表3-3 不同Co^{2+}/Mn^{2+}摩尔比制备的不同电极的R_s和R_{ct}值

不同摩尔比电极	CM14	CM23	CM11	CM32	CM41	CM91	CM191
R_s/Ω	1.42	1.22	1.61	1.82	1.81	1.64	1.55
R_{ct}/Ω	233.6	30.1	5.44	3.67	2.31	4.32	4.94

3.2.2.2.2 CoMn-LDHs/Ni

在1mol·L^{-1}LiOH电解液体系进行了电化学性能测试，探讨CoMn-LDHs沉积泡沫镍形成CoMn-LDHs/Ni电极材料的电容行为（图3-16）。CV和GCD测试电压范围分别为−0.2～0.6V和0.0～0.4V。图3-16(b)显示，CoMn-

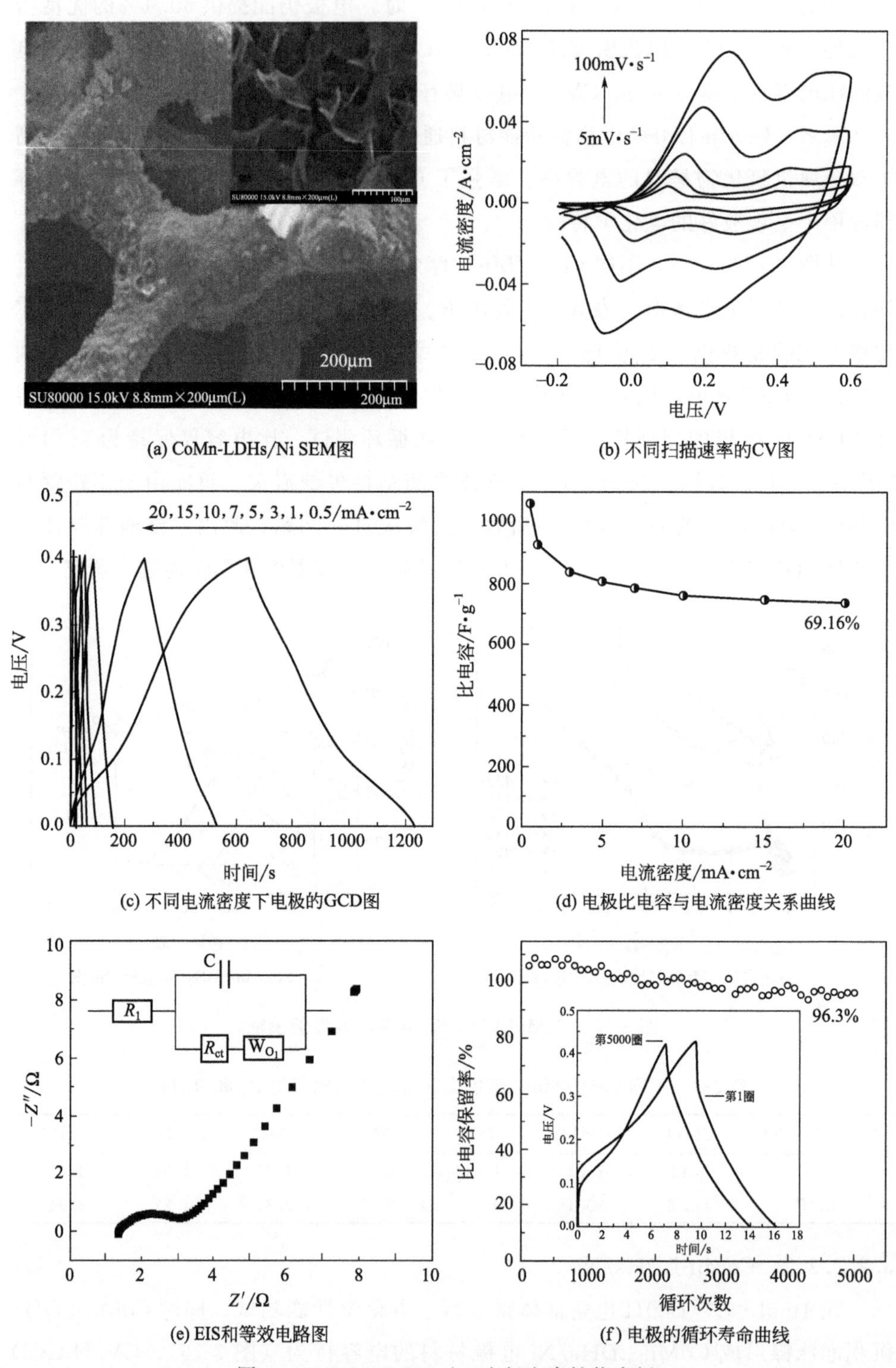

(a) CoMn-LDHs/Ni SEM图

(b) 不同扫描速率的CV图

(c) 不同电流密度下电极的GCD图

(d) 电极比电容与电流密度关系曲线

(e) EIS和等效电路图

(f) 电极的循环寿命曲线

图 3-16 CoMn-LDHs/Ni 电极电容性能表征

LDHs/Ni 在 100mV·s^{-1}扫描速率时仍有明显的氧化还原峰，且 CV 面积最大；扫描速率为 5mV·s^{-1}时，比电容值 875.3F·g^{-1}，相比于 CoMn-LDHs/SS 电极（708F·g^{-1}）具有更大的比电容。从 CoMn-LDHs/Ni 的 GCD 曲线、图 3-16(c) 与图 3-14(e) 比较可以看出，CoMn-LDHs/Ni 电极的对称性较 CoMn-LDHs/SS 稍欠缺，但放电时间长。其次，20mA·cm^{-2}时，经 5000 次循环，电容保持率 96.3%，体现良好的倍率性能和稳定性。CoMn-LDHs/Ni 电极的 R_s、R_{ct}的值为 1.43Ω 和 0.95Ω，与 CoMn-LDHs/SS 电极相比，R_{ct}值非常小，CoMn-LDHs/Ni 相比于其他复合材料具有更大的比电容和更小的本征电阻，原因归于 CoMn-LDHs/Ni 电极材料中 Co、Mn 的合适比例与泡沫 Ni 形成的三维特殊结构，能够使 CoMn-LDHs/Ni 电极材料具有更高的活性利用率，解决了不锈钢集流体与 CoMn-LDHs 电极的晶格错配所导致的问题，突出了 CoMn-LDHs/Ni 电极的实用性。

3.2.2.3 CoMn-LDHs/Ni//AC 非对称超级电容器性能

以 CoMn-LDHs/Ni 为正极、活性炭 AC 做负极组成非对称超级电容器，进一步研究 CoMn-LDHs/Ni 的电化学性能（图 3-17）。

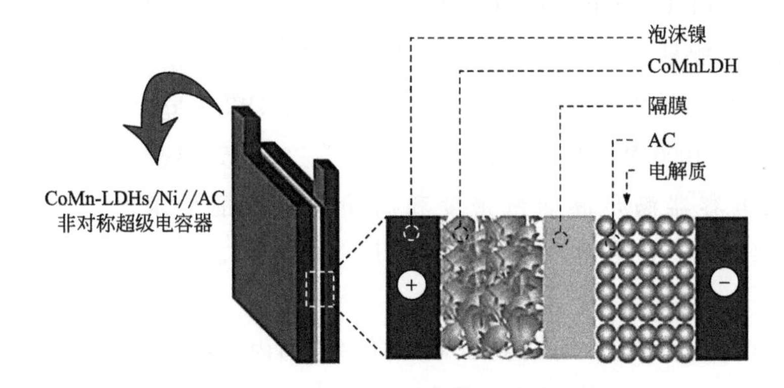

图 3-17　CoMn-LDHs/Ni//AC 组装的非对称超电容设备

在超级电容器制配过程中，通过调整两个电极的质量比达到最大的超级电容性能。用式(3-8) 计算 CoMn-LDHs 与 AC 的质量比[58,59]。

$$\frac{m_+}{m_-}=\frac{C_-\times\Delta E_-}{C_+\times\Delta E_+} \tag{3-8}$$

式中，m、C 和 ΔE 是三电极测量中得到的质量、比电容和电势窗口电压，后缀下标表示正电极和负电极，正极与负极的质量比为 0.12。

在 1mol·L^{-1} LiOH 体系中进行电化学性能测试。图 3-18(a) 为 CoMn-

LDHs/Ni 和 AC 在扫描速率 5mV · s^{-1}下，电位区间－0.2～0.6V 和－1.0～0V 的 CV 曲线，二者分别具有典型赝电容氧化还原峰和双电层矩形的特征，将其结合可以拓宽超级电容器电位区间到 1.0～1.8V。

将组装 CoMn-LDHs/Ni//AC 超级电容器在 20mV · s^{-1}扫描速率条件下，进行不同电位区间循环伏安扫描，如图 3-18(b)，显示 CV 曲线面积增大且形状没有发生明显变化，说明具有较好的充放电特性；CV 曲线近似矩形形状，同时还有较小的氧化还原峰，说明超级电容器既有双电层电容贡献，同时也有正电极法拉第反应发生赝电容的贡献。考虑两个电极总质量，计算超级电容器在 0.0～1.0V、0.0～1.2V、0.0～1.4V、0.0～1.6V 和 0.0～1.8V 每个电位区间的比电容值分别为 28.4F · g^{-1}、28.8F · g^{-1}、30.7F · g^{-1}、30.1F · g^{-1}和 29.3F · g^{-1}，非常相近；电位区间从 1.6V 拓宽到 1.8V 时，CV 曲线尾部突升，说明发生极化现象，此时发生水的分解，故 CoMn-LDHs/Ni//AC 的工作电压区间可拓宽到 1.6V，提供了一个广泛的实际应用范围。

图 3-18(c) 所示，超级电容器在不同电流密度的 GCD 曲线的骤降部分归因于超电容内部电阻；曲线对称性较好，说明该非对称电容器的电化学可逆性较好。由 GCD 曲线计算出其不同电流密度的比电容，5A · g^{-1}对应 21.4F · g^{-1}。图 3-18(d) 拉贡曲线中，能量密度和功率密度值分别为 5.9Wh · kg^{-1}、5.6Wh · kg^{-1}、5.3Wh · kg^{-1}、4.9Wh · kg^{-1}、4.6Wh · kg^{-1}、4.4Wh · kg^{-1}和 250W · kg^{-1}、500W · kg^{-1}、1000 W · kg^{-1}、1500 W · kg^{-1}、2000W · kg^{-1}、2500W · kg^{-1}，表明超级电容器满足高能量密度和高功率密度的要求[60-62]。串联两个 CoMnLDHs/Ni//AC超电容对 LED 指示灯（3V）以 25mA 充电 20s 后，可持续点亮。

在图 3-18(e) 中，0.1Hz 到 20kHz 频率范围内对超级电容器进行 EIS 研究，Nyquist 图显示高频区两个半圆及低频区一个近似垂直直线。插图中模拟等效电路图中有三部分：第一部分是超级电容器中电极材料本征电阻和电解质离子传输电阻 R_s，R_s 值仅为 0.75Ω；第二部分是超级电容器中固体电解质界面的电容和电阻 C_f 和 R_f，R_f 仅为 0.11Ω；第三部分由 C_{dl}和 R_{ct}组成，与高频区半圆有关，R_{ct}值和电荷转移电阻有关，C_{dl}值是指双电层电容，R_{ct}值测得值极小，为 3.4Ω。说明 CoMnLDHs/Ni//AC 非对称超级电容器独特的材料结构利于离子、电子传输和电荷反应。如图 3-18(f) 所示，经过 5000 次 GCD 循环后，超级电容器的电容保持率为 84.2%，说明具有良好的循环稳定性。

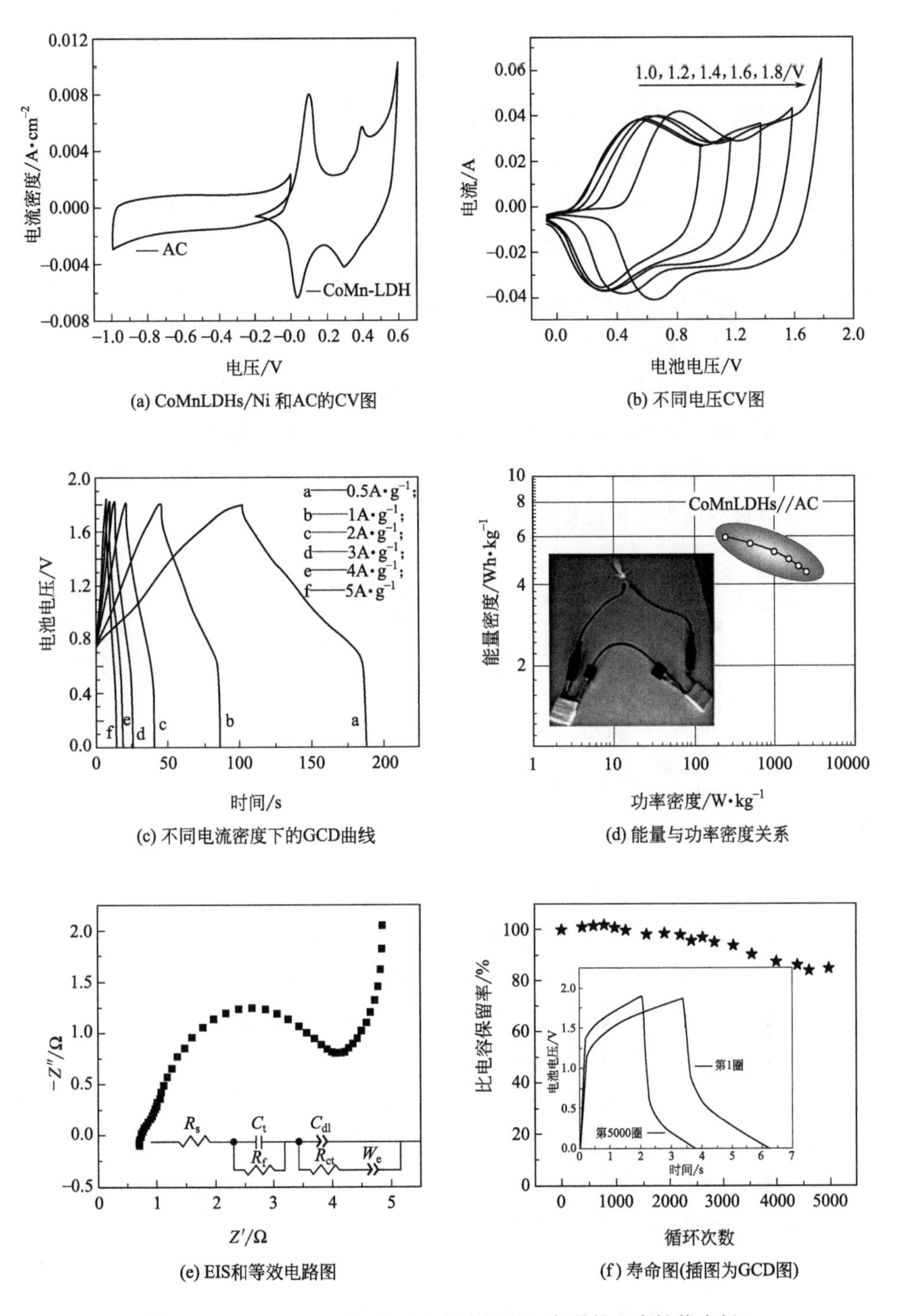

图 3-18　CoMnLDHs/Ni 和 AC 组成超级电容器的电容性能表征

3.2.3 碳纤维基体 CoAl 双金属氢氧化物全固态柔性超级电容器性能

柔性储能装置因自身独有的特点，可应用于可穿戴或能源自给设备。全固态超轻免胶黏剂柔性超级电容器开发并织入衣物或自给能装置中，可提供安全高效的电源。课题组首次采用电沉积方法在纳米碳纤维上沉积制备 CoAl-LDHs 电活性材料，并分析其超级电容器性能[63]。

3.2.3.1 CoAl-LDHs@CFs 电活性功能材料的制备及反应机理

在柔性全固态超级电容器中，电极材料是最为重要的一个组成部分。如图 3-19 所示，CoAl-LDHs 电极材料采用三电极体系，工作电极为碳纤维丝 (CFs)，对电极为铂丝，参比电极为 Ag/AgCl。工作电极施加−1.1V 恒定电位，通过控制电量还原溶液中 NO_3^- 离子，Co^{2+} 和 Al^{3+} 与还原反应产生的 OH^- 在 CFs 工作电极界面发生沉淀反应，形成 CoAl-LDHs。

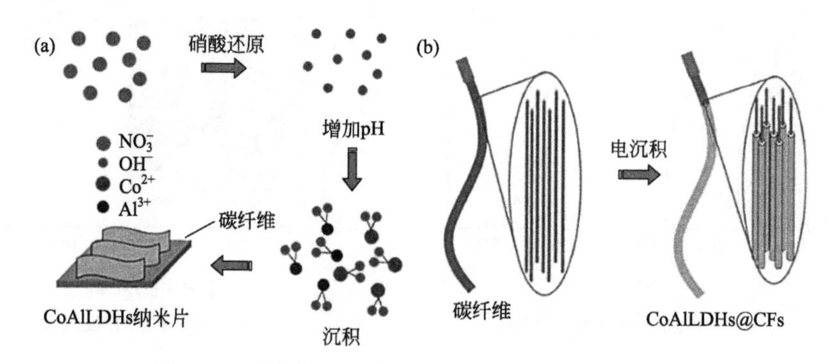

图 3-19 碳纤维 CFs 表面电沉积 CoAl-LDHs 的过程

控制不同电量，CFs 表面分别沉积 $0mg\cdot cm^{-2}$、$1.3mg\cdot cm^{-2}$、$2.3mg\cdot cm^{-2}$ 和 $3.0mg\cdot cm^{-2}$ CoAl-LDHs（图 3-20）。图 3-20(b) 是施加 0.5 C 电量后在一根裸露碳纤维丝上沉积 $1.3mg\cdot cm^{-2}$ 的 CoAl LDHs 的 SEM 图，由于负载电量不足，由放大图可见有未覆盖到的空隙部分。当负载电量过大，为 1.5C 时，CoAl-LDHs 纳米板沉积层厚（负载量 $3.0mg\cdot cm^{-2}$），且有开裂和脱落现象 [图 3-20(d)]。当施加电量 1.0C 时，CFs 上垂直均匀生长 $2.3mg\cdot cm^{-2}$ 的 CoAl-LDHs 纳米片 [图 3-20(c)]，纳米片厚度约 25nm，长度微米级，此三维结构能利于离子快速迁移和电子快速充放电。EDS 能谱仪分析 Co、Al、O 在纳米薄片结构中均匀分布 [图 3-20(e)]。

分析图 3-21(a) 所示 CoAl-LDHs@CFs 的 XRD 图谱，分别沉积 $1.3mg\cdot cm^{-2}$ (a)、$2.3mg\cdot cm^{-2}$ (b)、$3.0mg\cdot cm^{-2}$ (c) 和 $4.6mg\cdot cm^{-2}$ (d) 的四条衍

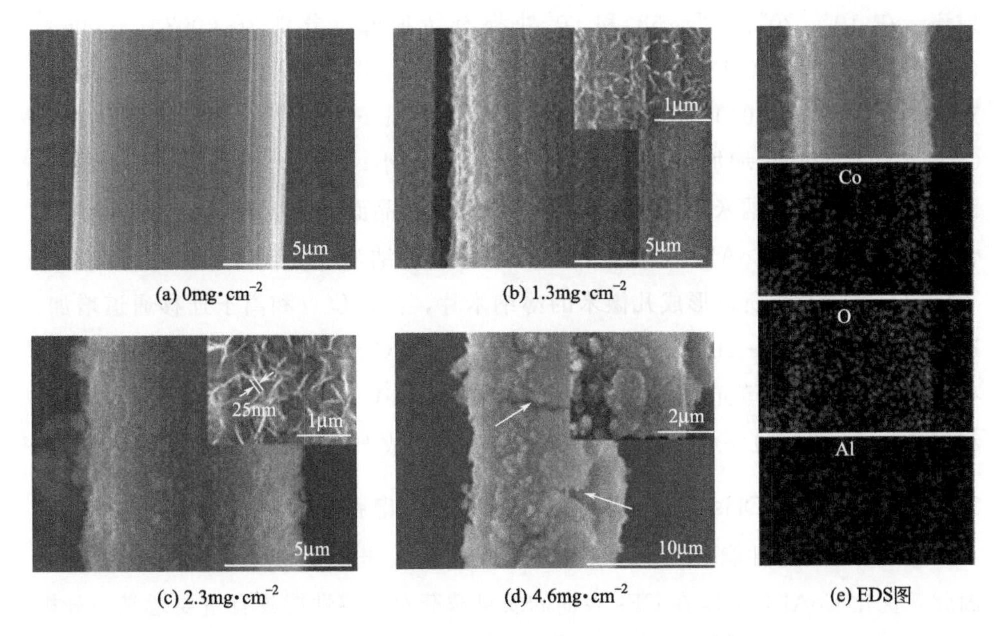

图 3-20　CoAlLDHs@CFs 的 SEM 和 EDS 图

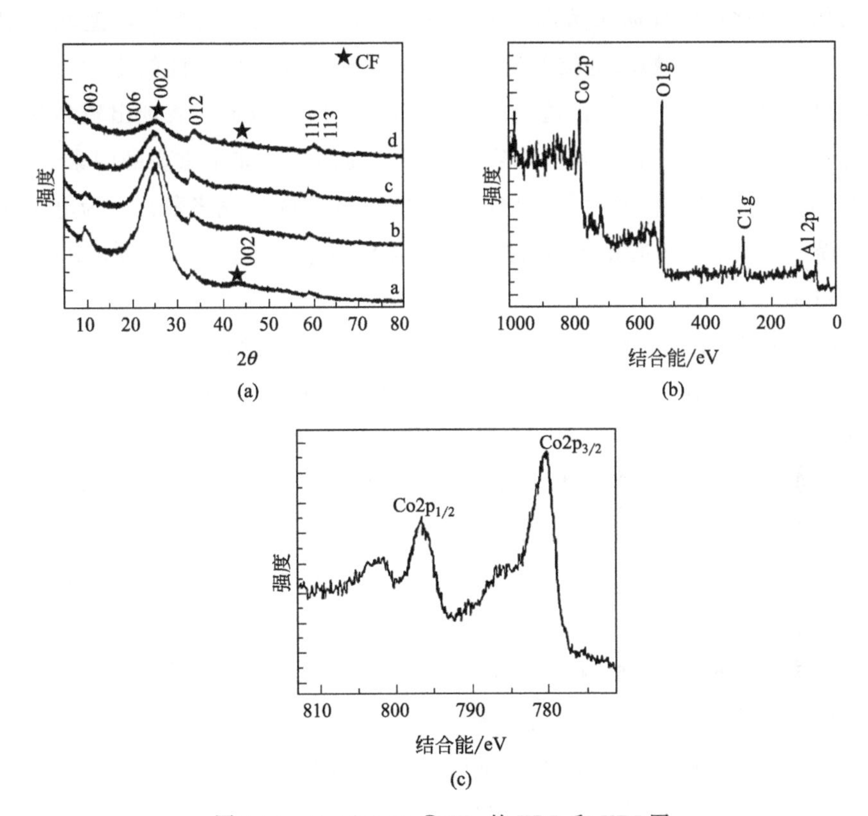

图 3-21　CoAlLDHs@CFs 的 XRD 和 XPS 图

射谱，在 10°、20°、33°、58°和 60°处都有衍射峰，分别为（003)、(006)、(012)、(110）和（113）晶面[64]；＊所示 25°和 43°处为两个碳峰的宽衍射峰，对应碳（002)、(101）晶面，CFs 负载量为 1.3mg・cm^{-2}时清晰可见。随着 CoAl-LDHs 负载量增加，(003）晶面强度逐渐减小，(012）晶面强度逐渐增大，说明电量增加时，纳米薄片的生长方向为（012）晶面，而不是（003）晶面。结合 SEM 图，说明 CoAl-LDHs 电沉积过程限制了纳米片 c 轴方向的生长，促进了横向尺寸生长，所以形成几微米的薄纳米片，活性位点和离子迁移通道增加。通过对负载 2.3mg・cm^{-2} CoAl-LDHs@CFs 的 XPS 分析，证明沉积材料主要有 Co、Al、C、O 等元素［图 3-21(b)］，780.42eV 和 796.5eV 位置为 $Co2p_{3/2}$ 和 $Co2p_{1/2}$［图 3-21(c)］，说明 CoAl-LDHs 的形成[65]。

3.2.3.2 CoAl-LDHs@CFs 电活性功能材料的电容性能

超电容的功率性能取决于包括电解质、集流器、电极、分离器等的总质量[66]，因此，优化 CoAl-LDHs 在 CFs 表面的质量载荷对电容性能具有重要意义。分析 CoAl-LDHs@CFs 电极在 2mol・L^{-1}KOH 电解液的 CV 曲线［图 3-22(a)］，负载量增加，氧化还原峰向正负两个方向移动，内阻增加，电极的可逆性急剧下降[66-68]。氧化、还原峰的电位差是电化学氧化还原反应可逆性的指标，较小的峰间距离导致较高的可逆性，适当的质量载荷 2.3mg・cm^{-2}表现出较高的可逆性。电极的速率能力是评价超级电容器功率性能的一个非常重要的因素[69]，负载量 2.3mg・cm^{-2}时垂直生长的导电良好的 CoAl-LDHs 纳米薄片，为电子和离子扩散提供了较短的通道和敞形结构，实现优异的速率能力（53.9%，100mV/s）［图 3-22(b)］。

非线性 GCD 曲线［图 3-22(c)］证实了电极的法拉第电容行为。电流密度 1A・g^{-1}、质量负载 2.3mg・cm^{-2}时，最大比电容值 634.3F・g^{-1}，随着质量载荷增加，离子扩散阻力增大，离子扩散常数降低，比电容减小，所以电极材料的导电性差和低扩散常数限制了赝电容器的性能［图 3-22(d)］。CoAl-LDHs@CFs 电极振幅为 5mV 的阻抗图谱在高频区域显示了一个明显的半圆形［图 3-22(e)］，是界面电荷转移阻力 R_{ct}，为 5.1Ω；中高频段直线与实轴交点表示电极材料的内阻 R_s 为 8.4Ω。R_s 值主要由 CFs 决定，当 CFs 堆叠时，纤维间的接触电阻会增加总电阻；R_{ct}值由于纳米片的多孔结构开放，容易地从电解液中获得离子，值较小。在低频区的直线斜率大于 45°，说明 OH^- 离子在电极孔内快速扩散[70]。经过 5000 次充放电循环后，比电容保持率 92%［图 3-22(f)］，CoAl-LDHs@CFs 电极具有好的稳定性。

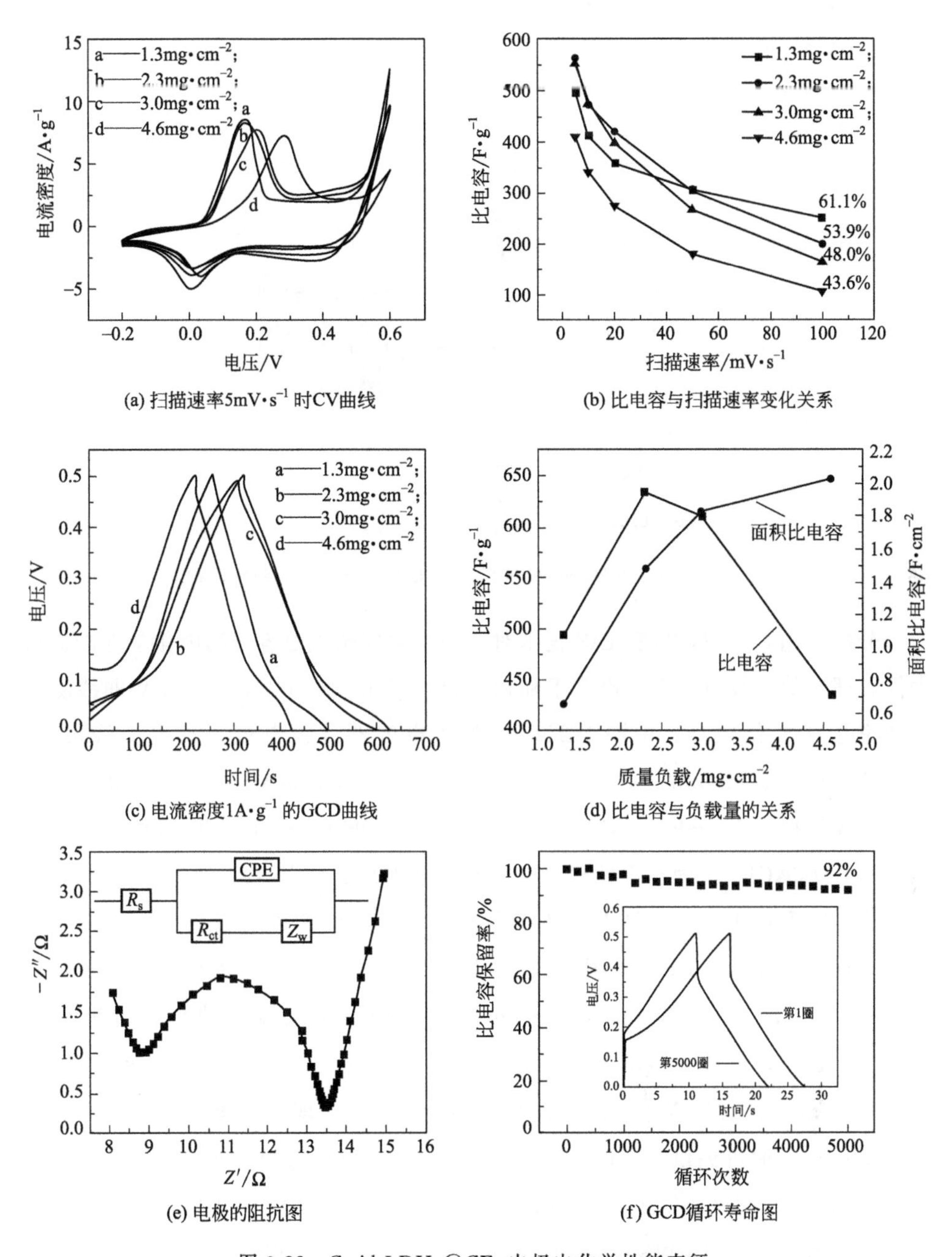

(a) 扫描速率5mV·s⁻¹ 时CV曲线　(b) 比电容与扫描速率变化关系

(c) 电流密度1A·g⁻¹ 的GCD曲线　(d) 比电容与负载量的关系

(e) 电极的阻抗图　(f) GCD循环寿命图

图 3-22　CoAl-LDHs@CFs 电极电化学性能表征

3.2.3.3 CoAl-LDHs@CFs 全固态柔性超级电容器性能

采用两根 CoAl-LDHs@CFs 和 PVA-KOH 凝胶电解质组成两电极体系全固态柔性超级电容器。将 2 根 CoAl-LDHs@CFs 在 PVA-KOH 凝胶电解质中浸泡

10min，室温干燥，蒸发多余水分，然后在每根纱线的表面涂上少量凝胶，手工绞合，PVA-KOH 凝胶电解质固化后，形成全固态柔性超级电容器（图 3-23）。

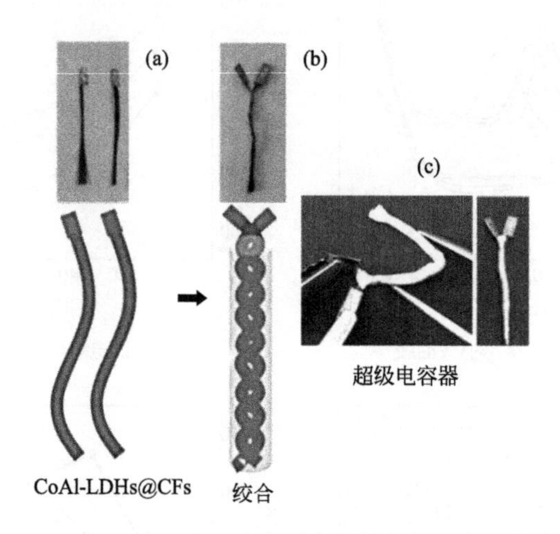

图 3-23　CoAl-LDHs@CFs 全固态柔性超级电容器制备过程

分别采用 CV、GCD 和 EIS 技术对全固态柔性超级电容器的电化学性能进行表征。理想的超级电容器，电容不随扫描速率变化，图 3-24(a) 中 CV 曲线随扫描速率形状变化较小。由图 3-24(b) 超级电容器件恒电流充放电曲线可得，5.8mA・cm^{-2}、11.5mA・cm^{-2}、23.0mA・cm^{-2}、34.6mA・cm^{-2}电流密度时面积比电容分别为 195mF・cm^{-2}、152mF・cm^{-2}、99mF・cm^{-2}和 65mF・cm^{-2}，CoAl-LDHs@CFs 全固态柔性超级电容器表现出高的比电容[71]。

能量密度和功率密度是表征超级电容材料和器件的重要参数。分析图 3-24(c)，CoAl-LDHs@CFs 全固态柔性超级电容器在电流密度为 5.8cm^{-2}、11.5cm^{-2}、23.0cm^{-2}和 34.6mA・cm^{-2}时体积能量密度和功率密度分别为 1.6Wh・cm^{-3}、1.3Wh・cm^{-3}、0.8Wh・cm^{-3}、0.6mWh・cm^{-3}和 45mW・cm^{-3}、90mW・cm^{-3}、181mW・cm^{-3}、354mW・cm^{-3}，即超级电容器功率密度 45mW・cm^{-3}时可提供 1.6mmW・cm^{-3}的能量，体积能量密度值与文献报道的固态 H-TiO_2@MnO_2//H-TiO_2@C（0.30mWh・cm^{-3}）[72]和 VO_x//VN 非对称超级电容器（0.61mWh・cm^{-3}）[73]的体积能量密度值相当。

碳纤维丝（CFs）是一种机械强度高、柔韧性好的一种材料。超级电容器的柔性性能通过测试不同弯曲角度下的 CV 来表征，图 3-24(d) 中的插图显示在弯曲 0°、45°、90°、135°和 180°的弯曲角的 CV 测试，电容保持度和弯曲角度的变化结果表明 180°弯曲角度下电容保持度为 97%。CoAl-LDHs@CFs 全固态柔性超级电容器中，凝胶电解质既是电解液又是分离器，减轻了装置的重量，使超级电容器具有良好的柔韧性。

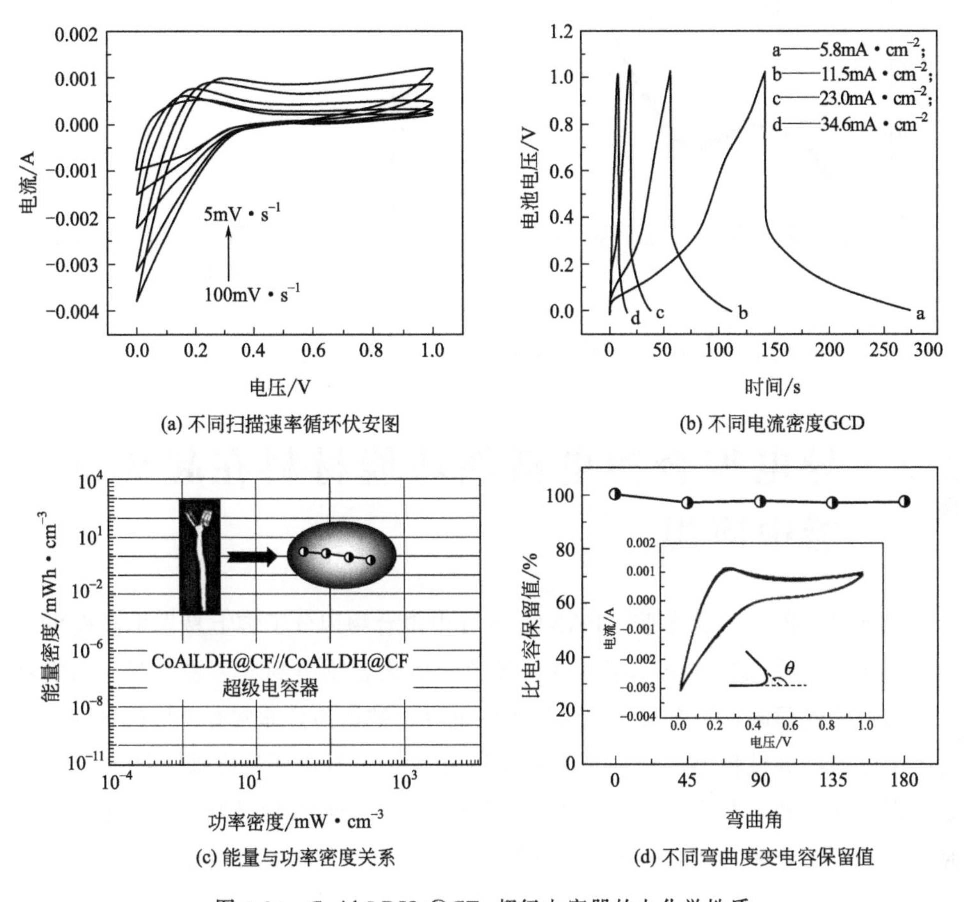

(a) 不同扫描速率循环伏安图

(b) 不同电流密度GCD

(c) 能量与功率密度关系

(d) 不同弯曲度变电容保留值

图 3-24　CoAl-LDHs@CFs 超级电容器的电化学性质

通常碳纤维作集电器比金属集电效率低，固体凝胶电解质的电荷转移特性较差，所以，固态纤维超级电容器的 R_s 比普通超级电容器的 R_s 大。但因 CoAl-LDHs 纳米片导电性良好，且与 CFs 表面密切接触提供良好的电连接性，图 3-25(a) CoAl-LDHs@CFs 全固态柔性超级电容器 R_s 和 R_{ct} 的值为 29Ω 和 34Ω，远小于 SWNT@CHI（944Ω）和 SWNT@C（163Ω）等微型超级电容器[74]。

图 3-25(b) 中，CoAl-LDHs@CFs 纱基超级电容器进行 4000 个周期的稳定性测试，保持电容最大值的 94%，因此，纱线超级电容器具有较高的稳定性，是一种很好的可穿戴电子器件，在电子领域具有广阔的应用前景。

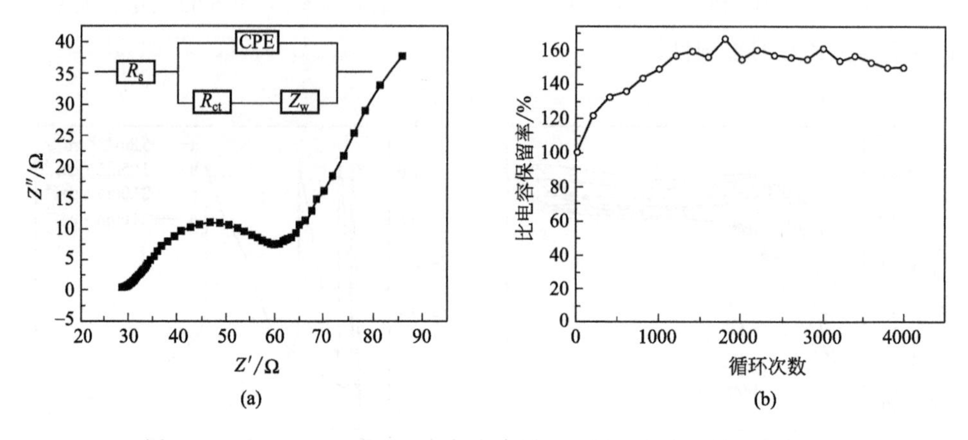

图 3-25　CoAl-LDHs@CFs 超级电容器 EIS 图和充放电循环寿命图

3.3　导电聚合物电活性功能材料在超级电容器中应用

聚吡咯（PPy）、聚苯胺（PANI）等导电聚合物因分子链上易发生高度可逆的 P 掺杂（N 掺杂）或离子吸脱附，导致导电聚合物得到或失去电荷，完成对电荷的存储或释放，拥有很高的法拉第赝电容，被认为是非常有应用前景的一类超级电容器电极材料。但是，导电聚合物超级电容器功率密度低以及循环不稳定，限制其发展。本课题组从导电聚合物电极材料的掺杂以及制备角度出发，研究其在不影响功率密度前提下，提升能量密度，同时解决循环稳定问题的途径。

3.3.1　高稳定性 PPy 电活性功能材料的电容器性能

聚吡咯（PPy）在中性溶液（pH=7）中可保持良好的电活性，且其降解产物毒性低，是一种理想的电极材料[75,76]，但是，同其他导电聚合物一样，经过多次循环充放电后，会因其高分子主链上的氧化还原活性失活，而使其电容量显著降低[77,78]。本课题组采用特色单极脉冲电聚合方法，调控优化其合成参数，有效抑制 PPy 非直链式结构的形成，制备出具有高循环寿命的聚吡咯电活性膜，改善其稳定性[79]。

3.3.1.1　高稳定性 PPy 电活性功能材料的制备及反应机理

三电极体系，工作电极、对电极均为 1cm×1cm 铂片，参比电极为饱和甘汞电极（SCE），采用单极脉冲法聚合（UPEP），控制氧化电位 0.7V，脉冲开时间 10ms，脉冲关时间 100ms。

图 3-26(a)、(b) 为脉冲聚合开始 0.3s 和结束前 0.6s 的计时电流和计时电位曲线。脉冲聚合开始瞬间，电极电位从开路电位 0.35V 瞬间阶跃到 0.7V，在关断时间内电位逐渐衰减，从第二脉冲开始，电极电位开时间时基本保持在 0.54V 之上，PPy 膜在聚合过程始终处于氧化状态；脉冲关时间时电流响应为零，吡咯单体在电极表面聚合停止，吡咯单体和掺杂离子向电极表面反应边界层扩散补充。脉冲电流在脉冲开始瞬间时达到最高值，高电流密度源于电极表面迅速形成的双电层，之后快速衰减，吡咯单体在电极表面被氧化为离域的单体自由基，继而形成二聚体和三聚体，此时低聚物自由基由于极短的脉冲时间无法有效地形成聚合物长链，大量的带电自由基在电极表面聚集，产生较高的电化学双电层电容。150s 之后，脉冲电流密度趋于平稳，带电自由基开始在电极表面形成 PPy 膜，平稳电流对应吡咯单体氧化聚合消耗的法拉第电流。每一次脉冲开始，吡咯在新的活性位点进行生长，从而使吡咯单体可以在不同位置均匀聚合，电极表面制备出均匀的花菜状 PPy（如图 3-27）。

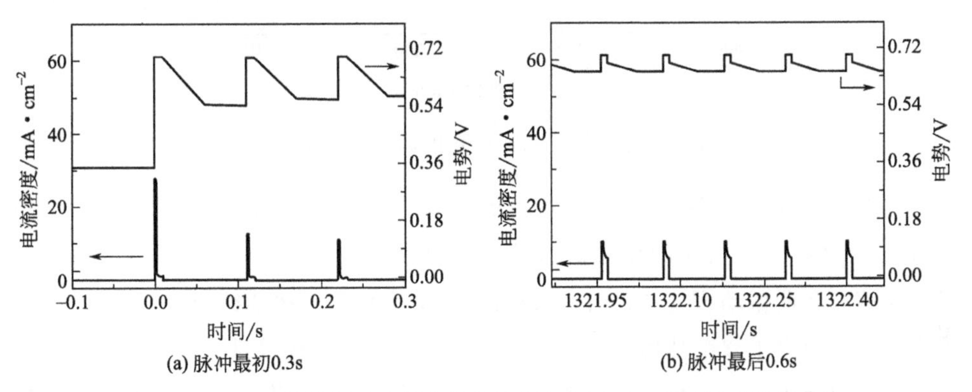

图 3-26　PPy 在单极脉冲电沉积制备过程中的计时电流和计时电位曲线

图 3-27　单极脉冲法制备的 PPy 的 SEM 图

图 3-28 为单极脉冲法制备 PPy（UPEP PPy）和恒电位法制备 PPy（PM PPy）的红外图谱比较。3410cm^{-1}和（1033±5）cm^{-1}处的峰分别对应 N—H 键的伸缩和弯曲振动[80]，1539cm^{-1}和 1458cm^{-1}处的峰对应吡咯环的对称和不对称伸缩振动，1295cm^{-1}处的峰为═C—H 键的面内振动，（1160±3）cm^{-1}处的峰对应 C—N 键的伸缩振动，均为 PPy 的典型特征峰[81]。

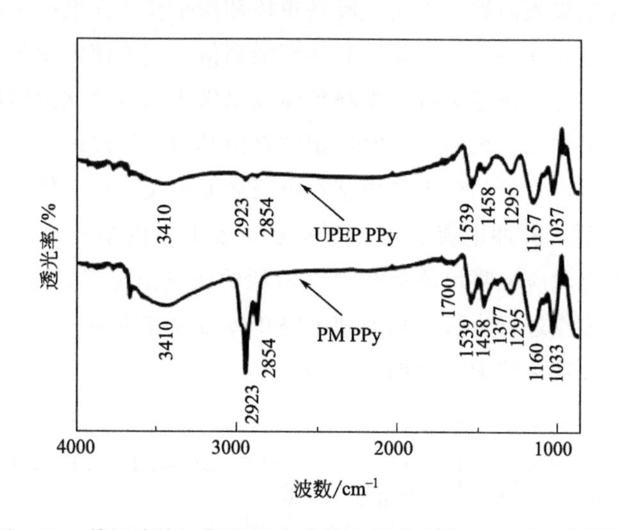

图 3-28　单极脉冲法制备 PPy 和恒电位法制备 PPy 的红外图谱

与单极脉冲法制备 PPy 的红外图谱对比，PM 在 2923cm^{-1}、2854cm^{-1}和 1377cm^{-1}处有三个明显的增强的吸收峰，分别对应—CH_2—键的不对称伸缩、对称伸缩和弯曲振动[82]。PPy 在制备过程中会出现三种掺杂结构（图 3-29），其中之二为抗衡离子掺杂结构（结构 1）和质子酸掺杂结构（结构 2）[83]。质子酸掺杂结构中会出现—CH_2—，因大量来自质子的正电荷分布在聚合物主链，其共轭的单双键结构容易发生离域，形成螺旋状结构，这一结构会增加离子运动的阻

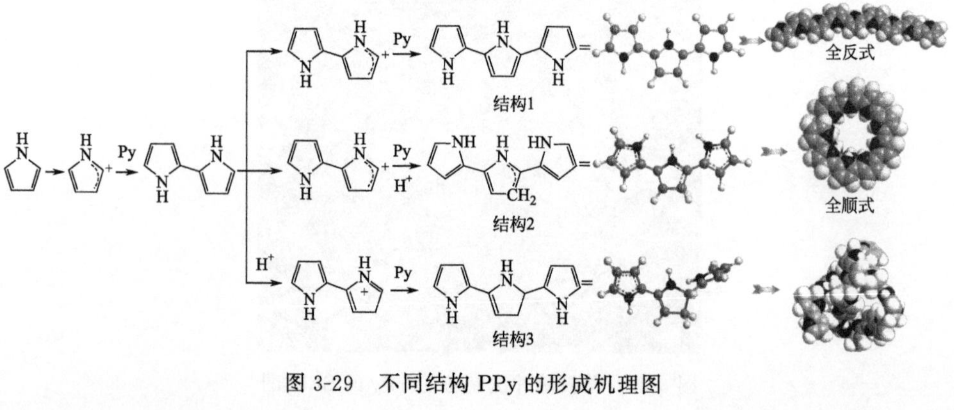

图 3-29　不同结构 PPy 的形成机理图

力，不利于掺杂离子的置入与释放。当氢离子对二聚体进行亲核攻击时，PPy 还容易形成结构（结构 3），由于—CH_2—的空间位阻较大，导致 PPy 形成扭曲变形的结构，同样会增加掺杂离子置入与释放的阻力。单极脉冲法制备 PPy 红外谱图中，三个—CH_2—键特征峰非常小，PPy 结构是抗衡离子掺杂结构（结构 1），抗衡离子可以在脉冲关时间向反应边界层进行扩散补充，同时可以调节 H^+ 浓度，较短的脉冲开时间结合较低的反应温度可以抑制 PPy 的快速聚合；足够的脉冲关时间可以保证生成的 PPy 主链进行充分的定向重排，形成利于离子置入与释放的线性结构。

固体薄膜的亲水性是其非常重要的性能，其亲水性主要取决于固体表面的化学组成和微观形貌[84]。从图 3-30 单极脉冲法制备 PPy 的水溶液接触角图可知：PPy 膜的接触角 55.87°，小于 90°，具有良好的亲水性，离子扩散过程中的传递阻力小，进一步改善膜的电容性能。

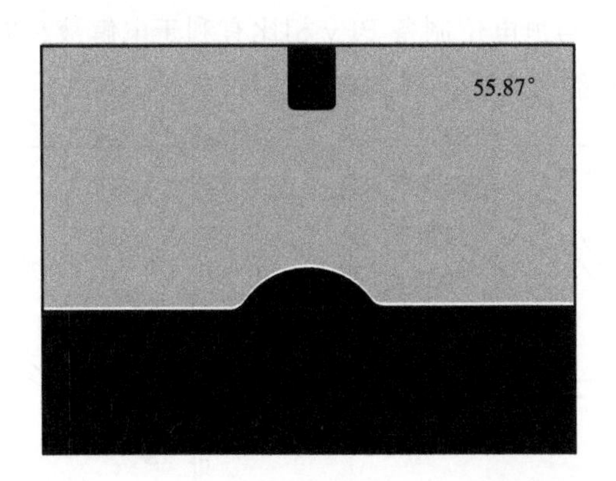

图 3-30　单极脉冲法制备 PPy 的水溶液接触角

3.3.1.2　高稳定性 PPy 电活性功能材料的电容性能

图 3-31(a) 的循环伏安曲线中有两对氧化还原峰，其中 a、b 峰对应 Cl^- 的置入与释放，c、d 峰则对应 K^+ 离子的释放与置入。与恒电位制备 PPy 比较，单极脉冲制备 PPy 电极材料的循环伏安曲线在相同的质量下表现出更大的电流密度，表面具有更高的电活性。从图 3-31(b) 循环伏安峰电流与扫描速率的线性关系分析，良好的线性度表明 PPy 的氧化过程由吸附速率控制，单极脉冲制备 PPy 表现出较高的斜率是由其有序均匀的结构所致[85]。PPy 在不同循环伏安扫描速率下的比电容曲线（图 3-31(c)，扫描速率从 $5mV \cdot s^{-1}$ 增加到 $100mV \cdot s^{-1}$时，PPy 的比电容呈现明显的下降趋势，随着扫描速率的进一步增加，比电容的衰减速度随之减慢。

电活性功能材料的电容量很大程度上取决于其氧化还原过程中的离子扩散速率。通常，在低扫描速率下，较为充裕的时间可以使 PPy 膜得到充分的氧化还原，膜内层的活性位点能充分地参与氧化还原过程进行离子交换。当扫描速率增加时，因为扩散原因，PPy 膜内层的活性物质无法被充分利用，导致其电容量显著下降。Li 等[86]在不锈钢基体上，采用脉冲电沉积法制备的 PPy 膜在 $2mV \cdot s^{-1}$扫描速率时电容量为 $545.0F \cdot g^{-1}$，当扫描速率增加到 $50mV \cdot s^{-1}$时，电容量下降到 $150.0F \cdot g^{-1}$。本课题组单级脉冲制备的 PPy 在 5mV/s 扫描速率下比电容可以到达 $406.0F \cdot g^{-1}$，增加到 1000mV/s，比电容仍可保持 $260.0F \cdot g^{-1}$。从图 3-31(d)，单极脉冲 PPy 在开路电位下测试所得的 Nyquist 曲线分析保持较高的比电容值的原因，单极脉冲制备 PPy 电极材料的阻抗曲线在高频区为半圆形，低频区为一高斜率直线。模拟计算单极脉冲制备 PPy 电荷传递电阻为 4.57Ω，与比恒电位制备 PPy 电荷传递电阻相比小 5.94Ω。单极脉冲制备 PPy 电极材料与恒电位制备 PPy 相比有利于电解液在电极内部浸润渗透、具有较高的离子交换能力和优良的电容性能。

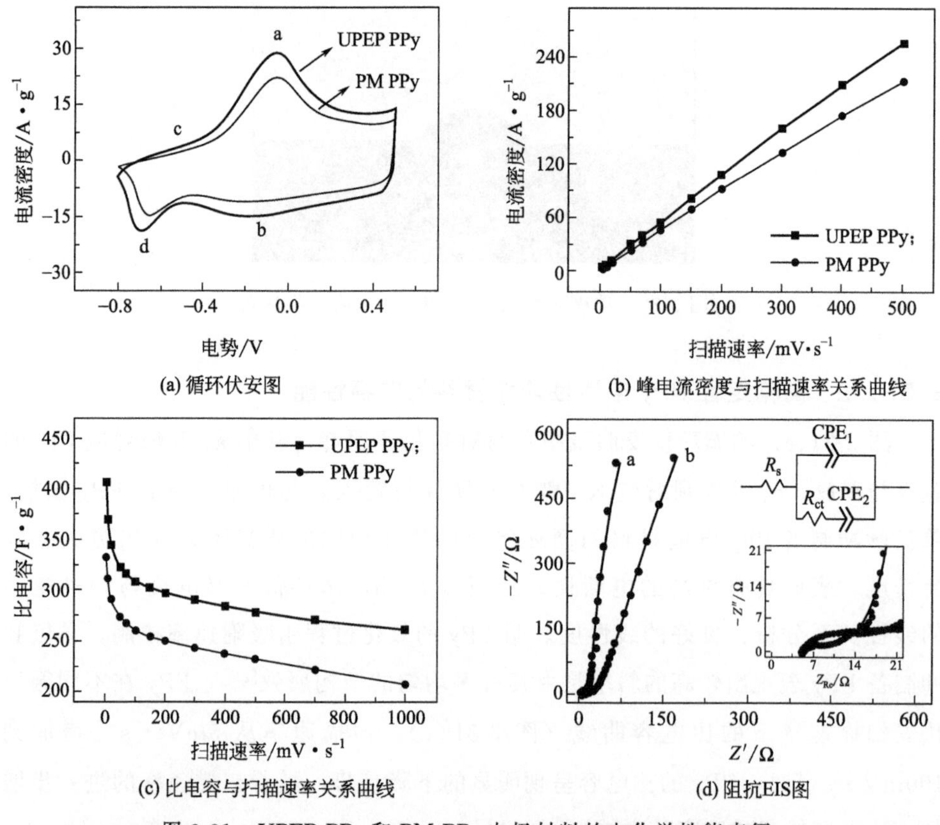

图 3-31 UPEP PPy 和 PM PPy 电极材料的电化学性能表征

采用 $10A \cdot g^{-1}$ 的电流密度，在 $1.0mol \cdot L^{-1}$ 的 KCl 溶液中对 UPEP PPy 电极材料进行恒定电流充放电测试（图 3-32），电压随时间呈现线性变化趋势，呈三角形形状，单极脉冲制备的 PPy 具有良好的赝电容性能[87]。PM PPy 在充放电的起始过程中，由于 PPy 膜的内阻导致出现一段明显的电压降，与计算比电容值小结果一致。化学合成法[88]、循环伏安法[89]制备的 PPy 膜在充放电过程中同样出现类似的电压降，UPEP PPy 在充放电过程中没有出现明显的电压降。图 3-32(b) 中，UPEP PPy 在 $50A \cdot g^{-1}$ 的电流密度下，仍保持 $260.0F \cdot g^{-1}$ 的高电容量，电容衰减量仅为 25%，而 PM PPy 电容衰减 41%，反映了 UPEP PPy 电极界面快速的离子传输过程具有良好电容性能。

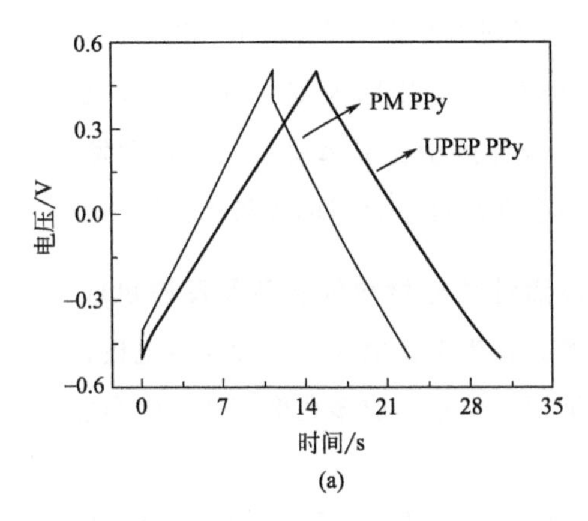

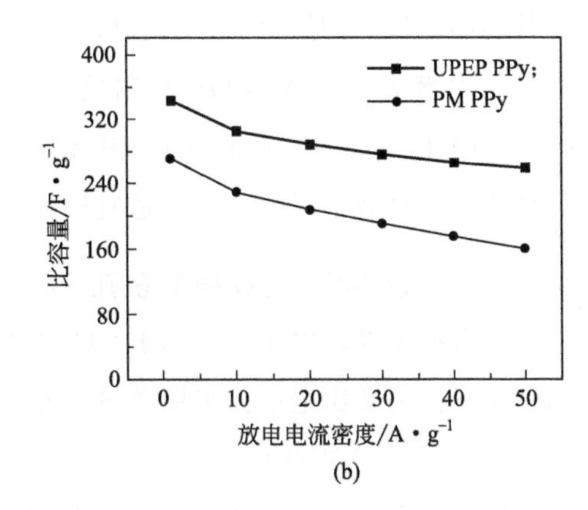

图 3-32　UPEP PPy 和 PM PPy 在不同电流密度下的 GCD 曲线

通常 PPy 在较低 pH 值的溶液中具有较高的充放电稳定性[90]，在中性溶液中用传统方法制备的 PPy 表现出较差的稳定性[89,91,92]。但是 UPEP PPy 在 $50A \cdot g^{-1}$ 的大电流密度下，50000 次充放电后，电容值仅衰减 7.4%，且在充放电的初始阶段没有出现明显的衰减（图 3-33），表明 UPEP PPy 表现出非常优良

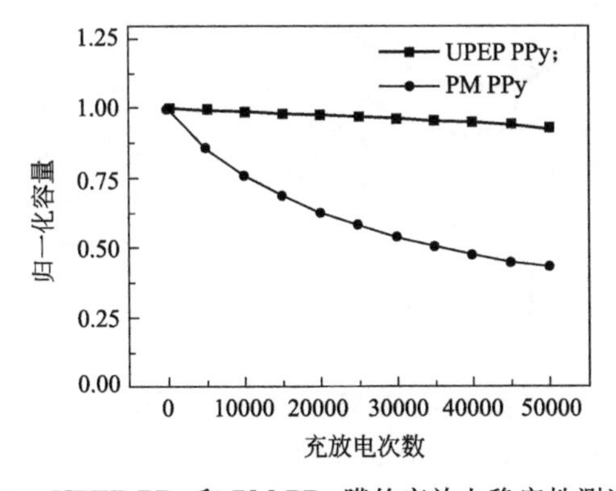

图 3-33　UPEP PPy 和 PM PPy 膜的充放电稳定性测试曲线

的稳定性。

综上所述，通过单极脉冲方法制备的 PPy 形成了直链式结构的空间构象表面形貌，有良好的亲水性、可逆性，导电性和极高的稳定性，使其具有更好电容性能，作为导电聚合物超电容材料有广泛的应用空间。

3.3.2 以 MOF 为模板的多孔 PANI 电活性功能材料的电容器性能

金属有机骨架（metal-organic framework，MOF）是由过渡金属离子和含氧或含氮的有机配体链接形成的骨架网状结构材料[93]，比表面积大，孔道可调，将其与导电聚合物复合[94,95]或对金属中心离子进行掺杂[96,97]，在电化学储能方面有巨大潜力。作为 MOF 材料之一的 HKUST-1 被称为 $Cu_3(BTC)_2$，是以 Cu^{2+} 为配位中心、1,3,5-均苯三甲酸为有机配体的微孔晶体材料，其孔隙发达，孔径均一，易溶于强酸，非常适宜用作制备多孔高分子材料的模板[98,99]。

3.3.2.1 以 MOF 为模板的多孔 PANI 电活性功能材料的制备及反应机理

三电极体系：以预先修饰 HKUST-1 的碳布为工作电极，铂片为对电极，饱和甘汞电极为参比电极，采用单极脉冲法沉积聚苯胺形成多孔聚苯胺与碳布复合电极（Micro-PANI/CC）。

根据如图 3-34 所示的 XRD 分析结果可知，经 HKUST-1 修饰碳布形成的 HKUST-1/CC 基体材料呈现出与 HKUST-1 与碳布相互叠加的衍射峰，大部分

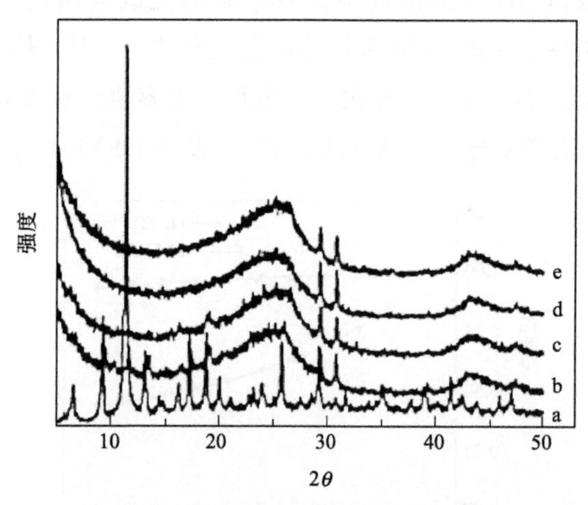

图 3-34 不同电极材料的 XRD

a—HKUST-1；b—HKUST-1/CC；c—PANI/HKUST-1/CC；d—Micro-PANI/CC；e—PANI/CC

衍射峰位置与 HKUST-1 衍射峰[100]重合，表明碳布上已修饰 HKUST-1，含量较小但保持原有物相。c 图谱为采用单极脉冲法在 HKUST-1/CC 基体上电沉积聚合 PANI 得到 PANI/HKUST-1/CC 复合材料的衍射峰，可见与 HKUST-1 相对应的衍射峰强度进一步减弱甚至部分消失，说明 HKUST-1 逐渐被 PANI 沉积层包埋。PANI/HKUST-1/CC 经硫酸处理后制得 Micro-PANI/CC 电极材料，其图谱 d 只显示碳布和 PANI 相互叠加的衍射峰，说明 PANI/HKUST-1/CC 基体中的 HKUST-1 已溶解，形成了多孔电极 Micro-PANI/CC。与碳布直接沉积 PANI 得到的 PANI/CC 材料的谱图 E 相一致，再次说明 HKUST-1 模板已被完全除去，最终形成的是以 HKUST-1 为模板合成的富含微孔的 Micro-PANI 保留在碳布上的复合电极材料。

图 3-35(a) 为 HKUST-1 颗粒修饰在碳布后形成的 HKUST-1/CC 基体的 SEM 图像，图中可见由较多细小颗粒组成，表面粗糙，利于聚苯胺沉积。在 HKUST-1/CC 基体单极脉冲沉积 PANI，并在硫酸溶液脱除 HKUST-1 后形成的 Micro-PANI/CC 电极材料的形貌图如图 3-35(b) 所示，与图 3-35(c) 和 (d) 中直接在碳布沉积 PANI 形成的 PANI/CC 基体表面无明显孔结构的形貌对比，Micro-PANI/CC 电极材料有众多微米尺度的球状颗粒和纳米孔穴结构。

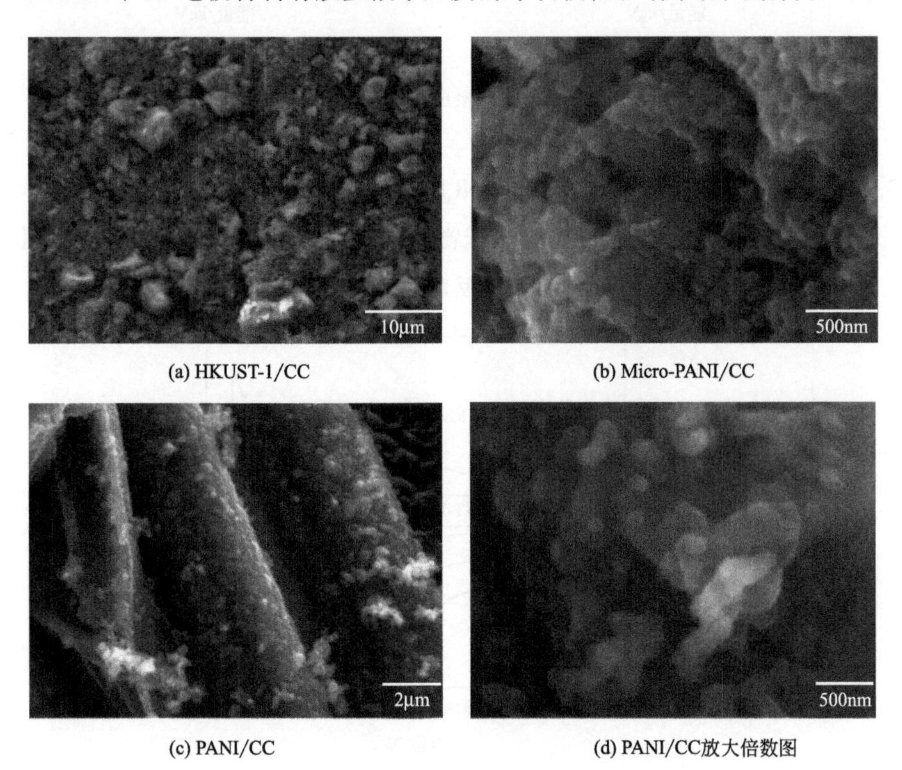

(a) HKUST-1/CC　(b) Micro-PANI/CC　(c) PANI/CC　(d) PANI/CC放大倍数图

图 3-35 PANI/CC 电极的 SEM 图

分析 HKUST-1/CC 基体［图 3-36(a)］与 Micro-PANI/CC 电极的 EDS 图［图 3-36(b)］，可以发现 Micro-PANI/CC 电极的 EDS 图谱中 Cu 元素的峰消失，说明 Micro-PANI/CC 电极中无 HKUST-1 存在。所有表征结果表明，开时间施加 0.85V 电压，在 HKUST-1/CC 基体上沉积聚苯胺，形成了由众多纳米尺寸球状颗粒堆积、且有众多纳米孔径孔道的表面结构。电极材料的孔结构决定着电极材料的活性位点暴露率、离子的扩散阻力等，是电化学反应的一个重要参数。

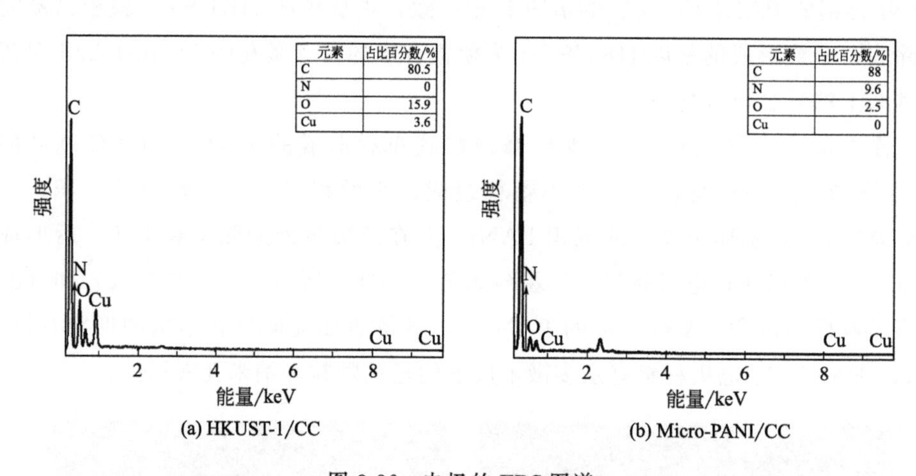

(a) HKUST-1/CC (b) Micro-PANI/CC

图 3-36 电极的 EDS 图谱

3.3.2.2 以 MOF 为模板的多孔 PANI 电活性功能材料的电容性能

电极材料的电化学性能主要取决于物质本身的性质，例如材料的多孔性以及电导率等因素。循环伏安法可有效反映所制备材料的电容性能。从图 3-37

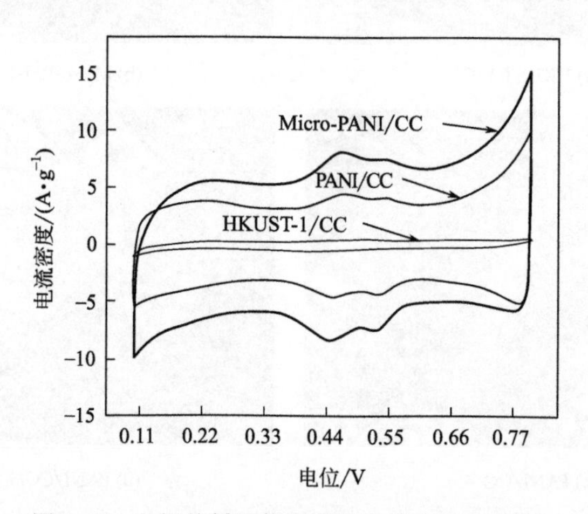

图 3-37 电极的循环伏安曲线以及应比电容值

相同扫描速率不同电极材料的循环伏安图分析，基体 HKUST-1/CC 因导电性欠佳，电流密度最小，离子交换量小；电极材料 PANI/CC 和 Micro-PANI/CC 分别在 0.46V/0.45V 和 0.54V/0.53V 出现两对氧化还原峰，分别对应聚苯胺的掺杂和去掺杂反应，两者都是通过发生可逆的氧化还原反应产生赝电容。Micro-PANI/CC 电极的峰面积最大，对应的峰电流密度最大。由循环伏安曲线计算出 Micro-PANI/CC 电极的比电容是 $646F \cdot g^{-1}$，是电极 PANI/CC 比电容（$389F \cdot g^{-1}$）的 1.66 倍，说明由 HKUST-1 为模板制备的多孔电极 Micro-PANI/CC 具有更高的比电容，这是因为电极 Micro-PANI/CC 表面的多孔结构便于更多的氢离子参与反应、离子交换量最大、法拉第反应利于进行的缘故，与 SEM 图显示多孔结构带来的高比表面一致。

分析扫描速率从 $2mV \cdot s^{-1}$ 逐级增加到 $200mV \cdot s^{-1}$ 的循环伏安曲线［图 3-38(a)］，扫描速率增加，Micro-PANI/CC 电极材料的循环伏安曲线依然保持其形状未发生明显形变，尤其在 $200mV \cdot s^{-1}$ 的扫描速率下，循环伏安谱图仍具有很好的分辨性，显示了电极与溶液界面间快速的电荷转移特性和优异的倍率特性，电极 Micro-PANI/CC 在 0.46V/0.45V 和 0.54V/0.53V 依旧出现两对氧化还原峰，且出峰位置并未随扫描速率增加而明显移动，说明 Micro-PANI/CC 电极材料浸润性好，电解液离子在电极内传递阻力很小。图 3-38(b) 所示的 Micro-PANI/CC 电极电流密度峰值随扫描速率呈现线性变化趋势，说明聚苯胺氧化受吸附控制。Micro-PANI/CC 电极材料不同扫描速率时质量比电容变化曲线［图 3-38(c)］显示，在高扫描速率下电极 Micro-PANI/CC 电容量保持率 62.5%，具有较低的电容损失，说明 HKUST-1 为模板经硫酸溶解后形成的 Micro-PANI/CC 电极的多孔表面相貌提供了离子快速进出的能力，表现了好的电容性能。Micro-PANI/CC 电极和 PANI/CC 电极的恒电流充放电都呈现超级电容器典型赝电容性质的对称三角形结构［图 3-38(d)］，经计算，$1A \cdot g^{-1}$ 电流密度时，电极 Micro-PANI/CC 具有更高的比电容 $776F \cdot g^{-1}$，是 PANI/CC 电极比电容的 1.65 倍，同样说明 Micro-PANI/CC 电极保持了良好的倍率特性。分析图 3-38(e)，Micro-PANI/CC 电极的阻抗图谱，电极表面电活性材料的界面电荷传递电阻 R_{ct} 很小，仅为 0.312Ω。

根据图 3-39，Micro-PANI/CC 电极材料与 PANI/CC 相比，在起始 500 次充放电过程比容量只衰减了约 12%，而且衰减稳定减少，3000 次充放电后，比容量保持初始值的 58%。从前述图 3-35 可知，PANI/CC 电极孔微少，Micro-PANI/CC 电极结构多孔，随着充放电循环次数的增加，PANI/CC 电极随着大

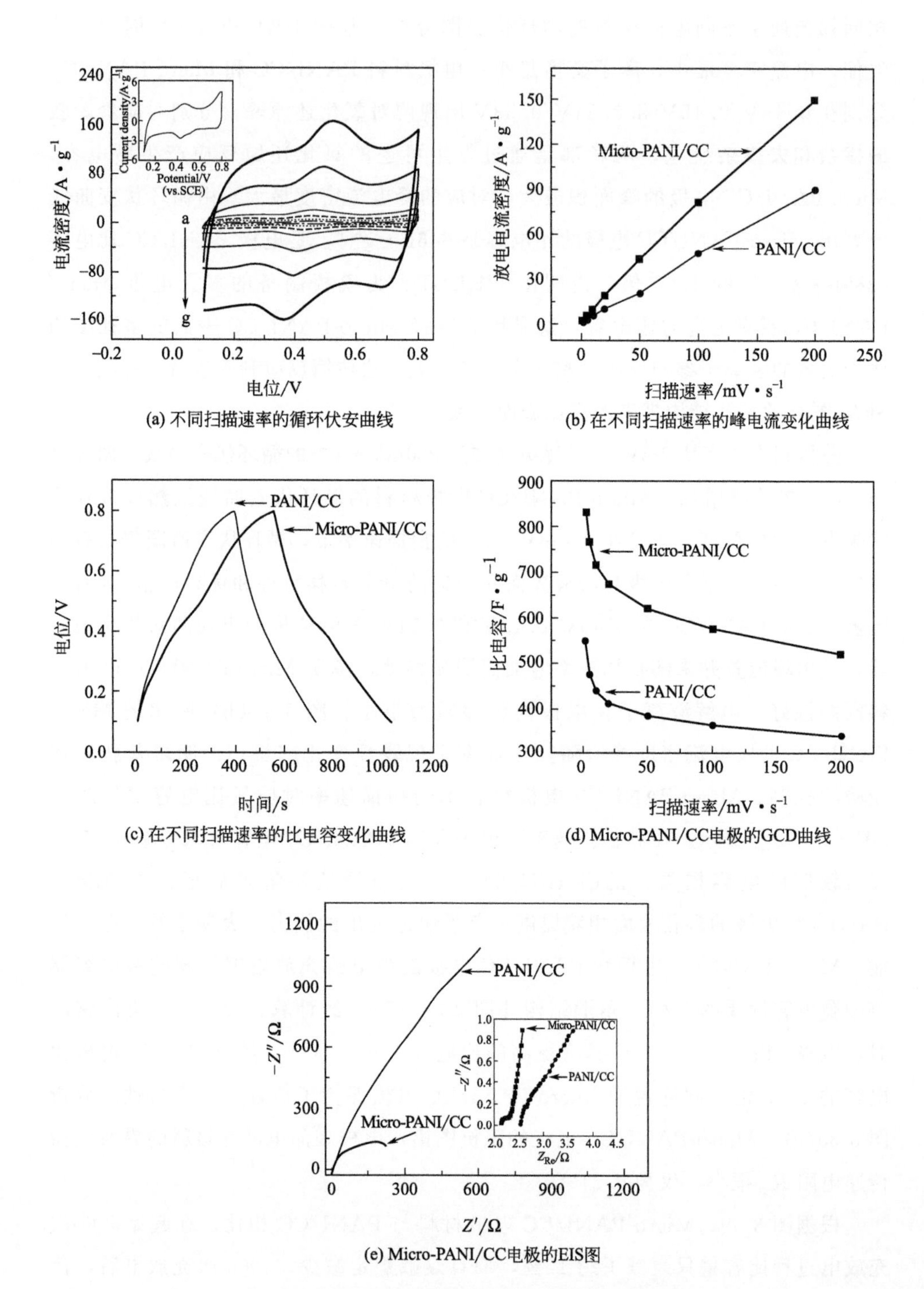

图 3-38　Micro-PANI/CC 电极电化学性能

电流充放电过程中聚苯胺不断融合，少量的微孔快速闭合，减小比表面积，比电容值下降迅速。而 Micro-PANI/CC，因有众多微孔，随着充放电进行，只是逐渐改变原有孔道结构，其容量衰减大幅度减小，提高了导电聚合物作为超级电容器材料的使用寿命。

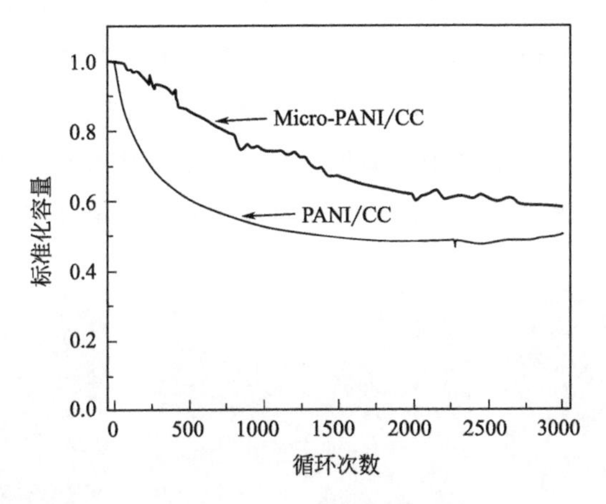

图 3-39　Micro-PANI/CC 电极循环寿命图（$10A \cdot g^{-1}$）

3.4　其他电活性功能材料在超级电容器中的应用

3.4.1　树枝状纳米 MnO_2/MWCNT 电活性功能材料及其超级电容器性能

金属氧化物的超级电容特性为法拉第赝电容，金属氧化物电极材料因表面及体相中发生氧化还原反应，可产生远高于碳电极材料双电层电容的法拉第赝电容，近年来成为国内外超级电容器电极材料的研究热点[101]。但金属氧化物机械性能和导电性较差，致其功率密度不高，稳定性欠缺。本课题组通过选取单极脉冲制备方法，进行材料结构设计、在预覆多壁碳纳米管（MWCNT）的铂片上复合了纳米团簇结构的多孔二氧化锰（MnO_2）薄膜，强化其电容性能。

3.4.1.1　树枝状纳米团簇结构 MnO_2 电活性功能材料的制备及反应机理

三电极体系：均匀覆盖 MWCNT 的 Pt 片为工作电极，铂丝为对电极，饱和甘汞电极为参比电极，采用单极脉冲法（UPED）将 MnO_2 可控制成团簇形成纳米树枝状结构沉积在 MWCNT 层上，形成多孔膜 MnO_2/MWCNT 复合电极材料。

电极材料的孔隙度是一种获得高电荷密度的电化学超级电容器的有效方法。通过控制单级脉冲电压和开、关断时间等参数，直径20～40nm的多壁碳纳米管上沉积了众多1～2μm直径的仙人球状固体微球［图3-40(a)］，高放大倍数下观察［图3-40(b)］，微球由浓密树枝状纳米团簇覆盖，纳米团簇的分支均匀，直径约10nm，长度约60nm，长径比为6.0，结构疏松，与δ-MnO_2形貌的生长各向异性相一致[102]。恒电位法沉积MnO_2/MWCNT［图3-40(c)］电极表面形貌均匀，但相对扁平，由短促的纳米棒堆积覆盖，纳米棒长径比为2.7。结构疏松的材料有利于电解液离子进入材料内部，利于进行法拉第反应。

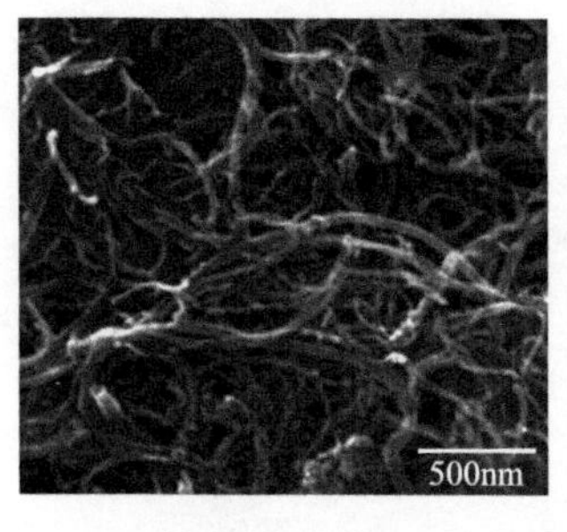

(a) MWCNT/Pt

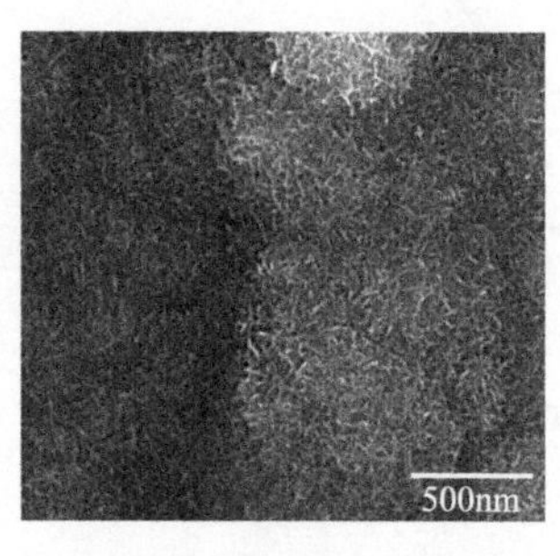

(b) MnO_2/MWCNT-UPED

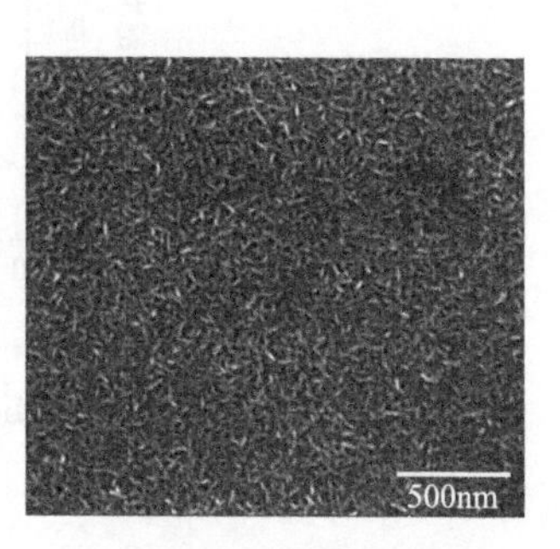

(c) MnO_2/MWCNT-PM

图3-40　不同制备方法制备MnO_2/MWCNT的SEM图

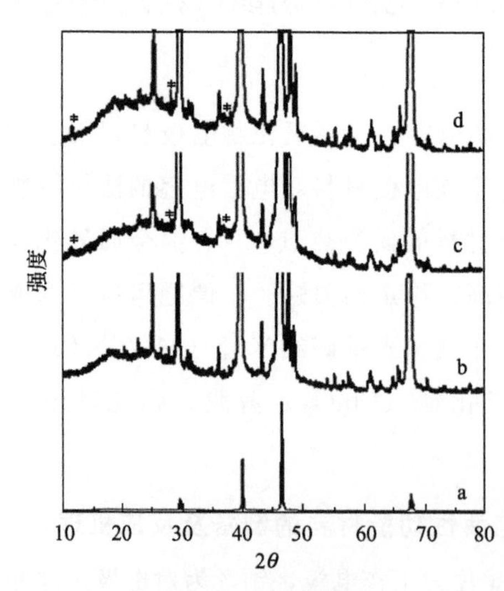

图3-41　XRD图谱

a—Pt；b—MWCNT/Pt；c—MnO_2/MWCNT-PM；d—MnO_2/MWCNT-UPED

对图3-41 XRD图分析，Pt片的XRD图显示$2\theta=30°$、40°、46°和68°处有四个强峰；在铂片上沉积MWCNT后约在$2\theta=26°$和43°处各显示一个新的衍射峰与石墨碳一致；由于MnO_2含量较低，在$2\theta=12°$、28.5°和37.2°附近观察到弱峰（*标识），可归属于Bi-nessite型MnO_2（JCPDS 42-1317，δ-MnO_2）的（001）、（002）和（110）平面[102,103]，与SEM观察到的规则形貌和生长各向异性相一致。

图3-42的XPS谱图显示出MnO_2的有效信息，由Mn2p可以看出，键能为642.2eV与653.5eV对应$Mn2p_{3/2}$、

$Mn2p_{1/2}$ 的键能，自旋分离能差为 11.59V，证明 Mn(Ⅳ) 的存在[104]。O1s 谱图中 Mn—O—Mn 键在 529.9eV，Mn—O—H 键在 531.3eV，以及 H—O—H 键在 532.9eV，与文献报道电沉积 MnO_2 薄膜一致[105]。

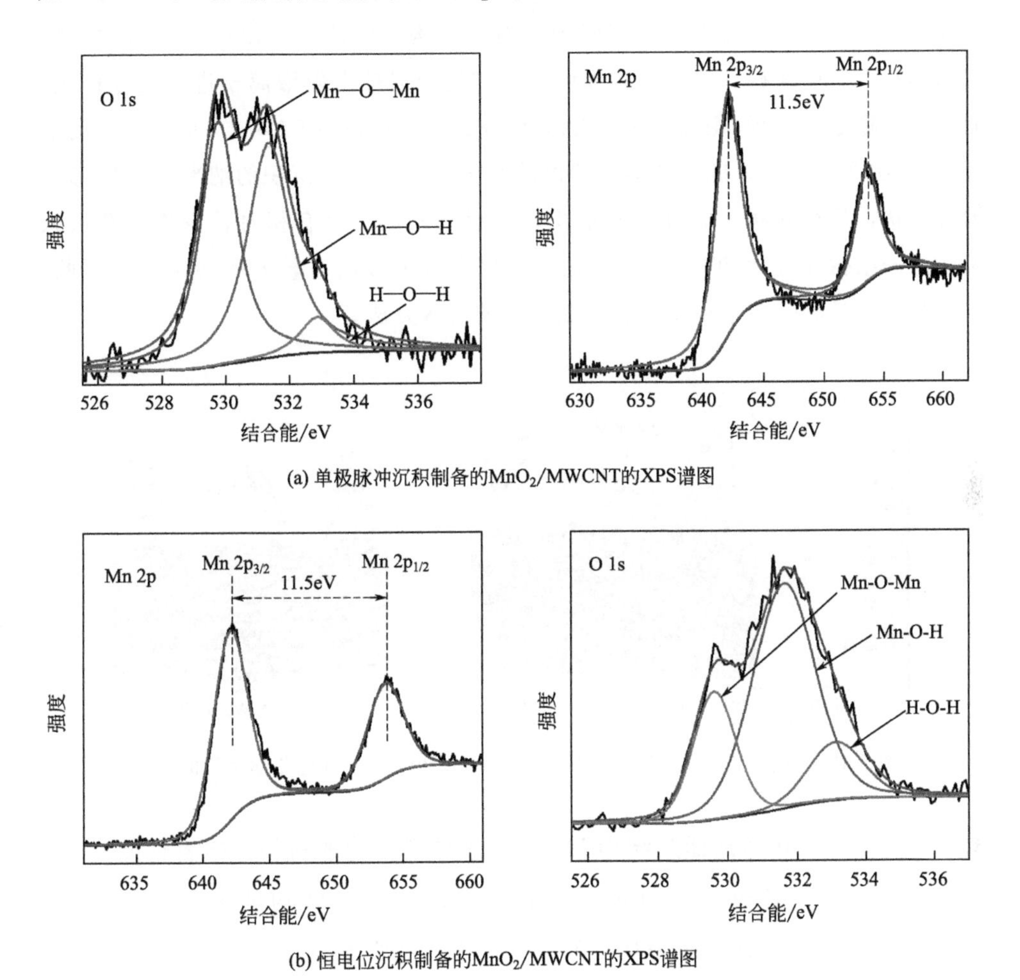

图 3-42　MnO_2/MWCNT 电极材料的 XPS 谱图

MnO_2 作为超级电容器电极材料，主要是在中性电解液中研究其电容器性能。关于它的存能机理，目前提出两种：①表面化学吸附-解吸过程只发生在电解质离子和电极表面之间[106,107]，比表面积占最终比电容的主导地位；②插层/脱层过程，含有 MnO_2 的电解质离子出现在电极的内部和表面[108]，其中离子导电性主要负责产生比电容。两种机制都涉及锰（Ⅲ）和锰（Ⅳ）之间的氧化还原反应。在 MnO_2 进行充放电过程中，不是单一的机理进行储能，而是两个过程同时进行，但 MnO_2 的形貌结构会决定到底哪种过程占主导地位。

图 3-43 为 MnO_2/MWCNT-UPED 和 MnO_2/MWCNT-PM 电化学沉积的机理图。用单极脉冲法沉积的纳米 MnO_2 的形貌为树枝状，成千上万的树枝状 MnO_2 单体聚集在一起形成一层联通的有孔结构，树枝状 MnO_2 相互搭建成稳定鸟巢状，结构疏松。这种结构提供充足的通道以使电解液离子进行快速扩散，而且足够稳定，后续 MnO_2/MWCNT-UPED 电极可以在 $5A \cdot g^{-1}$ 的电流密度下经 2000 次充放电后还能保持其初始值的 97%。恒电位法沉积的纳米 MnO_2 形貌为短棒状，呈纺锤状，而且紧密堆积，形成致密的、具有相对较少连通孔道系统，这一结构在进行 2000 次充放电后，比电容下降而有较差的稳定性。因此，单极脉冲法是制备多孔稳定复合电极材料的有效方法。

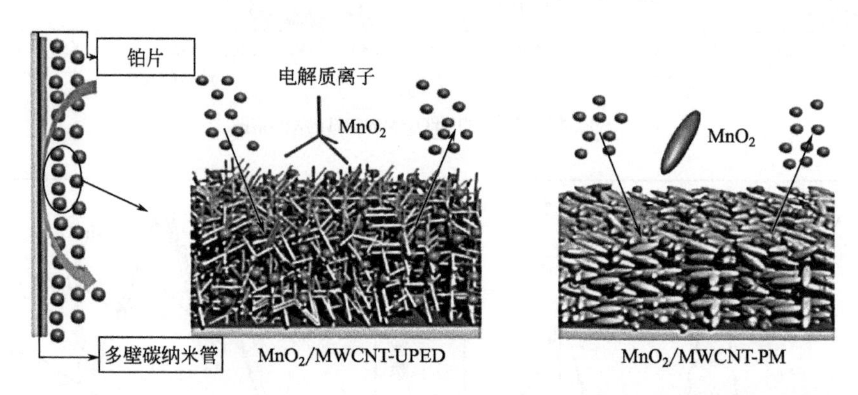

图 3-43 MnO_2/MWCNT-UPED 和 MnO_2/MWCNT-PM 电化学沉积的机理

3.4.1.2 树枝状纳米团簇结构 MnO_2 薄膜电活性功能材料的电容性能

电极 MnO_2/MWCNT-UPED 和 MnO_2/MWCNT-PM 均呈现对称的准矩形曲线（图 3-44），表现出较为规则的对称矩形，说明 MnO_2/MWCNT 电极材料有理想的电容器性能，MnO_2/MWCNT-UPED 具有更快的可逆法拉第响应和更好的电化学行为，归功于树枝状 MnO_2 层比纺锤状纳米颗粒组成扁平层状具有大的通道，供电解质和内部离子快速扩散。

分析图 3-45(a) 与 (b)，扫描速率逐渐增大，MnO_2/MWCNT-UPED 电极的 CV 曲线逐渐由准矩形变为纺锤形；电极的相应比电容从 $553.0F \cdot g^{-1}$ 降至 $193.0F \cdot g^{-1}$；MnO_2/MWCNT-UPED 电极的 GCD 曲线呈对称三角形 [图 3-45(c)]，并且在放电初始时刻很难观察到电压降，电流密度从 $1.0A \cdot g^{-1}$ 增加到 $20.0A \cdot g^{-1}$ 时，比电容从 $388.0F \cdot g^{-1}$ 下降到 $275.0F \cdot g^{-1}$ [图 3-45(d)]，电容保持率 70.8%。因此，该电极具有良好的电容性能和良好的法拉第

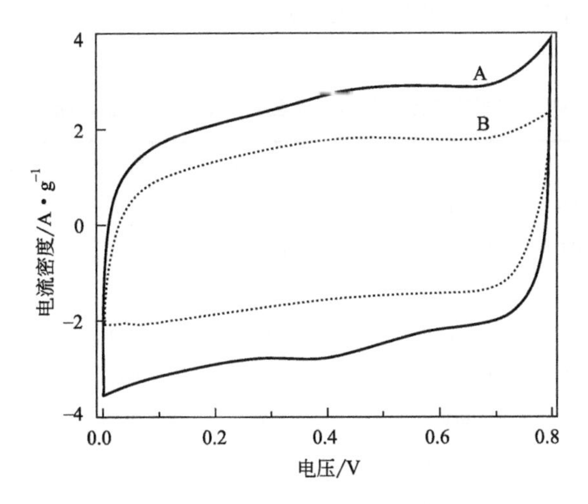

图 3-44　不同方法制备的 MnO_2/MWCNT 在扫描速率 5.0mV・s^{-1}时的 CV 曲线

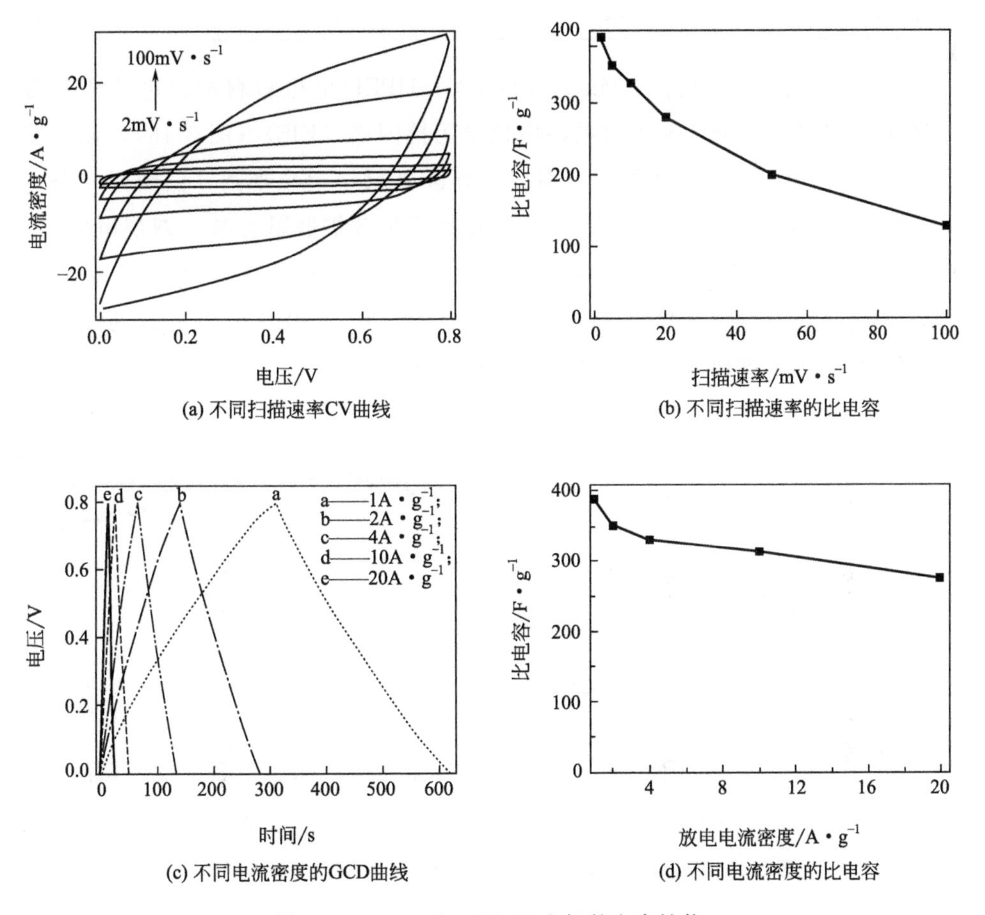

图 3-45　MnO_2/MWCNT 电极的电容性能

反应可逆性，比电容、循环性能结果均高于表 3-4 中列出的相似条件下的多数结果。

表 3-4 不同方法制备 MnO_2 基复合电极的比电容及循环性能

电解液	电流/扫描速率	比电容/$F \cdot g^{-1}$	循环次数	保持率	参考文献
0.1 $mol \cdot L^{-1} Na_2SO_4$	0.5$A \cdot g^{-1}$	169	800	82%	[109]
0.1 $mol \cdot L^{-1} Na_2SO_4$	1.0$A \cdot g^{-1}$	374	1000	94%	[110]
0.5 $mol \cdot L^{-1} Na_2SO_4$	1.0$A \cdot g^{-1}$	375	500	93%	[111]
1.0 $mol \cdot L^{-1} Na_2SO_4$	0.5$A \cdot g^{-1}$	349	5000	99.7%	[102]
1.0$mol \cdot L^{-1} Na_2SO_4$	1.0$A \cdot g^{-1}$	320	2000	81%	[112]
0.1$mol \cdot L^{-1} Na_2SO_4$	1.0$mV \cdot s^{-1}$	210	30	100%	[113]
0.5 $mol \cdot L^{-1} Na_2SO_4$	2.0$mV \cdot s^{-1}$	152	100	99%	[114]
1.0 $mol \cdot L^{-1} Na_2SO_4$	2.0$mV \cdot s^{-1}$	234	1000	80%	[115]
1.0 $mol \cdot L^{-1} Na_2SO_4$	2.0$mV \cdot s^{-1}$	495	5000	49.5%	[116]
0.5 $mol \cdot L^{-1} Na_2SO_4$	2.0$mV \cdot s^{-1}$	553	2000	97%	本课题组工作

分析单极脉冲法制备的 MnO_2/MWCNT-UPED 电极材料和恒电位法制备的 MnO_2/MWCNT-PM 电极材料的电化学阻抗图谱（EIS）（图 3-46），显示在 0.5$mol \cdot L^{-1} Na_2SO_4$ 电解质中分别在高频区显示一个小半圆，低频区一条直线。等效电路由等效串联电阻 R_e、电解液离子扩散扩散阻力 W、双层电容 C_{dl} 和活性材料与电极界面之间电荷转移电阻 R_{ct} 的并联组合相串联。R_e 分别为 5.5Ω、6.7Ω，R_{ct} 为 6.8Ω、7.1Ω。MnO_2/MWCNT-UPED 电极材料的结构决定其 R_{ct} 小，电子和离子可以快速的转移和迁移。

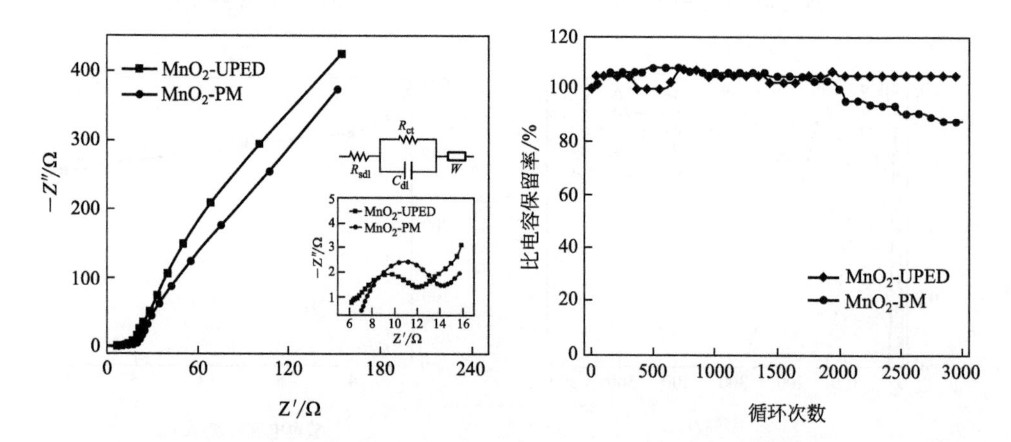

图 3-46 MnO_2/MWCNT 电极的 EIS 图和 GCD 循环寿命图

5.0$A \cdot g^{-1}$ 电流密度的充放电循环测试显示，经过 2000 次循环后，单级脉

冲法制备的 MnO_2/MWCNT 电极材料可保留超过 97%的比电容，说明具有好的循环寿命和保持率。恒电位法制备的 MnO_2/MWCNT 电极材料的比电容减小相对较快，因为恒电位法沉积的 MnO_2 薄膜中有丰富的 Mn—O—H 键态（XPS），Mn—O—H 键的存在影响沉积过程中 MnO_2 薄膜结构的稳定性。

综上所述，电活性功能材料的制备方法决定材料结构，材料的结构决定其性能，由于单极脉冲方法制备的 MnO_2 具有多孔道稳定的结构，该方法制备的 MnO_2/MWCNT 电极材料表现出优良的比电容性能。

3.4.2 NiHCF-NCs/CFs 电活性功能材料的电容器性能

普鲁士蓝过渡金属类似物（MHCF，$A_hM_k[Fe(CN)_6]_1 \cdot mH_2O$，A 为碱金属离子，M 为过渡金属离子）是以电化学可逆的 Fe(Ⅱ/Ⅲ）为中心，通过氰键（—CN—）与过渡金属离子连接而构成的一种类似分子筛结构的无机配位化合物，$Fe^{Ⅲ}$ 和 $Fe^{Ⅱ}$ 电价的改变和电解质溶液中离子的进出维持电平衡，用于电化学能量存储领域[117,118]。

3.4.2.1 NiHCF-NCs/CF 电活性功能材料的制备与反应机理

以碳纤维（CF）为工作电极，铂丝为对电极，Ag/AgCl 为参比电极，采用单极脉冲方法在柔性碳纤维上均匀沉积制备立方纳米结构铁氰化镍（NiHCF-NC）电极材料，其制备过程如图 3-47 所示。

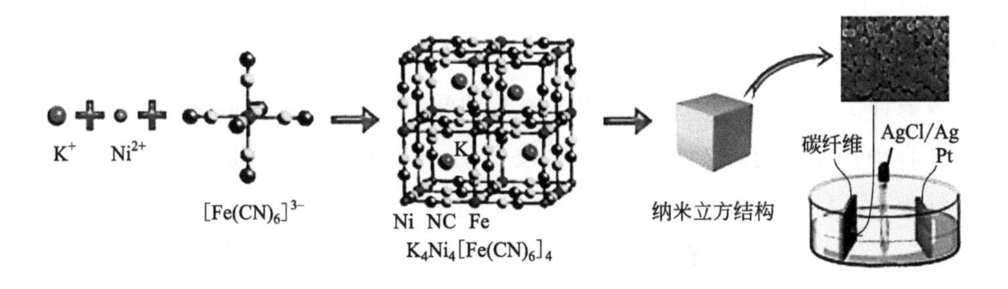

图 3-47　NiHCF-NC 电极材料制备过程示意图

单极脉冲制备 NiHCF 有两种途径。$Fe(CN)_6^{4-}$/$Fe(CN)_6^{3-}$ 的电极电位 0.358V（vs. SCE），在开时间 t_{on} 期间，脉冲电位大于 0.358V 时，溶液中处于氧化态的 $Fe(CN)_6^{3-}$ 迁移至工作电极表面与 Ni^{2+} 直接反应生成 NiHCF；当脉冲电位小于 0.358V 时，溶液中 $Fe(CN)_6^{3-}$ 首先还原为 $Fe(CN)_6^{4-}$，然后在电极表面与 Ni^{2+} 反应生成 NiHCF。

如图 3-48(a) 所示，脉冲电位为 0.3V（<0.358V），脉冲沉积开始瞬间，电极表面双电层电容迅速充电，开路电压迅速上升到 0.34V，$Fe(CN)_6^{3-}$ 还原为 $Fe(CN)_6^{4-}$ 产生电流，瞬间达到 −0.069mA，在碳纤维 CF 上开始形成 NiHCF-NC。之后，在第一个截断时间 t_{off} 内，双电层电容放电，开路电压从 0.34V 降低至 0.31V；此后随着膜厚度逐渐增加，沉积过程变得稳定［图 3-48(b)］，第 1000 个脉冲周期结束时，峰值电流减小到 0.019mA，表明仅发生痕量的沉积。

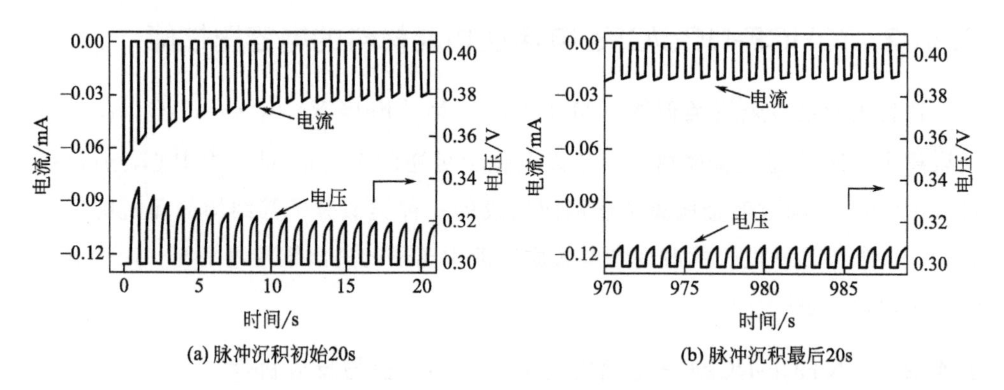

图 3-48　0.3V 脉冲电压下 NiHCF-NC 形成期间电压、电流随时间瞬时变化图

分析 0.2～0.7V 不同脉冲电压条件沉积 NiHCF-NC 的 SEM 图，探讨脉冲电位对 NiHCF-NC 电极材料结构的影响，以及材料结构对超电容性能的影响。图 3-49 中均为立方面心结构，且 NiHCF 纳米粒子离散地排列在 CF 上，表明在施加周期性脉冲电位期间，K^+、Ni^{2+} 和 $Fe(CN)_6^{3-}$ 离子周期性地组装并散布在电极表面上[119]。单极脉冲过程中关断期间的电流为零，此时开路电位逐渐调谐并自动控制，有效避免突然的电位变化，开路电压时是晶核长大过程，此时碳纤维 CF 上可均匀形成纳米立方结构 NiHCF。脉冲电位 0.3V 时，CF 上形成约 200nm 边长的均匀纳米立方结构。因 $Fe(CN)_6^{4-}$ 与 Ni^{2+} 的络合能力远强于 $Fe(CN)_6^{3-}$，0.2V 脉冲电压下，$Fe(CN)_6^{4-}$ 和 Ni^{2+} 之间的反应速率快，形成堆叠的 NiHCF-NC 膜。脉冲电压大于 0.3V 时，在碳纤维表面形成的 NiHCF-NC 零散、不均匀分布。

NiHCF 具有两种典型结构，“可溶（s-NiHCF)”和“不可溶（i-NiHCF)”结构[120,121]。Ni/Fe 化学计量比为 1∶1，是可溶结构 s-NiHCF，富含 K^+；Ni/Fe 化学计量比高时，为不溶性结构 i-NiHCF，K^+ 含量相对少；s-NiHCF 和 i-NiHCF的离子交换过程如下：

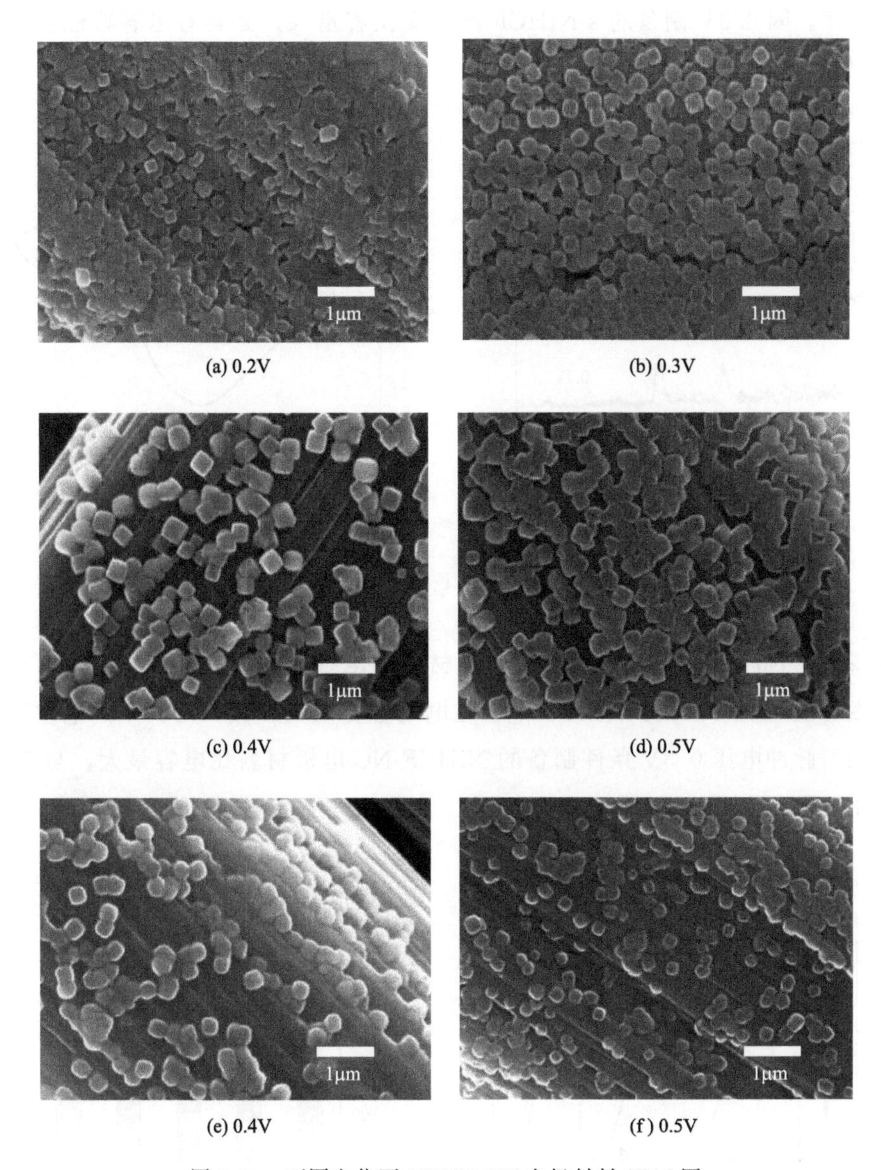

(a) 0.2V　(b) 0.3V　(c) 0.4V　(d) 0.5V　(e) 0.4V　(f) 0.5V

图 3-49　不同电位下 NiHCF-NC 电极材料 SEM 图

$$\text{s-NiHCF:} K_4Ni_4^{II}[Fe^{III}(CN)_6]_4 + 4K^+ + 4e^- \longrightarrow K_8Ni_4^{II}[Fe^{II}(CN)_6]_4 \quad (3\text{-}9)$$

$$\text{i-NiHCF:} KNi_4^{II}[Fe^{III}(CN)_6]_4 + 3K^+ + 3e^- \longrightarrow K_3Ni_4^{II}[Fe^{II}(CN)_6]_3 \quad (3\text{-}10)$$

在 s-NiHCF 结构的每个晶胞中可以交换四个 K^+，而在 i-NiHCF 结构的每个晶胞中仅交换三个 K^+。由其 EDS 图［图 3-50(a)］和循环伏安图［图 3-50(b)］，说明 0.7V 脉冲电位制备的为 i-NiHCF，显示“不可溶”结构，0.3V 制备的 NiHCF-NC 为以“可溶”结构占比大的“可溶、不可溶”混合结构，表示为

s-NiHCF。因0.3V制备的s-NiHCF离子交换容量大，是具有电容特性前途的电极材料。

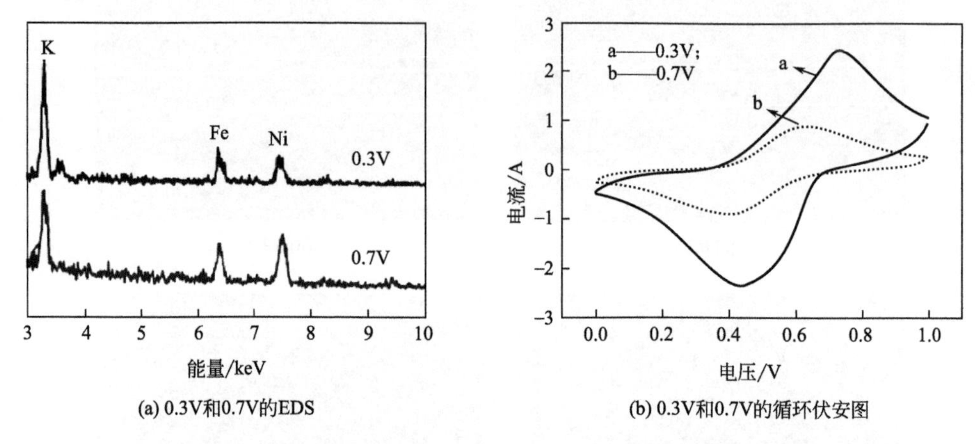

(a) 0.3V和0.7V的EDS

(b) 0.3V和0.7V的循环伏安图

图3-50 不同电位脉冲沉积制备NiHCF-NC电极材料的EDS图和循环伏安图

3.4.2.2 NiHCF-NCs/CF电活性功能材料的电容性能

图3-51显示NiHCF-NC/CF电极在电流密度0.2A·g^{-1}时，不同电位下的性能图。脉冲电压0.3V条件制备的NiHCF-NC电极材料比电容最大，与SEM图结果一致。

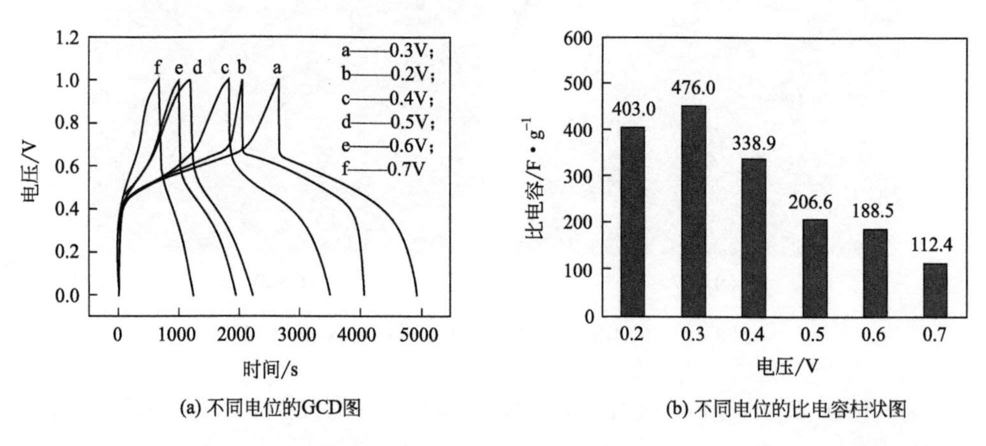

(a) 不同电位的GCD图

(b) 不同电位的比电容柱状图

图3-51 不同电位脉冲沉积制备NiHCF-NC/CF电极材料的GCD图与比电容值

分析不同扫描速率的循环伏安曲线［图3-52(a)］，明显的氧化还原峰表明电容主要源于NiHCF氧化还原反应形成的赝电容。NiHCF-NC/CF电极的充、放电曲线放电曲线出现三个阶段（0.0～0.4V；0.4～0.63V；0.63～1.0V），如图3-52(b)，电位和时间的线性关系（0.0～0.4V），表示电化学双层电容（EDLC）

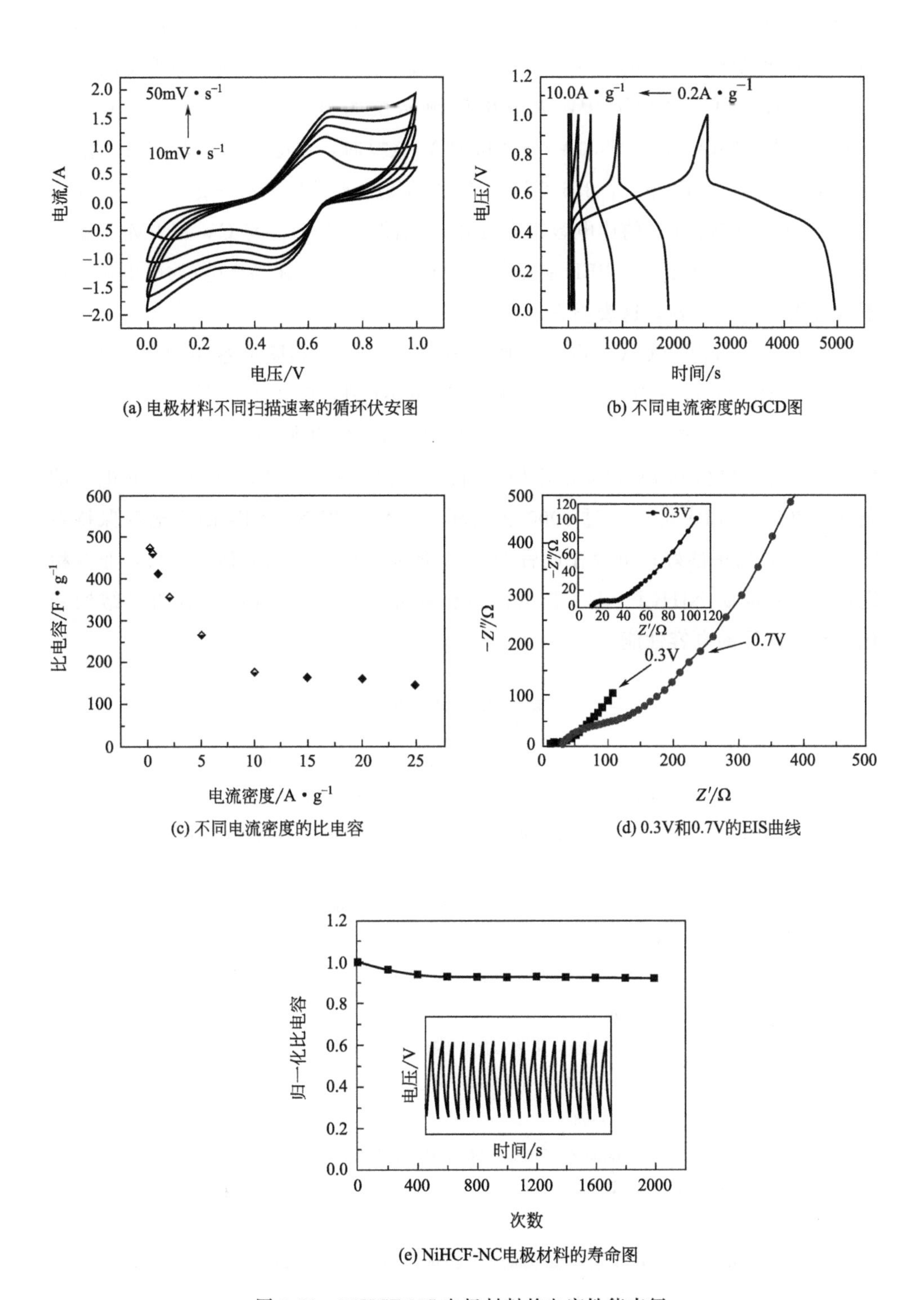

(a) 电极材料不同扫描速率的循环伏安图

(b) 不同电流密度的GCD图

(c) 不同电流密度的比电容

(d) 0.3V和0.7V的EIS曲线

(e) NiHCF-NC电极材料的寿命图

图 3-52　NiHCF-NC 电极材料的电容性能表征

行为，是由电极和电解质界面之间的亥姆霍兹双层中发生的存储电荷分离引起的；电极和电解质之间的界面处的化学反应使0.4～0.63V段显示典型的赝电容行为。同时，图3-52(b)中，充放电电流密度为$0.2A \cdot g^{-1}$、$0.5A \cdot g^{-1}$、$1.0A \cdot g^{-1}$、$2.0A \cdot g^{-1}$、$5.0A \cdot g^{-1}$和$10A \cdot g^{-1}$时，比电容计算为$476F \cdot g^{-1}$，$454.5F \cdot g^{-1}$，$413F \cdot g^{-1}$，$356.6F \cdot g^{-1}$，$266.5F \cdot g^{-1}$和$176F \cdot g^{-1}$。$10A \cdot g^{-1}$之后，NiHCF-NC/CF的比电容略有变化，如图3-52(c)。与CV和PM制备的NIHCF-NC/CFs相比，UPED制备的NiHCF NCs/CFs在高充电/放电电流密度下具有更高的比电容，这表明它具有更好的电活性。

因此，NiHCF-NC/CF电极的比电容具有EDLC和赝电容器的两种性质。分析图3-52(d) NiHCF-NC/CF电极的Nyquist图，0.3V的脉冲电位制备的NiHCF-NC/CF电极材料的高频区域圆弧对应的R_{ct}和低频区域直线对应的R_s值远小于脉冲电位0.7V制备的电极材料。图3-52(e)为NiHCF-NC/CF电极的循环充电/放电稳定性。经过8000次循环后，NiHCF-NC/CFs的比电容保持在约92.5%，倍率性好；电极在最后18个循环充电放电曲线对称、平行，非常稳定，进一步证明NiHCF-NC/CF电极材料在充电/放电过程中没有明显结构变化，具有优异的电容性能。

参 考 文 献

[1] Poizot P，Dolhem F. Clean energy new deal for a sustainable world：from non-CO_2 generating energy sources to greener electrochemical storage devices [J]. Energ Environ Sci，2011，4 (6)：2003-2019.

[2] Shao M，Ning F，Zhao Y，et al. Core-Shell Layered Double Hydroxide Microspheres with Tunable Interior Architecture for Supercapacitors [J]. Chem Mater，2012，24 (6)：1192-1197.

[3] Miller J R，Simon P. Materials science. Electrochemical capacitors for energy management [J]. Science，2008，321 (5889)：651-652.

[4] Winter M，Brodd R J. What are batteries，fuel cells，and supercapacitors? [J]. Chem Rev，2004，104 (10)：4245-4270.

[5] 袁国辉. 电化学电容器 [M]. 北京：化学工业出版社. 2006.

[6] Liu C，Yu Z，Neff D，et al. Graphen-based supercapacitor with an ultrahigh energy density [J]. Nano Lett，2010，10 (12)：4863-4868.

[7] Elmouwahidi A，Zapata-Benabithe Z，Carrasco-Marin F，et al. Activated carbons from KOH-activation of argan (Argania spinosa) seed shells as supercapacitor electrodes [J]. Bioresource Technol，2012，111：185-190.

[8] An K H，Kim W S，Park Y S，et al. Electrochemical properties of high power supercapacitors using single walled carbon nanotube electrodes [J]. Adv Funct Mater，2001. 11 (5)：387-392.

[9] Yan J，Liu J，Fan Z，et al. High-performance Supercapacitor electrodes based on highly corrugated

graphene sheet [J]. Carbon，2012，50 (6)：2179-2188.

[10] 翟登云 . 高能量密度超级电容器的电极材料研究 [D]. 北京：清华大学，2011.

[11] Kodama M，Yamashita J，Soneda Y，et al. Preparation and electrochemical characteristics of N-enriched carbon foam [J]. Carbon，2007，45 (5)：1105-1107.

[12] Simon P，Gogotsi Y. Materials for electrochemical capacitors [J]. Nat Mater，2008，7 (11)：845-854.

[13] Zhai Y，Dou Y，Zhao D，et al. Carbon materials for chemical capacitive energy storage [J]. Adv Mater，2011，23 (42)：4828-4850.

[14] Li J，Xie H，Li Y，et al. Electrochemical properties of graphene nanosheets/polyaniline nanofibers composites as electrode for supercapacitors [J]. J. Power Sources，2011，196 (24)：10775-10781.

[15] Qu Q，Li L，Tian S，et al. A cheap asymmetric supercapacitor with high energy at high power：Activated carbon//$K_{0.27}MnO_2 \cdot 0.6H_2O$ [J]. J. Power Sources，2010，195 (9)：2789-2794.

[16] Athouel L，Moser F，Dugas R，et al. Variation of the MnO_2 birnessite structure upon charge/discharge in an electrochemical supercapacitor electrode in aqueous Na_2SO_4 electrolyte [J]. J Phys Chem C，2008，112 (18)：7270-7277.

[17] Babakhani B，Ivey D G. Anodic deposition of manganese oxide electrodes with rod-like structures for application as electrochemical capacitors [J]. J. Power Sources，2010，195 (7)：2110-2117.

[18] Wang D W，Li F，Cheng H M. Hierarchical porous nickel oxide and carbon as electrode materials for asymmetric supercapacitor [J]. J Power Sources，2008，185 (2)：1563-1568.

[19] Nakayama M，Tanaka A，Sato Y，et al. Electrodeposition of manganese and molybdenum mixed oxide thin films and their charge storage properties [J]. Langmuir，2005，21 (13)：5907-5913.

[20] Cottineau T，Toupin M，Delahaye T，et al. Nanostructured transition metal oxides for aqueous hybrid electrochemical supercapacitors [J]. Appl Phys a-Mater，2006，82 (4)：599-606.

[21] Peng C，Jin J，Chen G Z. A comparative study on electrochemical co-deposition and capacitance of composite films of conducting polymers and carbon nanotubes [J]. Electrochim Acta，2007，53 (2)：525-537.

[22] Cho S I，Lee S B. Fast electrochemistry of conductive polymer nanotubes：Synthesis，mechanism，and application [J]. Accounts Chem Res，2008，41 (6)：699-707.

[23] Malinauskas A，Malinauskiene J，Ramanavicius A. Conducting polymer-based nanostructurized materials：electrochemical aspects [J]. Nanotechnology，2005，16 (10)：R51-R62.

[24] Nagaraju G，Raju G S，Ko Y H，et al. Hierarchical Ni-Co layered double hydroxide nanosheets entrapped on conductive textile fibers：a cost-effective and flexible electrode for high-performance pseudocapacitors [J]. Nanoscale，2015，8 (2)：812-825.

[25] Li X，Shen J，Sun W，et al. A super-high energy density asymmetric supercapacitor based on 3D core-shell structured NiCo-layered double hydroxide@ carbon nanotube and activated polyaniline-derived carbon electrodes with commercial level mass loading [J]. J Mater Chem A，2015，3 (25)：13244-13253.

[26] Chen H，Hu L，Chen M，et al. Nickel-cobalt layered double hydroxide nanosheets for high-perform-

ance supercapacitor electrode materials [J]. Adv Funct Mater, 2014, 24 (7): 934-942.

[27] Wang L, Wang D, Dong X Y, et al. Layered assembly of graphene oxide and Co-Al layered double hydroxide nanosheets as electrode materials for supercapacitors [J]. Chem Commun, 2011, 47 (12): 3556-3558.

[28] Huang J, Lei T, Wei X, et al. Effect of Al-doped β-$Ni(OH)_2$ nanosheets on electrochemical behaviors for high performance supercapacitor application [J]. J. Power Sources, 2013, 232: 370-375.

[29] Song F, Hu X. Ultrathin cobalt-manganese layered double hydroxide is an efficient oxygen evolution catalyst [J]. J Am Chem Soc, 2014, 136 (47): 16481-16484.

[30] Zhu Y, Li H, Koltypin Y, et al. Preparation of nanosized cobalt hydroxides and oxyhydroxide assisted by sonication [J]. J Mater Chem, 2002, 12 (3): 729-733.

[31] Jagadale A D, Guan G Q, Li X, et al. Ultrathin nanoflakes of cobalt-manganese layered double hydroxide with high reversibility for asymmetric supercapacitor [J]. J Power Sources, 2016, 306: 526-534.

[32] Mcintyre N, Cook M. X-ray photoelectron studies on some oxides and hydroxides of cobalt, nickel, and copper [J]. Anal Chem, 1975, 47 (13): 2208-2213.

[33] Lee J W, Ahn T, Soundararajan D, et al. Non-aqueous approach to the preparation of reduced graphene oxide/alpha-$Ni(OH)_2$ hybrid composites and their high capacitance behavior [J]. Chem Commun, 2011, 47 (22): 6305-6307.

[34] Wang H, Xiang X, Li F. Facile synthesis and novel electrocatalytic performance of nanostructured Ni-Al layered double hydroxide/carbon nanotube composites [J]. J Mater Chem, 2010, 20 (19): 3944-3952.

[35] Liang J, Ma R, Iyi N, et al. Topochemical Synthesis, Anion exchange, and exfoliation of Co-Ni layered double hydroxides: A route to positively charged Co-Ni hydroxide nanosheets with tunable composition [J]. Chem Mater, 2010, 22 (2): 371-378.

[36] Gupta V, Gupta S, Miura N. Potentiostatically deposited nanostructured Co_xNi_{1-x} layered double hydroxides as electrode materials for redox-supercapacitors [J]. J Power Sources, 2008, 175 (1): 680-685.

[37] Cheng Y, Zhang H, Varanasi C V, et al. Improving the performance of cobalt-nickel hydroxide-based self-supporting electrodes for supercapacitors using accumulative approaches [J]. Energ Environ Sci, 2013, 6 (11): 3314.

[38] Patil U M, Gurav K V, Fulari V J, et al. Characterization of honeycomb-like "β-$Ni(OH)_2$" thin films synthesized by chemical bath deposition method and their supercapacitor application [J]. J Power Sources, 2009, 188 (1): 338-342.

[39] Pan G X, Xia X, Cao F, et al. Porous $Co(OH)_2$/Ni composite nanoflake array for high performance supercapacitors [J]. Electrochim Acta, 2012, 63: 335-340.

[40] Luan F, Wang G, Ling Y, et al. High energy density asymmetric supercapacitors with a nickel oxide nanoflake cathode and a 3D reduced graphene oxide anode [J]. Nanoscale, 2013, 5 (17): 7984-7990.

［41］ Sun X，Jiang Z，Li C，et al. Facile synthesis of Co_3O_4 with different morphologies loaded on amine modified graphene and their application in supercapacitors [J]. J Alloy Compd，2016，685：507-517.

［42］ Jing M，Hou H，Banks C E，et al. Alternating voltage introduced NiCo double hydroxide layered nanoflakes for an asymmetric supercapacitor [J]. ACS Appl Mater Inter，2015，7 (41)：22741-22744.

［43］ Fan Z，Yan J，Wei T，et al. Asymmetric supercapacitors based on graphene/MnO_2 and activated carbon nanofiber electrodes with high power and energy density [J]. Adv Funct Mater，2011，21 (12)：2366-2375.

［44］ Tao Y，Haiyan Z，Ruiyi L，et al. Microwave synthesis of nickel/cobalt double hydroxide ultrathin flowerclusters with three-dimensional structures for high-performance supercapacitors [J]. Electrochim Acta，2013，111：71-79.

［45］ Jing M，Yang Y，Zhu Y，et al. An asymmetric ultracapacitors utilizing α-$Co(OH)_2$/Co_3O_4 flakes assisted by electrochemically alternating voltage [J]. Electrochim Acta，2014，141：234-240.

［46］ Wang X，Sumboja A，Lin M，et al. Enhancing electrochemical reaction sites in nickel-cobalt layered double hydroxides on zinc tin oxide nanowires：a hybrid material for an asymmetric supercapacitor device [J]. Nanoscale，2012，4 (22)：7266-7272.

［47］ Warsi M F，Shakir I，Shahid M，et al. Conformal coating of cobalt-nickel layered double hydroxides nanoflakes on carbon fibers for high-performance electrochemical energy storage supercapacitor devices [J]. Electrochim Acta，2014，135：513-518.

［48］ Cai X，Shen X，Ma L，et al. Solvothermal synthesis of NiCo-layered double hydroxide nanosheets decorated on RGO sheets for high performance supercapacitor [J]. Chem Eng J，2015，268：251-259.

［49］ Chen H，Hu L，Chen M，et al. Nickel-cobalt layered double hydroxide nanosheets for high-performance supercapacitor electrode materials [J]. Adv Funct Mater，2014，24 (7)：934-942.

［50］ Ajay D J，Guan G Q，Li X M，et al. Ultrathin nanoflakes of cobaltemanganese layered double hydroxide with high reversibility for asymmetric supercapacitor [J]. J Power Sources，2016，306：526-534.

［51］ Zhao J W，Chen J L，Xu S M，et al. CoMn-layered double hydroxide nanowalls supported on carbon fibers for high-performance flexible energy storage devices [J]. J Mater Chem，2013，1：8836-8843.

［52］ Song F，Hu X L. Ultrathin cobalt-manganese layered double hydroxide is an efficient oxygen evolution catalyst [J]. J Am Chem Soc，2014，136 (47)：16481-16484.

［53］ Xia H，Meng Y S，Lai M O，et al. Structural and electrochemical properties of $LiNi_{0.5}Mn_{0.5}O_2$ thin-film electrodes prepared by pulsed laser deposition batteries and energy storage [J]. J Electrochem Soc，2010，157 (3)：A348-A354.

［54］ Fan G L，Wang H，Xiang X，et al. Co-Al mixed metal oxides/carbon nanotubes nanocomposite prepared via a precursor route and enhanced catalytic property [J]. J. Solid State Chem.，2013，197：14-22.

［55］ Zhao J W，Chen J，Xu S M，et al. Hierarchical NiMn layered double hydroxide/carbon nanotubes architecture with superb energy density for flexible supercapacitors [J]. Adv Funct Mater, 2014, 24 (20): 2938-2946.

[56] Cong H P, Ren X C, Wang P, et al. Flexible graphene-polyaniline composite paper for high-performance supercapacitor [J]. Energ Environ Sci, 2013, 6: 1185-1191.

[57] Cheng G H, Yang W F, Dong C Q, et al. Ultrathin mesoporous NiO nanosheet-anchored 3D nickel foam as an advanced electrode for supercapacitors [J]. J Mater Chem A, 2015, 3: 17469-17478.

[58] Liu M K, Tjiu W W, Pan J, et al. One-step synthesis of graphene nanoribbon-MnO_2 hybrids and their all-solid-state asymmetric supercapacitors [J]. Nanoscale, 2014, 6: 4233-4242.

[59] Luan F, Wang G M, Ling Y C, et al. High energy density asymmetric supercapacitors with a nickel oxide nanoflake cathode and a 3D reduced graphene oxide anode [J]. Nanoscale, 2013, 5: 7984-7990.

[60] Wang J G, Yang Y, Huang Z H, et al. A high-performance asymmetric supercapacitor based on carbon and carbon-MnO_2 nanofiber electrodes [J]. Carbon, 2013, 61: 190-199.

[61] Hsu C T, Hu C C. Synthesis and characterization of mesoporous spinel $NiCo_2O_4$ using surfactant-assembled dispersion for asymmetric supercapacitors [J]. J Power Sources, 2013, 242: 662-671.

[62] Dai C S, Chien P Y, Lin J Y, et al. Hierarchically Structured Ni_3S_2/carbon nanotube composites as high performance cathode materials for asymmetric supercapacitors [J]. ACS Appl Mater. Inter., 2013, 5 (22), 12168-12174.

[63] Ajay D J, Guan G Q, Li X M, et al. Binder-free electrodes of CoAl layered double hydroxide on carbon fibers for all-solid-state flexibleyarn supercapacitors [J]. Energy Technology, 2016, 4: 1-9.

[64] Huang Z C, Wang S L, Wang J P, et al. Exfoliation-restacking synthesis of coal-layered double hydroxide nanosheets/reduced graphene oxide composite for high performance supercapacitors [J]. Electrochim. Acta, 2015, 152: 117-125.

[65] Zhang W F, Ma C, Fang J H, et al. Asymmetric electrochemical capacitors with high energy and power density based on graphene/CoAl-LDH and activated carbon electrodes [J]. RSC Adv., 2013, 3: 2483-2490.

[66] Hu L B, Chen W, Xie X, et al. Symmetrical MnO_2-carbon nanotube-textile nanostructures for wearable pseudocapacitors with high mass loading [J]. ACS Nano, 2011, 5 (11): 8904-8913.

[67] Li Z C, Han J, Fan L, et al. The anion exchange strategy towards mesoporous α-$Ni(OH)_2$ nanowires with multinanocavities for high-performance supercapacitors [J]. Chem Commun, 2015, 51: 3053-3056.

[68] Xu J, Gai S L, He F, et al. A sandwich-type three-dimensional layered double hydroxide nanosheet array • g^{-1} raphene composite: fabrication and high supercapacitor performance [J]. J Mater Chem A, 2014, 2: 1022-1031.

[69] Jiang H, Ma J, Li C Z. Hierarchical porous $NiCo_2O_4$ nanowires for high-rate supercapacitors [J]. Chem Commun, 2012, 48: 4465-446.

[70] Wu D J, Xu S H, Li M, et al. Hybrid MnO_2/C nano-composites on a macroporous electrically con-

ductive network for supercapacitor electrodes [J]. J Mater Chem A，2015，3：16695-16707.

[71] Huang G J，Hou C Y，Shao Y L，et al. High-performance all-solid-state yarn supercapacitors based on porous graphene ribbons [J]. Nano Energy，2015，12：26-32.

[72] Lu X H，Yu M H，Wang G M，et al. H-TiO_2@MnO_2//H-TiO_2@C core-shell nanowires for high performance and flexible asymmetric supercapacitors [J]. Adv Mater，2013，25：267-272.

[73] Lu X H，Yu M H，Zhai T，et al. High energy density asymmetric quasi-solid-state supercapacitor based on porous vanadium nitride nanowire anode [J]. Nano Lett，2013，13 (6)：2628-2633.

[74] Meng Q H，Wu H P，Meng Y N，et al. High-performance all-carbon yarn micro-supercapacitor for an integrated energy system [J]. Adv Mater，2014，26，4100-4106.

[75] Hu C C，Lin X X. Ideally capacitive behavior and x-ray photoelectron spectroscopy characterization of polypyrrole：Effects of polymerization temperatures and thickness/coverage [J]. J Electrochem Soc，2002，149 (8)：A1049-A1057.

[76] Kim B C，Too C O，Kwon J S，et al. A flexible capacitor based on conducting polymer electrodes [J]. Synthetic Metals，2011，161 (11-12)：1130-1132.

[77] Zhou Y K，He B L，Zhou W J，et al. Electrochemical capacitance of well-coated single-walled carbon nanotube with polyaniline composites [J]. Electrochim Acta，2004，49 (2)：257-262.

[78] Muthulakshmi B，Kalpana D，Pitchumani S，et al. Electrochemical deposition of polypyrrole for symmetric supercapacitors [J]. J Power Sources，2006，158 (2)：1533-1537.

[79] Du X，Hao X G，Wang Z D，et al. Highly stable polypyrrole film prepared by unipolar pulse electro-polymerization method as electrode for electrochemical supercapacitor [J]. Synthetic Metals，2013，175：138-145.

[80] Yang P，Zhang J，Guo Y. Synthesis of intrinsic fluorescent polypyrrole nanoparticles by atmospheric pressure plasma polymerization [J]. Appl Surf Sci，2009，255 (15)：6924-6929.

[81] He C，Yang C，Li Y. Chemical synthesis of coral-like nanowires and nanowire networks of conducting polypyrrole [J]. Synthetic Metals，2003，139 (2)：539-545.

[82] Nicho M. E.，Hu H.. Fourier transform infrared spectroscopy studies of polypyrrole composite coatings [J]. Sol Energ Mat Sol C，2000，63 (4)：423-435.

[83] Li Y H，Wirth T，Huotari M，et al. No changeof brain extracellular catecholamine levels after acute catechol-o-methyltransferase inhibition：A microdialysis study in anaesthetized rats [J]. Eur J Pharmacol，1998，356 (2-3)：127-137.

[84] Xin B，Hao J. Reversibly switchable wettability [J]. Chem. Soc. Rev.，2010，39 (2)：769-782.

[85] Sharma R K，Rastogi A C，Desu S B. Pulse polymerized polypyrrole electrodes for high energy density electrochemical supercapacitor [J]. Electrochem Commun，2008，10 (2)：268-272.

[86] Li X，Zhitomirsky I. Capacitive behaviour of polypyrrole films prepared on stainless steel substrates by electropolymerization [J]. Mater Lett，2012，76：15-17.

[87] Wang Y G，Cheng L，Xia Y Y. Electrochemical profile of nano-particle coal double hydroxide/active carbon supercapacitor using koh electrolyte solution [J]. J Power Sources，2006，153 (1)：191-196.

[88] Lee H, Kim H, Cho M S, et al. Fabrication of polypyrrole (ppy) /carbon nanotube (cnt) composite electrode on ceramic fabric for supercapacitor applications [J]. Electrochim Acta, 2011, 56 (22): 7460-7466.

[89] Dubal D P, Lee S H, Kim J G, et al. Porouspolypyrrole clusters prepared by electropolymerization for a high performance supercapacitor [J]. J Mater Chem, 2012, 22 (7): 3044-3052.

[90] Nicho M E, Hu H. Fourier transform infrared spectroscopy studies of polypyrrole composite coatings [J]. Solar Energy Materials and Solar Cells, 2000, 63 (4): 423-435.

[91] Zhang D, Zhang X, Chen Y, et al. Enhanced capacitance and rate capability of graphene/polypyrrole composite as electrode material for supercapacitors [J]. J. Power Sources, 2011, 196 (14): 5990-5996.

[92] Wang J, Xu Y, Wang J, et al. High charge/discharge rate polypyrrole films prepared by pulse current polymerization [J]. Synthetic Met, 2010, 160 (17-18): 1826-1831.

[93] James S L. Metal-organic frameworks [J]. Chem Soc Rev, 2003, 32 (5): 276-288.

[94] Zhang Y, Lin B, Sun Y, et al. Carbon nanotubes@metal-organic frameworks as Mn-based symmetrical supercapacitor electrodes for enhanced charge storage [J]. RSC Adv, 2015, 5 (72): 58100-58106.

[95] Wang L, Feng X, Ren L, et al. Flexible Solid-State Supercapacitor Based on a Metal-Organic Framework Interwoven by Electrochemically-Deposited PANI [J]. J Am Chem Soc, 2015, 137 (15): 4920-4923.

[96] Wen P, Gong P, Sun J, et al. Design and synthesis of Ni-MOF/CNT composites and rGO/carbon nitride composites for an asymmetric supercapacitor with high energy and power density [J]. J Mater. Chem A, 2015, 3 (26): 13874-13883.

[97] Banerjee P C, Lobo D E, Middag R, et al. Electrochemical capacitance of Ni-doped metal organic framework and reduced graphene oxide composites: more than the sum of its parts [J]. ACS Appl Mater Inter, 2015, 7 (6): 3655-3664.

[98] Lu C, Ben T, Xu S, et al. Electrochemical synthesis of a microporous conductive polymer based on a metal-organic framework thin film [J]. Angewandte Chemie, 2014, 53 (25): 6454-6458.

[99] 栾琼，薛春峰，祝红叶，等．以金属有机骨架材料为模板制备多孔聚苯胺电极及其超级电容器性能研究 [J]. 电化学 . 2017, 23 (1), 13-20.

[100] Srimuk P, Luanwuthi S, Krittayavathananon A, et al. Solid-type supercapacitor of reduced graphene oxide-metal organic framework composite coated on carbon fiber paper [J]. Electrochim Acta, 2015, 157: 69-77.

[101] Wei W, Cui X, Chen W, et al. Manganese oxide-based materials as electrochemical supercapacitor electrodes [J]. Chem Soc Rev, 2011, 40: 1697-1721.

[102] Ma S B, Ahn K Y, Lee E S, et al. Synthesis and characterization of manganese dioxide spontaneously coated on carbon nanotubes [J]. Carbon, 2007, 45: 375-382.

[103] Higgins T M, McAteer D, Coelho J C M, et al. Effect of percolation on the capacitance of superca-

pacitor electrodes prepared from composites of manganese dioxide nanoplatelets and carbon nanotubes [J]. ACS Nano，2014，8：9567-9579.

[104] Dong X，Shen W，Gu J，et al. MnO_2 embedded in mesoporous carbon wall structure for use as electrochemical capacitors [J]. J Phys Chem B，2006，110 (12)：6015-9.

[105] Xia H，Feng J，Wang H，et al. MnO_2 nanotube and nanowire arrays by electrochemical deposition for supercapacitors [J]. J Power Sources，2010，195 (13)：4410-3.

[106] Toupin M，Brousse T，Bélanger D.. Charge storage mechanism of MnO_2 electrode used in aqueous electrochemical capacitor [J]. Chem Mater，2004，16 (16)：3184-3190.

[107] Lee H Y，Goodenough J B. Supercapacitor behavior with KCl electrolyte [J]. J Solid State Chem.，1999，144：220-223.

[108] Pang S C，Anderson M A，Chapman T W. Novel electrode materials for thin-film ultracapacitors：comparison of electrochemical properties of sol-gel-derived and electrodeposited manganese dioxide [J]. J Electrochem Soc，2000，147：444-450.

[109] Cheng Q，Tang J，Ma J，et al. Graphene and nanostructured MnO_2 composite electrodes for supercapacitors [J]. Carbon，2011，49：2917-2925.

[110] Wang J G，Yang Y，Huang Z H，et al. Synthesis and electrochemical performance of MnO_2/CNTs-embedded carbon nanofibers nanocomposites for supercapacitors [J]. Electrochim Acta，2012，75：213-219.

[111] Ghasemi S，Hosseini S R，Boore-talari O. Sonochemical assisted synthesis MnO_2/RGO nanohybrid as effective electrode material for supercapacitor [J]. Ultrason Sonochem，2018，40：675-685.

[112] Xia H，Feng J，Wang H，et al. MnO_2 nanotube and nanowire arrays by electrochemical deposition for supercapacitors [J]. J Power Sources，2010，195：4410-4413.

[113] Yang D. Pulsed laser deposition of manganese oxide thin films for supercapacitor applications [J]. J Power Sources，2011，196：8843-8849.

[114] Wang J G，Yang Y，Huang Z H，et al. MnO_2/polypyrrole nanotubular composites：reactive template synthesis，characterization and application as superior electrode materials for high-performance supercapacitors [J]. Electrochim Acta，2014，130：642-649.

[115] Chen Z，Li J，Chen Y，et al. Microwave-hydrothermal preparation of a graphene/hierarchy structure MnO_2 composite for a supercapacitor [J]. Particuology，2014，15：27-33.

[116] Zhang W，Mu B，Wang A. Preparation of manganese dioxide/multiwalled carbon nanotubes hybrid hollow microspheres via layer-by-layer assembly for supercapacitor [J]. J Mater Sci，2013，48：7581-7586.

[117] Wessells C D，Peddada S V，Huggins R A，et al. Nickel hexacyanoferrate nanoparticle electrodes for aqueous sodium and potassium ion batteries [J]. Nano Lett，2011，11 (12)：5421-5425.

[118] Wang Y，Chen Q. Dual-layer-structured nickel hexacyanoferrate/MnO_2 composite as a high-energy-supercapacitive material based on the complementarity and interlayer concentration enhancement effect [J]. ACS Applied Materials & Interfaces，2014，6 (9)：6196-6201.

[119] Li X，Du X，Wang Z D，et al. Electroactive NiHCF/PANI hybridfilms prepared by pulse potentio-

static method and its performance for H_2O_2 detection [J]. J Electroanal Chem, 2014, 717-718: 69-77.

[120] Hao X G, Yan T, Wang Z D, et al. Unipolarpulse electrodeposition of nickel hexacyanoferrate thinfilms with controllable structure on platinum substrates [J]. Thin Solid Films, 2012, 520: 2438-2448.

[121] Chen J, Huang K L, Liu S Q, Insoluble metal hexacyanoferrates as supercapacitor Electrodes [J]. Electrochem. Commun, 2008, 10: 1851-1855.

第 4 章 电活性功能材料的电催化制氢、制氧

4.1 引言

随着新能源经济的快速发展，高效利用可再生能源变得更加重要。风能和太阳能等是环保新能源形式，但具有间歇性和区域差异等劣势，需要通过能源转化方式将其存储，解决持续使用问题[1]，水是一种非常稳定的化学物质，水分解产生的氢能是洁净新能源。水分解技术有热解水[2-5]和光热水解[1,6]。水分子热解需要大约 4000℃的高温，而通过硫碘热化学循环（IS）[5]反应水分解温度可从 4000℃降到约 1500℃。因为热解水的温度需求，其所需能量通常从核电站余热获取，限制了其广泛应用。同样光热水解技术从太阳能获取能量[7]，要求温度亦在 1000℃以上，其应用范围同样受到地域等条件限制。

近年来，通过光催化或光-电催化方法分解水引起极大关注。光催化或光-电催化方法可以直接利用太阳能[8-14]，但低的能量转换效率限制了它的应用前景。相比之下，电解水能源转化效率高，它可通过简单的电化学装置将不稳定能源高效转化为高纯度氢气和氧气。氢气是一种可替代能源形式，它可用于可再生能源储存，然后可将其通过燃料电池转换成稳定输出的电能[14]。

1789 年首次报道电解水以来，电解水被广泛研究和应用[15]，电解水制氢效率的提高需要开发低成本、高活性的阴极析氢、阳极析氧的电活性功能材料电极。电解水的阴极析氢反应（HER）和阳极析氧反应（OER）是两个关键半反应。在常温和常压下，根据电解水热力学分析，以下方程式反应并不易进行。

$$\text{阳极：}2H_2O(l) \longrightarrow O_2(g) + 4H^+(aq) + 4e^-, E = -1.23V \tag{4-1}$$

阴极：$2H^+(aq)+2e^- \longrightarrow H_2(g), E=0.00V$ (4-2)

25℃、1atm 条件下，析氧反应的标准氧化电极电位（OER）为 1.23V，析氢反应的标准还原电极电位（HER）为 0V。然而，因电解水过程涉及复杂的电子和离子迁移过程存在极化，导致电解水的动力学较为迟缓，能量利用效率低[15]，因此，所需施加电压总是大于理论电压。具体来说，在电解水过程中，从电极材料角度分析，有如活化能、离子和气体在电极材料的扩散等不利因素；从电解装置角度分析，有溶液浓度、导线电阻、电解质扩散阻力等不利因素，这些因素导致电解水实际电压高于标准电极电位，即产生过电位。研究人员试图阐明反应机理并努力探寻合适的电活性功能材料，以便大幅度降低过电位，从而提高电极反应速率和能源利用效率。纳米结构的电活性功能材料：①展现出不同的微观结构并有效降低反应活化能，使更多吸附在电极表面的分子获得足够的能量并达到过渡态；②多孔形态不仅增加活性位点，同时有助于减小离子、气体扩散阻力。电解水制氢电极材料中，铂是最有效的电极材料，它的过电位几乎为零，塔菲尔斜率很小，但铂系金属电极材料（PGM）的稀缺和高成本限制了大规模的工业应用。近年来研究发现，有些非贵金属电极材料的电解水催化性能相较于贵金属表现出更高的催化活性[15]，比如钴基[16-19]和镍基[20-23]电活性功能材料作为阳极在析氧反应催化方面通过合成不同结构或金属掺杂的电极材料提高它们的催化活性，可使反应在更低的电位进行；在析氢反应电活性功能材料电催化方面，过渡金属磷化物[24-26]与过渡金属硫化物[27-29]也表现出低的过电位高效析氢。

4.2 电解水原理

4.2.1 析氢反应机理

HER 的反应机理受 pH 值影响明显。由能斯特方程可知（25℃、1atm，$1atm=1.01\times10^5Pa$），参照标准氢电极（NHE），电解质 pH 值每提升 1，能斯特电位线性减少 59mV，如公式(4-3) 所示。如果换算为可逆氢电极（RHE），在任何一种酸碱度条件下，能斯特电位都可以直接视为零。

$$E_{HER}=E^0_{(H_2/H^+)}-\frac{RT}{F}\times\ln\left(\frac{a_{H^+}}{P^{1/2}_{H_2}}\right)$$
$$=-0.059\times pH V\ vs\ NHE=0V\ vs\ RHE \quad (4\text{-}3)$$

能斯特电极电位是电化学反应发生时的热力学平衡电极电位，但在实际水电解过程中，需要在能斯特电极电位基础上额外增加电压来克服诸多如高活化能、反应迟缓和能源效率低等不利因素造成的电化学极。因此，析氢反应通常需要更多的能量，公式如下：

$$E=E_{HER}+iR+\eta \tag{4-4}$$

式中，iR 是电解液中欧姆电位降，η 是过电位。过电位 η 主要由电化学极化造成，直接关系到能源利用效率，因此，过电位是用来比较和评价电活性功能材料电极性能的重要指标。在铂电极上，析氢反应的起始过电位可以降低到零，其他高效电极材料可以将过电位降低到接近100mV或更低。

分析电解水析氢反应原理和过程，可了解反应速率的确定及电极材料的设计与制备思路。对于酸性液体电解质（ACIWE）电解和碱性液体电解质（ALKWE）电解两种电解水工艺，析氢反应速率受电解质pH值的影响非常明显[30]。根据Volmer-Heyrovsky或Volmer-Tafel机制，在酸性溶液，析氢反应过程可由如下步骤描述[31]：

（1）在电极表面结合质子和电子从而得到吸附的氢原子：

$$A+H^{+}+e^{-}\longrightarrow AH_{ads}(\text{Volmer 反应}) \tag{4-5}$$

（2）吸附的氢原子与质子、电子结合产生氢分子：

$$AH_{ads}+H^{+}+e^{-}\longrightarrow H_2+A(\text{Heyrovsky 反应}) \tag{4-6}$$

（3）两个吸附氢原子结合产生氢分子：

$$AH_{ads}+AH_{ads}\longrightarrow H_2+2A(\text{Tafel 反应}) \tag{4-7}$$

由于碱性条件下具有高的pH值，析氢反应可通过Volmer反应和Heyrovsky反应表示如下[32]：

（1）由于很低的质子浓度，分子 H_2O 取代 H^+ 与一个电子发生耦合，在电极表面生成吸附的氢原子。

$$H_2O+e^{-}+A\longrightarrow AH_{ads}+OH^{-}(\text{Volmer 反应}) \tag{4-8}$$

（2）吸附氢原子与水分子和电子结合产生氢分子：

$$AH_{ads}+H_2O+e^{-}\longrightarrow H_2+OH^{-}+A(\text{Heyrovsky 反应}) \tag{4-9}$$

（3）Tafel反应与ACIWE反应相同，2个吸附的氢原子耦合在一起产生氢分子：

$$AH_{ads}+AH_{ads}\longrightarrow H_2+2A(\text{Tafel 反应}) \tag{4-10}$$

式中，A代表氢吸附位点，AH_{ads}表示在吸附位点上吸附的氢原子。析氢反应首先是质子结合电子过程，随后步骤可通过两种途径：①电吸附（Heyrovsky反应）；或②氢质子自身结合（Tafel反应）。析氢反应的机制可由极化曲线得到的Tafel斜率判断[33,34]。理想情况下，Tafel斜率代表了电极材料的固有性质，

Tafel 曲线的经验值可以用来解释析氢反应可能的反应机理。例如，在碱性条件下，Pt/C 电极的析氢反应速率由 Volmer 步骤控制，Volmer 步骤作为反应速率控制步骤其 Tafel 斜率约为 $120mV \cdot dec^{-1}$。酸性条件下，如果电极的反应速率由 Volmer 反应步骤决定或由 Volmer、Heyrovsky 反应步骤共同控制，Tafel 斜率同样可达到 $120mV \cdot dec^{-1}$；如果析氢反应速率控制步骤是 Heyrovsky 反应或 Tafel 反应，则 Tafel 斜率很小，约为 $30mV \cdot dec^{-1}$。另外，Tafel 斜率还会受到外加电位、吸附物质、多孔结构中质量传递等诸多因素影响，铂电极作为析氢电极，其限速步骤由 Tafel 反应确定，Tafel 斜率约为 $30mV \cdot dec^{-1}$[35]，随着外加电位的增加，电极材料表面几乎被吸附饱和的氢原子覆盖，催化剂活性位点不足以满足反应正常进行时，此时速率控制步骤变为 Volmer 步骤，其相应的塔菲尔斜率也变为 $120mV \cdot dec^{-1}$。

4.2.2 析氧反应机理

电解水析氧是电解水生成氧气的半反应过程，析氧反应涉及复杂的四电子转移过程，动力学过程缓慢，具有较高的过电位，而且有多种氧化态中间产物产生。标准条件下，析氧反应的热力学电压为 1.23V，但实际电解过程需要更高的外加电压。析氧反应步骤通常包括在电极材料表面吸附 OH 和 O[15,36]，在酸、碱性条件下反应路径相似。

碱性条件时，反应路径如下：

$$A + OH^- \longrightarrow AOH_{ads} + e^- \tag{4-11}$$

$$AOH_{ads} + OH^- \longrightarrow AO_{ads} + H_2O + e^- \tag{4-12}$$

氧气的形成可能通过两种途径：

①两种 O_{ads} 中间体的直接结合：$AO_{ads} + AO_{ads} \longrightarrow O_2$ (4-13)

②AO_{ads} 与 OH^- 通过反应生成中间体 $AOOH_{ads}$，然后是与 OH^- 结合产生氧气。

$$AO_{ads} + OH^- \longrightarrow AOOH_{ads} + e^- \tag{4-14}$$

$$AOOH_{ads} + OH^- \longrightarrow O_2 + H_2O + e^- \tag{4-15}$$

反应式(4-13) 的热力学能垒总是大于反应式(4-14) 和反应式(4-15) 的能垒。

在酸性条件时，反应路径如下：

$$A + 2H_2O \longrightarrow AOH_{ads} + H_2O + e^- + H^+ \tag{4-16}$$

$$AOH_{ads} + H_2O \longrightarrow AO_{ads} + H_2O + e^- + H^+ \tag{4-17}$$

$$AO_{ads} + H_2O \longrightarrow AOOH_{ads} + e^- + H^+ \tag{4-18}$$

$$AOOH_{ads} \longrightarrow O_2 + H_2O + e^- \tag{4-19}$$

式（4-16）～式（4-19）的吉布斯自由能变化可以表示为

$$\Delta G_1 = \Delta G_{OH} - eU + \Delta G_{H^+}(pH) \tag{4-20}$$

$$\Delta G_2 = \Delta G_O - \Delta G_{OH} - eU + \Delta G_{H^+}(pH) \tag{4-21}$$

$$\Delta G_3 = \Delta G_{OOH} - \Delta G_O - eU + \Delta G_{H^+}(pH) \tag{4-22}$$

$$\Delta G_4 = 4.92[eV] - \Delta G_{OOH} - eU + \Delta G_{H^+}(pH) \tag{4-23}$$

式中，U 是标准状态下参照标准氢电极所得电压，质子的自由能变化是通过能斯特方程计算得到，$\Delta G_{H^+}(pH) = -k_B - T\ln(10) \times pH$。在理想情况下，每个基元反应步骤的 ΔG 等于 1.23eV[37]，而过电位就是四个反应中最大值 max（ΔG_1，ΔG_2，ΔG_3，ΔG_4）减去 1.23V。式（4-20）～式（4-23）的吉布斯自由能对应 O_{ads}、OH_{ads}和 OOH_{ads}的吸附能。

析氧反应的过电位也受 pH 影响明显。能斯特方程如下所示：

$$E_{OER} = E^0_{(O_2/H_2O)} - \frac{RT}{4F} \times \ln\left(\frac{a_{H^+}\dfrac{P(O_2)}{P^o}}{a_{H_2O^2}}\right)$$

$$= 1.23 - 0.059 \times pH(V_{vs.}\ NHE) \tag{4-24}$$

过电位与电流密度的对数呈线性关系，可以通过 Tafel 方程描述为：

$$\eta = a + b\log j \tag{4-25}$$

式中，a、b 称为塔菲尔常数，主要取决于电极材料、电极表面状态、温度和溶液组成等性质，a 和 b 可以通过对 $\log j$-η 的线性区进行线性拟合得到，a 是电流密度为单位数值（$1A \cdot cm^{-2}$）时的过电位值，b 即为 Tafel 斜率。Tafel 斜率是非常重要的析氢催化活性评价指标，斜率 b 值小说明增长相同电流密度所需要的过电位值小，材料的催化活性越。

4.3 Co 基电活性功能材料在电解水制氧的应用

钴（Co）基电极材料已成为一种非常有前景的电解水析氧电催化材料。钴基电极材料具有储量丰富、比表面积大、热稳定性好和合成简便等优点，近年来，用于电解制氢的钴基电活性功能材料的制备与结构调控、优化研究越来越多，深入了解电活性功能材料结构与催化活性之间的关系成为研究热点之一，其中纳米结构或核壳结构钴基电极材料具有非常优异的制氧催化活性。本课题组在钴基核壳纳米结构制氧催化剂研究方面做了大量工作[38-41]。

4.3.1 电活性功能材料 Co_3O_4 电催化制氧

4.3.1.1 Co_3O_4 电活性功能材料的制备及反应机理

电活性功能材料的催化活性主要取决于材料的活性位点数、材料电导率及材料固有催化活性，可通过对其结构、形貌和组分等采用不同制备方法精准调控和设计，获得高催化活性电极材料，实现低过电位条件下高效产氧[42]。

采用单极脉冲方法（UPED）制备 $Co(OH)_2$ 和 Co_3O_4 的表面形貌及活性位点显示出特殊优势。图 4-1 为双极脉冲（PPM）和单极脉冲在 $0.1mol \cdot L^{-1}$ $Co(NO_3)_2$溶液中，$Co(OH)_2$ 制备过程反应前 20s 的脉冲周期的电流、电压-时间瞬时曲线。在阴极脉冲持续时间内，脉冲电位施加，NO_3^- 在还原过程中产生了 OH^-，与到达电极表面的 Co^{2+} 反应生成 $Co(OH)_2$。反应式如下：

$$NO_3^- + H_2O + 2e^- \longrightarrow NO_2^- + 2OH^- \quad (4\text{-}26)$$

$$Co^{2+} + 2OH^- \longrightarrow Co(OH)_2 \quad (4\text{-}27)$$

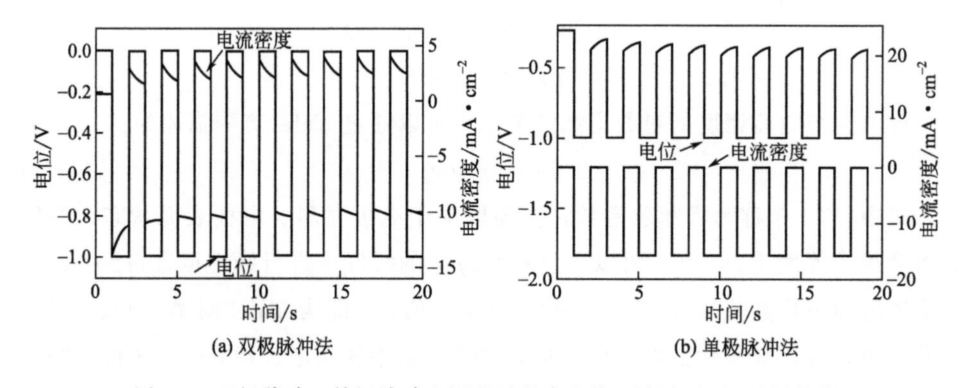

图 4-1 双极脉冲、单极脉冲电沉积过程中电位-时间与电流-时间曲线

双极脉冲沉积合成 $Co(OH)_2$ 时，合成过程中会增加阴极附近的 pH 值，形成的氢氧根可以与电解液中的 Co^{2+} 反应，使氢氧化钴沉积在电极基底上；另外，当电位从负电位变为正电位，沉积的 $Co(OH)_2$ 氧化成 CoOOH，而在下一个正电位变为负电位，CoOOH 又被还原成 $Co(OH)_2$。这种频繁的氧化还原会对形成的 $Co(OH)_2$ 稳定性、组成和结构产生不利影响。采用单极脉冲方法（UPED），只有还原电位，进行还原沉积产生 $Co(OH)_2$，无氧化电位，不产生 CoOOH，而且在开电位时间，电压逐渐降低，此阶段制备 $Co(OH)_2$ 实现结构重整，形成均匀形貌 $Co(OH)_2$，经煅烧制备 Co_3O_4。

分析比较不同制备方法制备的 $Co(OH)_2$ 和 Co_3O_4 的扫描电镜图，可以明显看到沉积方法通过对脉冲参数控制，对电极材料的结构与形貌调控效果。图 4-2显

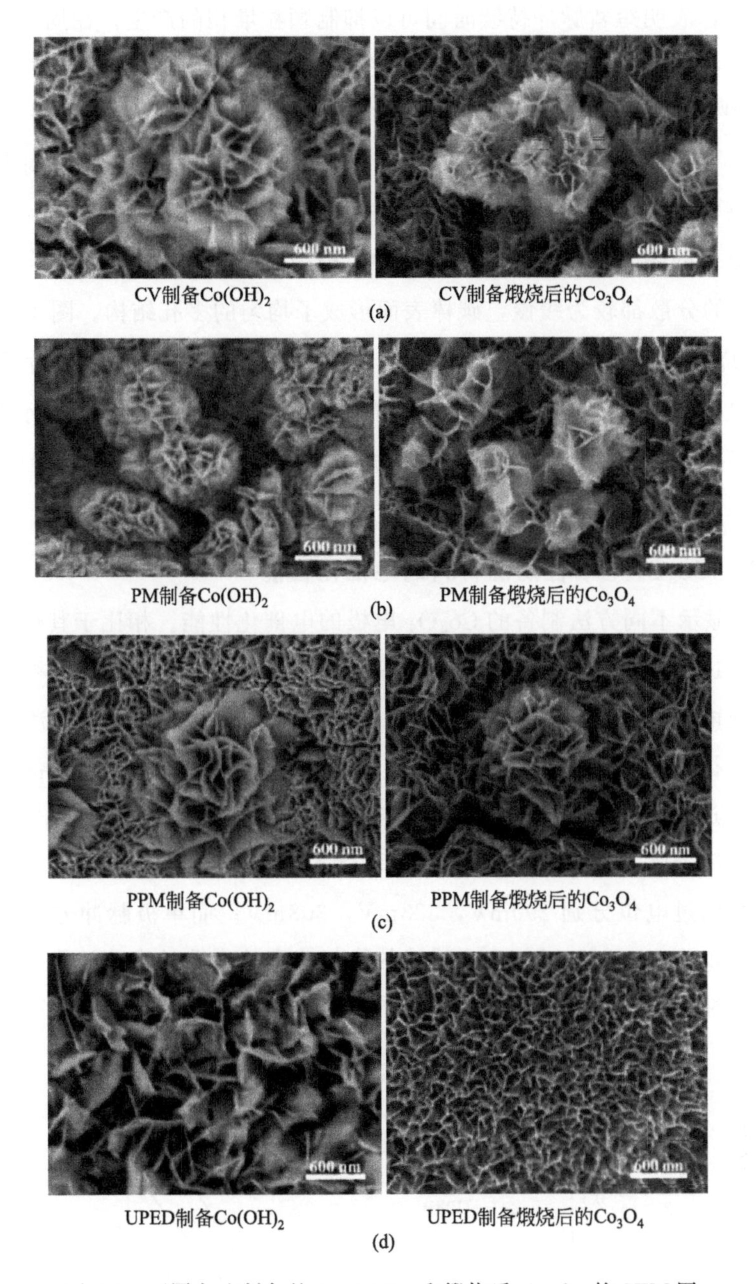

图 4-2 不同方法制备的 $Co(OH)_2$ 和煅烧后 Co_3O_4 的 SEM 图

示了碳棒上制备的 $Co(OH)_2$ 和煅烧后形成 Co_3O_4 电极材料的 SEM 图像。运用循环伏安和恒电压方法所制备的 $Co(OH)_2$，其表面有许多团聚物。循环伏安法和恒电位法［图 4-2(a)、(b)］制备的 $Co(OH)_2$ 因连续电位施加，$Co(OH)_2$ 形成凸起堆叠结构[42]；双极脉冲方法制备的 $Co(OH)_2$ 纳米片表面变得稍加均匀

[图 4-2(c)]，表明短暂脉冲持续时间可以抑制颗粒堆积的产生，在周期性脉冲沉积过程中，Co^{2+}和$NO_3{}^+$离子可以定期在电极表面上组装和分散，避免团聚挤压现象出现。当采用单极脉冲（UPED）方法时，在碳棒表面形成非常均匀的$Co(OH)_2$ [图 4-2(d)]，在单极脉冲过程开电位时间，电流为零，此时沉积过程开路电压（OCP）可以逐渐降低和自动控制，因此单极脉冲（UPED）方法有效地避免了电位的瞬时变化，且在单极脉冲过程中，Co^{2+}与OH^-的结合过程以及$NO_3{}^+$离子的分散都较为缓慢，碳棒表面形成了均匀的多孔结构。图 4-2 所示$Co(OH)_2$煅烧后的Co_3O_4，相对于$Co(OH)_2$，煅烧后的Co_3O_4纳米片看上去缩小。尤其是通过单极脉冲（UPED）方法制备的$Co(OH)_2$，经煅烧后的Co_3O_4结构为致密蜂窝状，煅烧前后的对比更为明显，多孔蜂窝状形态的均匀纳米片结构有利于提高电极的电化学性能。

4.3.1.2 Co_3O_4电活性功能材料的电催化性能

图 4-3 显示不同方法制备的Co_3O_4电极的电催化性能。相比于其他方法，单极脉冲法（UPED）制备的电极具有更高的极化电流，有研究表明，极化电流数值有双层充电电容的贡献[43]。为测试极化曲线的可靠性，对不同方法制备电极的氧产率进行检测（测试电压：1.8V），由表 4-1 所示，单极脉冲制备的氧气产量最高，通过极化曲线也可比较不同电极的催化活性，根据图 4-3 极化曲线(LSV)，电流密度 $10mA \cdot cm^{-2}$时，循环伏安法、恒电位和双极脉冲法所制得电催化材料的过电位分别 290mV，323mV，308mV；而单极脉冲方法制备电极材料过电位仅为 275mV，与 SEM 描述的均匀蜂窝状多孔纳米片结构一致，能提供更多的活性位点，并有助于电子、离子和气体的传输。

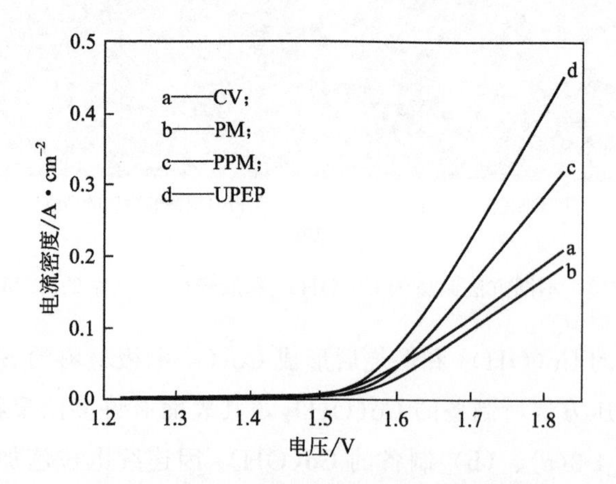

图 4-3 不同沉积方法所制备 Co_3O_4 电极材料的极化曲线

表 4-1 不同沉积方法所制备 Co_3O_4 的氧气产生速率

制备方法	CV	PM	PPM	UPED
O_2 产率/$cm^3 \cdot min^{-1} \cdot cm^{-2}$	0.96	0.8	1.1	1.5

煅烧温度对电极材料 Co_3O_4 晶体结构的影响如图 4-4(a)，31.4°、37.1°、59.6°和 65.5°处的衍射峰分别对应 Co_3O_4 的（220）、（311）、（511）和（440）晶面。随着温度升高，峰强度增加。晶体尺寸可用 Scherrer 公式进行估算。

$$D=\frac{0.89\lambda}{\beta\cos\theta} \tag{4-28}$$

式中，D 是晶体尺寸，β 是半峰宽，λ 是所用 X 射线的波长，θ 是衍射角。在 200℃，250℃，300℃，350℃四个煅烧温度条件下，Co_3O_4 的平均晶粒尺寸分别为 12nm、16nm、21nm、33nm，Co_3O_4 晶体尺寸随着煅烧温度升高而增大。图 4-4(b) 中表明煅烧温度对 Co_3O_4 电极的催化活性影响较为明显，在 300℃时，电极的催化活性最高；煅烧温度超过 350℃时，因为煅烧温度高，晶体过大，对催化活性不利，电极材料活性迅速下降[44]。

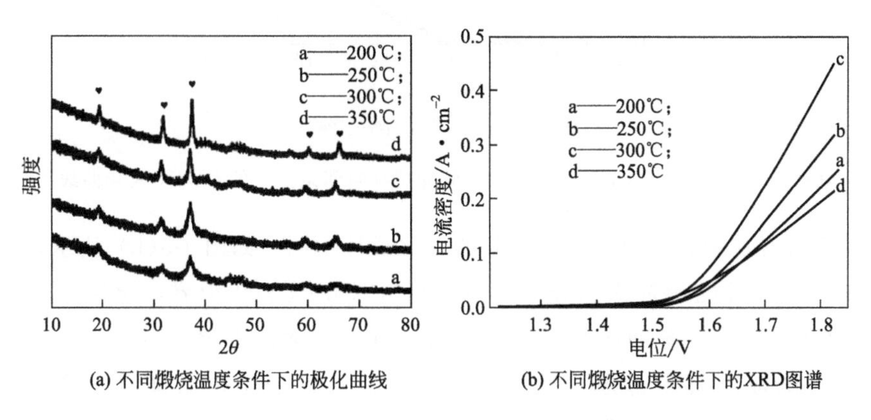

图 4-4 Co_3O_4 的电催化性能与 XRD 表征

脉冲电位、脉冲次数、脉冲时间等脉冲参数对 Co_3O_4 电极材料的电催化性能都有影响。分析图 4-5(a) 不同阴极电位（−0.80V、−0.90V、−0.95V、−1.00V 和−1.10V）条件下催化活性的极化曲线（LSV），阴极电位对$Co(OH)_2$ 在电极表面的生长有影响，同时影响 $Co(OH)_2$ 电极材料的 OER 性能。阴极电位过高，NO_3^- 还原困难；阴极电位低，硝酸盐还原速度快，$Co(OH)_2$ 生长速度加快；如果电位太低，快速的 $Co(OH)_2$ 生长速度会造成 $Co(OH)_2$ 纳米片堆积现象严重，不利于析氧催化性能发挥。因此，当电位在−1.0V 以下时，电极的催化活性随着堆积结构的严重程度降低了电子、离子的传输能力。

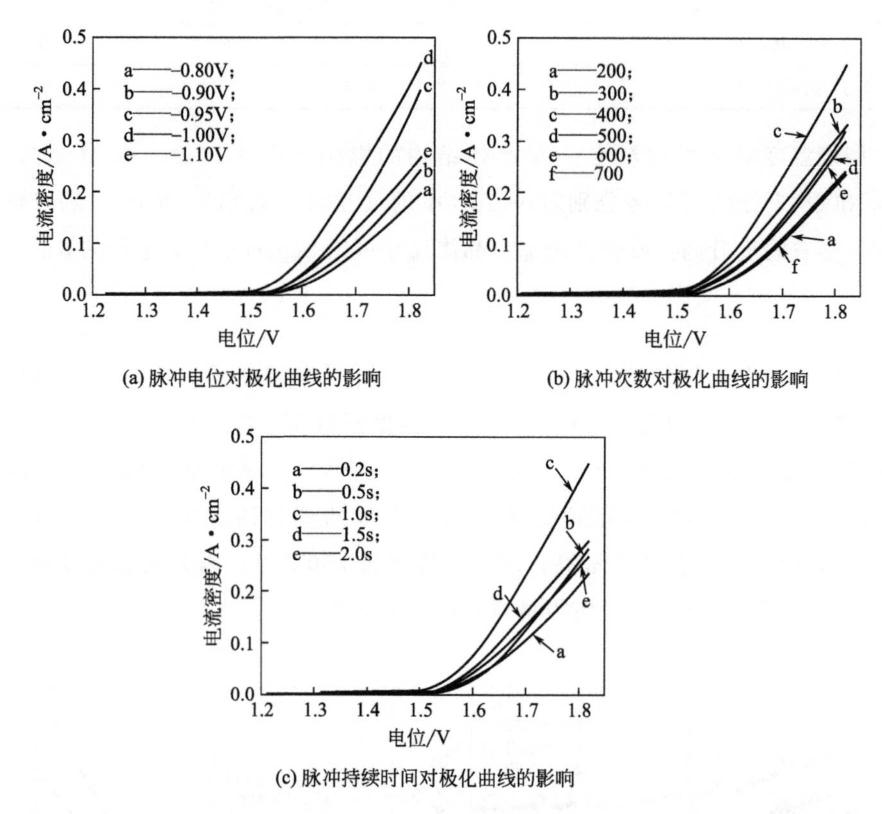

(a) 脉冲电位对极化曲线的影响

(b) 脉冲次数对极化曲线的影响

(c) 脉冲持续时间对极化曲线的影响

图 4-5　不同脉冲电位、脉冲次数、脉冲持续时间条件下的 Co_3O_4 极化曲线

控制脉冲次数，Co_3O_4 电极材料的催化活性不同。如图 4-5(b) 所示，电极材料的催化活性随脉冲次数先升后降，以脉冲次数 300 为界，脉冲次数小于 300，催化活性小，脉冲次数超过 400 时，电极催化活性逐渐减小。这是因为 Co_3O_4 在电极上沉积过厚、过密，导致电解水过程中电解质扩散受阻[45]。图4-5(c)显示脉冲时间对电极材料催化活性的影响，在一个脉冲周期内，$Co(OH)_2$沉积量通常取决于脉冲持续时间和 Co^{2+}、NO_3^- 离子的浓度。实验过程中，电极附近的离子浓度等于其摩尔浓度，且不受质量传输的限制[46]。如果脉冲持续时间短，电极表面的离子没有足够时间得到电子参与反应，致使 $Co(OH)_2$沉积量有限；如果脉冲持续时间太长，形成的 $Co(OH)_2$ 纳米片太密集，煅烧后密集的 Co_3O_4 纳米片不利于离子迁移和电解质扩散。所以，选择合适的煅烧温度、脉冲电位、脉冲周期和脉冲持续时间对获得催化活性好的 Co_3O_4 纳米片电活性功能材料具有重要意义。

电催化析氧反应中，电极材料的导电性对其催化活性有重要影响。电化学阻抗图谱是研究电催化析氧体系中电极/电解液界面导电性质和反应动力学过程的分

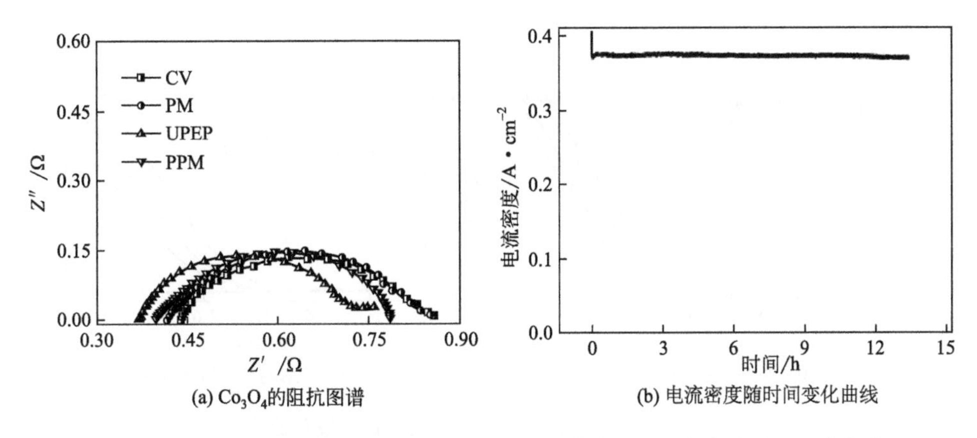

图 4-6　不同方法制备的 Co_3O_4 电极的 Nyquist 曲线及电流密度随时间变化曲线

析方法，图 4-6(a)，高频区域与 X 轴相交的截距为欧姆电阻 R_s，电荷传递电阻 R_{ct}，可从 Nyquist 圆弧半径计算得出[47]。表 4-2 所示，采用单极脉冲方法制备的 Co_3O_4 电极材料的 R_s 最低为 0.37Ω，R_{ct}为 0.35Ω，说明单极脉冲方法制备的电活性功能材料做析氧电极材料具有很强的电子传输能力以及高的催化活性。

表 4-2　不同电沉积方法制备的 Co_3O_4 的阻抗

沉积方法	R_s/Ω	R_{ct}/Ω
CV	0.44	0.42
PM	0.42	0.43
PPM	0.40	0.42
UPED	0.37	0.35

稳定性作为评价电极材料的重要参数之一，图 4-6(b) 显示 Co_3O_4 电极材料经过 14h 仍保持良好的稳定性。因此，单极脉冲方法制备的 Co_3O_4 电极材料在电解水时具有优异的催化活性。

4.3.2　海葵状电活性功能材料 CuO/Co_3O_4 电催化制氧

4.3.2.1　海葵状 CuO/Co_3O_4 电活性功能材料的制备及反应机理

采用单极脉冲沉积法和加热氧化法在碳棒上分别制备 CuO/Co_3O_4 复合材料。首先，通过单极脉冲法在碳棒（CR）电极上制备 $Cu/Co(OH)_2$ 前驱体，然后在空气中将该前驱体加热至 350℃并维持 3h。为考察前驱体制备条件对催化性能影响，在开时间施加的脉冲电位变化范围是－0.2～－1.2V。

如图 4-7(a)，脉冲电沉积过程中脉冲电位对 CuO/Co_3O_4 电极的催化活性影响较大，－0.8V 时制备的 CuO/Co_3O_4 电极显示最佳的 OER 催化性能，相同的

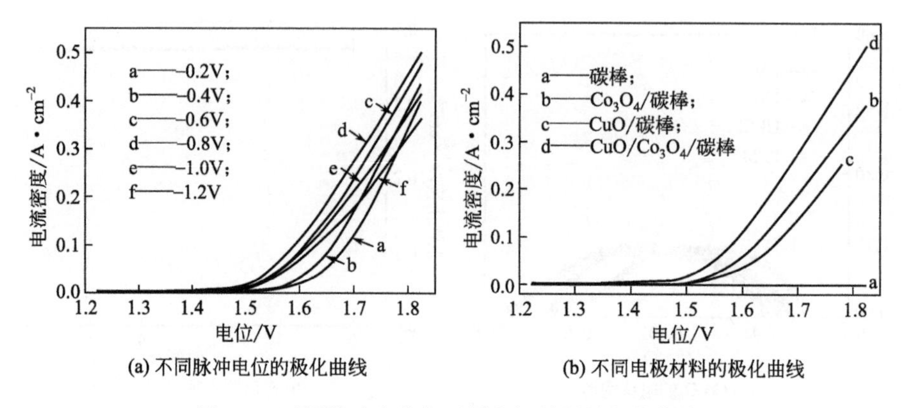

(a) 不同脉冲电位的极化曲线

(b) 不同电极材料的极化曲线

图 4-7　不同脉冲电位与不同电极材料的极化曲线

电流密度下，该电压条件下制备的 CuO/Co_3O_4 电极材料具有较低的过电位。运用线性扫描伏安法（LSV）对 CuO/Co_3O_4、CuO 和 Co_3O_4 电极的电催化析氧性能进行分析比较，如图 4-7(b)，电流密度 $10mA \cdot cm^{-2}$时，CuO 和 Co_3O_4 制氧需要的过电位分别为 312mV 和 284mV，而 CuO/Co_3O_4 复合电极材料的电催化性能显著增强，过电位仅为 227mV。CuO/Co_3O_4 复合电极材料的氧气产率如图 4-8 所示，其法拉第效率为 95%。

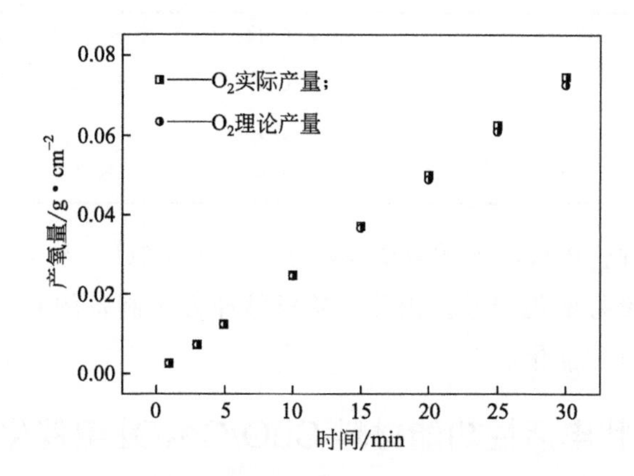

图 4-8　CuO/Co_3O_4 理论计算产氧量与实际测定产氧量的对比

4.3.2.2　CuO/Co_3O_4 电活性功能材料的结构表征

复合材料优异的催化性能归因于 Co_3O_4 和 CuO 材料的微观结构和形貌。图 4-9 显示单极脉冲沉积制备的 CuO、Co_3O_4 以及在不同电位下制备的 CuO/Co_3O_4 的 SEM 图。由于 Cu^{2+} 还原反应速率快，CuO 颗粒较大尺寸，致使不规则团块堆积，如图 4-9(a)；相同条件下制备的 Co_3O_4 结构显示为多孔纳米

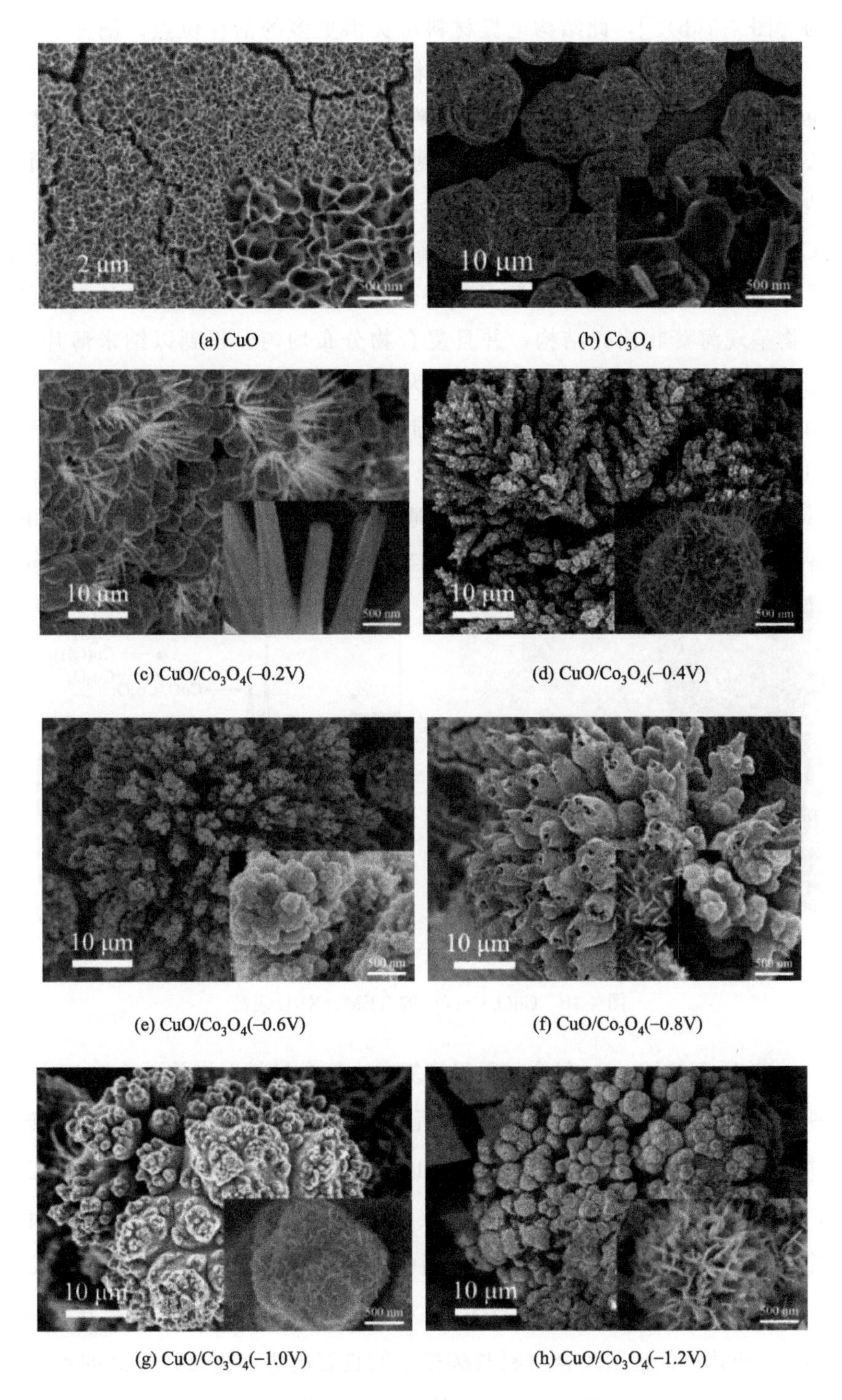

图 4-9　CuO、Co_3O_4 和 CuO/Co_3O_4 的 SEM 表征

片结构［图 4-9(b)］，此结构电极材料可提供更多的活性位点。图 4-9(c～h)显示，脉冲电位对 CuO/Co_3O_4 电极材料的形貌和结构影响显著，－0.2V 脉冲电位时，直径约 200nm 光滑 CuO 纳米棒和一些微球状阵列以分散和随机方式生长在碳棒上；－0.4V 电位时，得到一种松针状形态，其中微球表面被细长的纳米棒所覆盖；－0.6V 时，具有雄蕊状排列的枝状结构出现，其中 CuO/Co_3O_4 复合物由纳米颗粒和纳米片组成，且纳米颗粒相比在－0.4V 条件下变得更小；－0.8V时，复合物呈现类似颗粒结构且具有较松散的三维结构，该复合物呈现海葵状核壳结构，并且复合物分布均匀，得到以纳米薄片为壳，以纳米颗粒为核的核壳结构。将电位变为－1.0V 和－1.2V 时，复合物呈现了聚集的球状结构，纳米线状结构消失，此时 CuO/Co_3O_4 结构不利于电子和电解液中离子的传递。

CuO/Co_3O_4 新型三维异质核壳阵列通过 TEM、XRD 进行表征。图 4-10(a)中晶格条纹 0.233nm 和 0.46nm 的平面间距对应 CuO(111) 晶面[48]和 Co_3O_4(111)

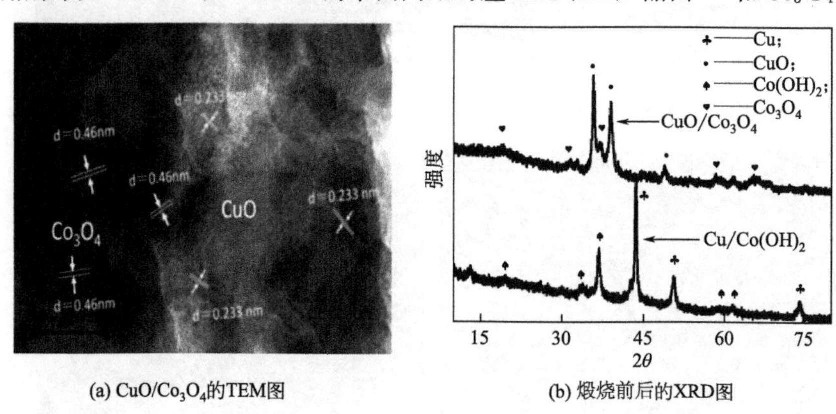

(a) CuO/Co_3O_4的TEM图　(b) 煅烧前后的XRD图

图 4-10　CuO/Co_3O_4 的 TEM、XRD 表征

晶面[49]，说明 CuO/Co_3O_4 复合材料很好复合。复合材料煅烧前、后的 XRD 图所示，煅烧前的 Cu 和 $Co(OH)_2$[50]晶体的所有峰都出现；煅烧后，所有峰都转化为 CuO 和 Co_3O_4[51]的峰。结合 XRD 数据可以确认，在－0.8V 下获得的 CuO/Co_3O_4 是以 Co_3O_4 纳米片为壳、CuO 柱为核的核/壳阵列，这种核壳结构在电解水时可展现一系列优势：①CuO/Co_3O_4 复合材料中 CuO 纳米颗粒和 Co_3O_4 纳米片尺寸均较小，有利于暴露更多活跃的站点[49]；②通过一步电沉积法在碳棒上生长 $Cu/Co(OH)_2$前驱体，保证了复合材料与碳棒之间良好的界面连接，良好的界面接触可促进电子从电极材料阵列向电极基体的传递；③多孔的核/壳结构阵列可明显增加电解质和电极材料表面活性位点间的接触面积，促进离子和电子的传递；④作为

核的 CuO 不仅起到物理支撑的作用，同时提供电子传输通道，多孔 Co_3O_4 纳米片紧紧包裹在 CuO 上，其多孔的结构最大限度地暴露活性位点。

4.3.2.3　CuO/Co_3O_4 电活性功能材料的电催化性能

分析图 4-11 中 CuO/Co_3O_4、CuO、Co_3O_4 三种电极材料的电化学阻抗谱图，CuO/Co_3O_4 电极的电荷转移电阻 R_{ct} 仅为 0.29Ω，而 CuO 和 Co_3O_4 电荷转移电阻 R_{ct} 分别为 1.57Ω 和 0.35Ω，CuO/Co_3O_4 复合电极材料具有很低的电荷

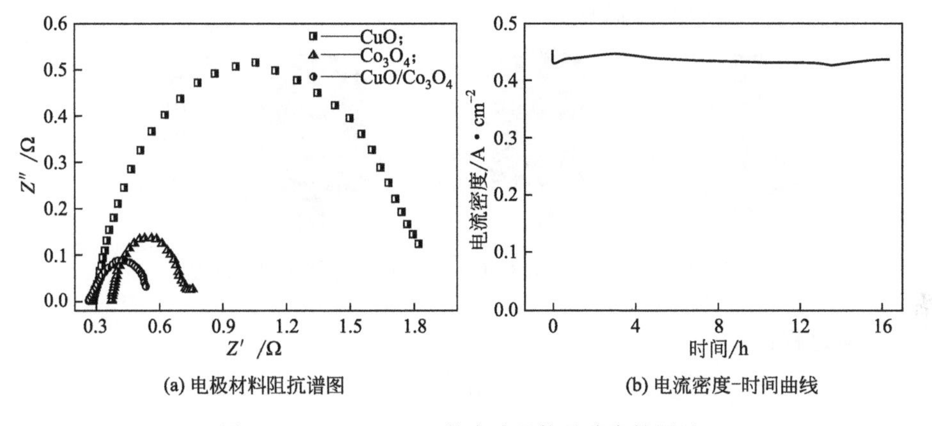

图 4-11　CuO/Co_3O_4 的交流阻抗及稳定性测试

传递阻力，电荷传递速率。图 4-11 所示 CuO/Co_3O_4 电极的计时电流密度曲线，通过 16h 的稳定性测试，电流有轻微波动，该复合电极能够长期保持高的催化活性，具有优良的催化稳定性。

4.3.3　核壳结构 $CuO@Co_3O_4$ 电活性功能材料的电催化制氧

4.3.3.1　$CuO@Co_3O_4$ 核壳结构纳米片电活性功能材料的制备及反应机理

均匀有序的 CuO 纳米线芯的设计与合成对制备异质核壳结构至关重要。在 −1.0V 阴极电位下，将 Cu^{2+} 采用单极脉冲方法在碳纸上还原成金属铜颗粒。然后在 3.0mol·L^{-1}KOH 溶液中，用恒电流技术将致密、大尺寸的铜颗粒氧化成 Cu^{2+}，与溶液中 OH^- 反应制成有序的 $Cu(OH)_2$ 纳米线，再将 $Cu(OH)_2$ 纳米线/碳纤维复合作为导电基体。采用单极脉冲方法，在阴极施加的负电位使 NO_3^- 还原，从而在 $Cu(OH)_2$ 纳米线表面产生 OH^-，与电解液中的 Co^{2+} 离子反应，生成 $Co(OH)_2$ 纳米片沉积在 $Cu(OH)_2$ 纳米线上形成 $Cu(OH)_2$@$Co(OH)_2$ 核壳结构前驱体，将前驱体 300℃温度下煅烧，其中的 $Cu(OH)_2$ 分解成 CuO，$Co(OH)_2$ 氧化成 Co_3O_4，制得一种新型的 CuO 纳米线@Co_3O_4 纳米

片核壳阵列，制备流程简图如图 4-12 所示。

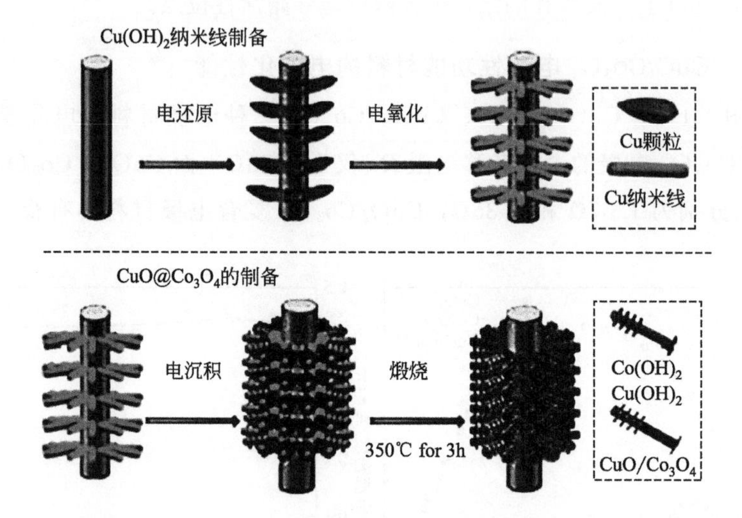

图 4-12 $Cu(OH)_2$ 和 $CuO@Co_3O_4$ 核壳结构制备流程

反应过程：

$$Cu^{2+}+2e^- \longrightarrow Cu \tag{4-29}$$

$$Cu-2e^-+2OH^- \longrightarrow Cu(OH)_2 \tag{4-30}$$

$$NO_3^-+H_2O+2e^- \longrightarrow NO_2{}^-+2OH^- \tag{4-31}$$

$$2NO_2^-+4H_2O+6e^- \longrightarrow N_2+8OH^- \tag{4-32}$$

$$Co^{2+}+2OH^- \longrightarrow Co(OH)_2 \tag{4-33}$$

$$Cu(OH)_2 \longrightarrow CuO+H_2O \tag{4-34}$$

$$6Co(OH)_2+O_2 \longrightarrow 2Co_3O_4+6H_2O \tag{4-35}$$

4.3.3.2 $CuO@Co_3O_4$ 电活性功能材料的结构表征

CuO 纳米线@Co_3O_4 纳米片核壳结构电极材料及其中间体的 SEM 形貌如图 4-13(a)所示。阴极还原反应后，金属铜颗粒生长在碳纤维线上，颗粒大小为微米级，结构较为致密。在电氧化过程中，致密 Cu 被氧化成直径约为 200nm、长度为几微米的 $Cu(OH)_2$ 纳米线，高度有序的 $Cu(OH)_2$ 纳米线均匀生长在碳纤维上，并且每根纳米线都比较分散，纳米线周围的空间可用于进一步沉积活性材料，如图 4-13(b)。图 4-13(c) 显示纳米线的根部呈金字塔微观结构，表明 $Cu(OH)_2$纳米线与碳纤维之间具有良好的接触界面，因此将 $Cu(OH)_2$ 纳米线阵列可作为支撑活性 Co_3O_4 材料的理想基体。图 4-13(d) 为制备的 CuO/Co_3O_4 复合材料，Co_3O_4 纳米片均匀包裹在每一根 CuO 纳米线上，并且每一根

(a) Cu纳米颗粒宏观形貌　(b) $Cu(OH)_2$ 纳米线宏观形貌

(c) $Cu(OH)_2$纳米线　(d) CuO/Co_3O_4

图 4-13　Cu 颗粒、$Cu(OH)_2$ 以及 CuO/Co_3O_4 的 SEM 表征

CuO/Co_3O_4分散较好，没有出现聚集现象，这种结构有利于反应物以及生成气体的扩散，同时，纳米片的超薄结构有利于暴露更多催化活性位点。

此外，EDS、XRD 和 TEM 用于对 CuO/Co_3O_4 复合材料的组成和晶体形态进行系统的表征，如图 4-14(a～d) 所示。Co 均匀分布在纳米线主干和分支区域，Cu 元素出现在主干区域，表明钴基材料很好地包裹在铜基材料外面。煅烧前后 CuO/Co_3O_4 复合材料的晶体信息如图 4-14(e) 所示，热处理前的前驱体复合材料包含所有的 $Cu(OH)_2$[48]和 $Co(OH)_2$[50]的特征峰，煅烧后转变为 CuO 和 Co_3O_4 复合材料。综合 XRD 和 EDS 结果，可以确定该复合材料是由 CuO 纳米线骨架和 Co_3O_4 纳米片构成的复合材料。CuO/Co_3O_4 复合材料及其相应 CuO 和 Co_3O_4 材料的结构信息由 TEM 进一步表征，图 4-14(f～h) 显示电沉积 Co_3O_4 材料具有薄的纳米片结构，而 CuO 具有纳米线结构，与 SEM 图像表征结果一致；且间距为 0.233nm 的高分辨率晶格条纹对应于 CuO 的（111）面[48]，间距为 0.46nm 的高分辨率晶格条纹对应于 Co_3O_4 的（111）面[51]。

CuO/Co_3O_4 复合材料的形貌与 Co_3O_4 纳米片的沉积电位密切相关。Co_3O_4 材料沉积的关键步骤是硝酸根离子的还原，在还原过程中，反应速率由外加电位

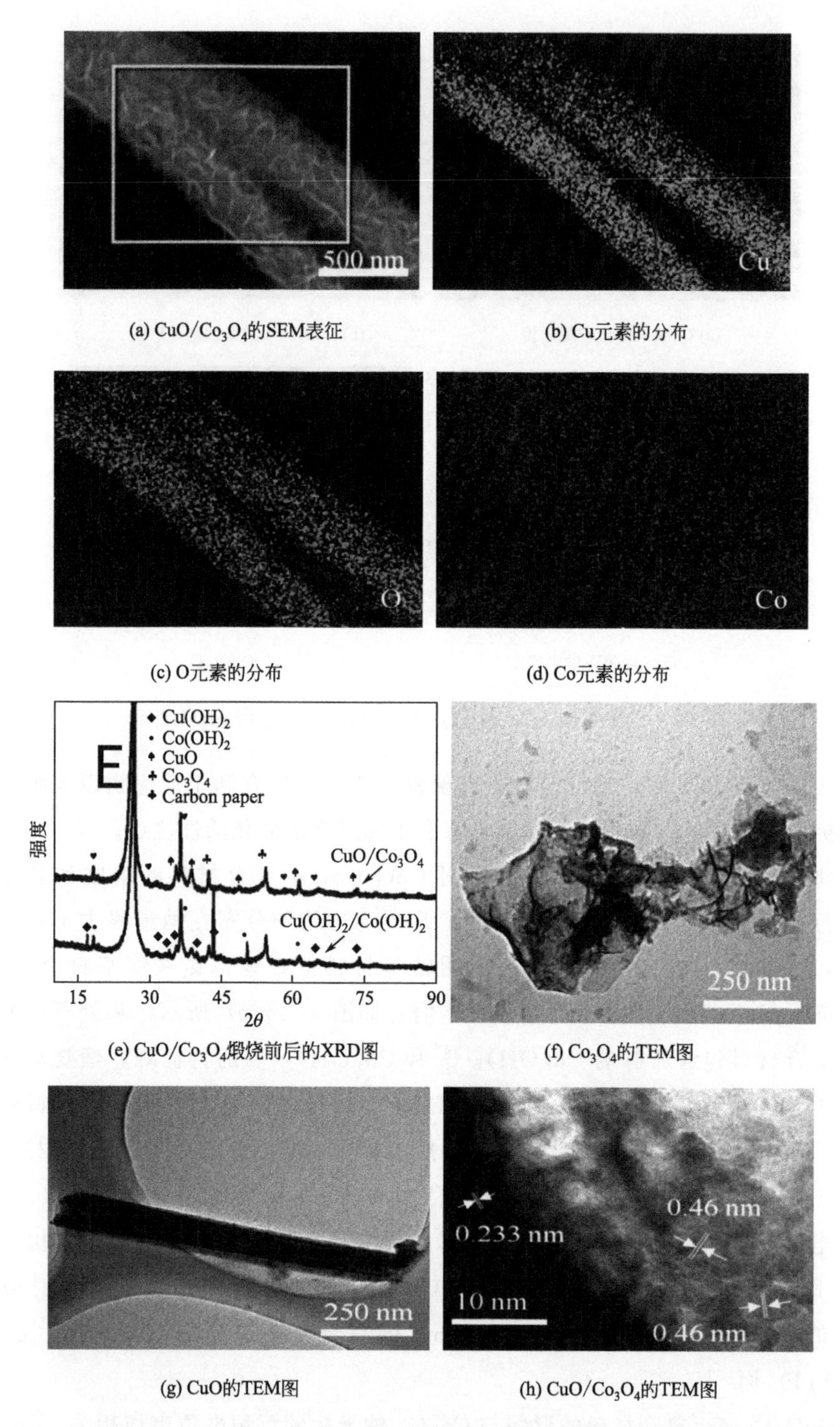

(a) CuO/Co_3O_4的SEM表征

(b) Cu元素的分布

(c) O元素的分布

(d) Co元素的分布

(e) CuO/Co_3O_4煅烧前后的XRD图

(f) Co_3O_4的TEM图

(g) CuO的TEM图

(h) CuO/Co_3O_4的TEM图

图 4-14 CuO/Co_3O_4 复合材料的 SEM、EDS、XRD、TEM 表征

控制。当电位为−0.6V 时，CuO 纳米线表面沉积了具有点状结构的 Co_3O_4 材料［图 4-15(a) 和(b)］，原因分析可能是反应速率太低，致使制备的材料没有纳米片结构。当外加电位为−0.8V 时，在 CuO/Co_3O_4 复合材料的表面观察到了纳米片形貌，而此时纳米片堆积在一起［图 4-15(c) 和 (d)］；−1.0V 电位制备的 CuO/Co_3O_4 复合材料具有排列良好的 CuO 纳米线@Co_3O_4 纳米片核壳阵列（图 4-12）。施加电压过低时（−1.2V），Co_3O_4 材料的沉积速度非常快，CuO/Co_3O_4 复合材料结构致密，如图 4-15(e) 和 (f) 所示。因此，施加适当电位有利于获得核壳结构的 CuO/Co_3O_4 复合电极材料，可为反应提供更多活性位点，并且 Co_3O_4 纳米片之间的空间有利于生成气泡的扩散。

(a) −0.6V　(b) −0.6V

(c) −0.8V　(d) −0.8V

(e) −1.2V　(f) −1.2V

图 4-15　不同沉积电位时所制备的 CuO/Co_3O_4 的 SEM 图

4.3.3.3 $CuO@Co_3O_4$ 电活性功能材料的电催化性能

采用线性扫描伏安法（LSV）分析不同电位条件下制备的 CuO/Co_3O_4 复合电极的析氧催化活性。外加电位的变化对电极材料的催化活性影响非常明显，如图 4-16(a)，电位−1.0V 时，CuO/Co_3O_4 复合电极材料的电流密度最大、过电位最低。催化性能的差异是由于 CuO/Co_3O_4 复合材料的不同形貌结构造成的，与 CuO/Co_3O_4 复合电极材料的 SEM 微观结构吻合。

CuO/Co_3O_4 复合材料及其 CuO、Co_3O_4 电极的校正 LSV 曲线如图 4-16(b) 所示，CuO 和 Co_3O_4 电极也具有明显的 OER 活性，分别需要 305mV 和 277mV 的过电位达到 $10mA \cdot cm^{-2}$ 电流密度。在相同的外加电位下，CuO/Co_3O_4 复合催化剂的 OER 活性明显增强，电流密度高于 Co_3O_4 电极。CuO/Co_3O_4 复合材料电解制氧过电位在 $10mV \cdot cm^{-2}$ 的电流密度时仅为（258±3.2）mV。

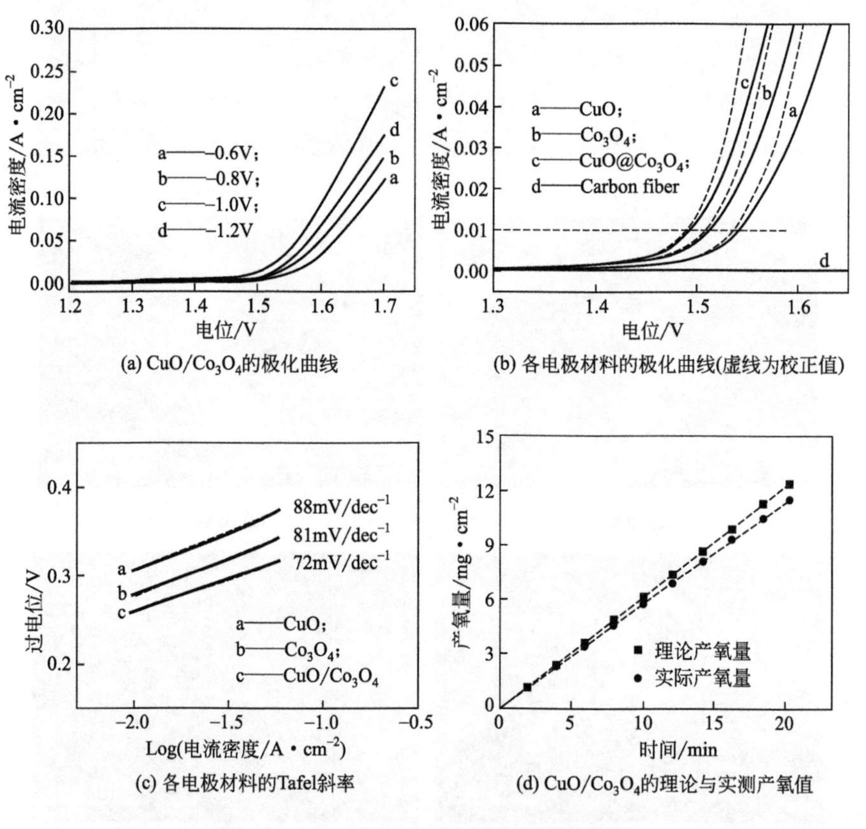

(a) CuO/Co_3O_4的极化曲线　(b) 各电极材料的极化曲线(虚线为校正值)

(c) 各电极材料的Tafel斜率　(d) CuO/Co_3O_4的理论与实测产氧值

图 4-16　CuO/Co_3O_4 的电催化析氧性能

Tafel 斜率可评估电极材料的 OER 动力学，反映过电位对稳态电流密度的影响。CuO/Co_3O_4 复合电极材料的 Tafel 数值远低于 CuO 和 Co_3O_4 电极

[图 4-16(c)]，表明其具有良好的 OER 动力学和快速催化率。图 4-16(d) 所示 CuO/Co_3O_4 复合电极的 O_2 生成速率，其法拉第效率高达 94%，表明制备的电极材料可以高效将电能转化为化学能。

酸碱度对 CuO/Co_3O_4 复合电极材料的 OER 催化性能有影响，图 4-17 说明 CuO 纳米线/Co_3O_4 纳米片复合材料在中性和碱性溶液中稳定性好，在酸性溶液中会发生化学腐蚀；随着 pH 值的增加，CuO 纳米线/Co_3O_4 纳米片电极材料的 OER 催化活性不断提高。

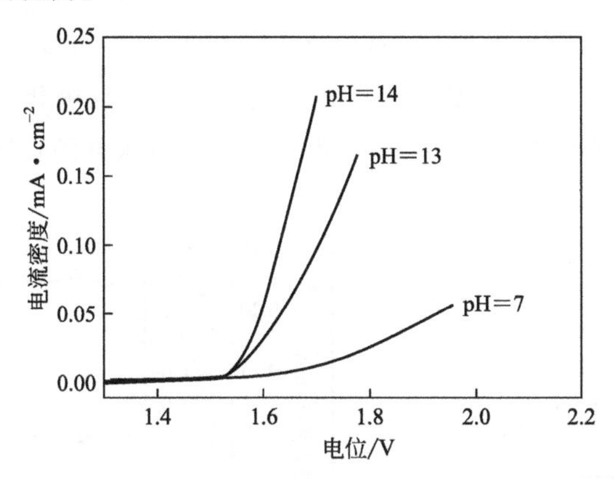

图 4-17　CuO/Co_3O_4 在不同 pH 值溶液中的极化曲线

在高电位下中，铜基物质可以转化为其他价态的铜基氧化物或氢氧化物。因此，在 OER 过程中，CuO 进一步氧化成不稳定的 Cu^{3+} 基材料[52]，各种铜基物质如 Cu、Cu_2O、$Cu(OH)_2$ 和 CuO 均可以用作电活性功能材料。图 4-18(a) 的 XPS 图中，O、Co 和 Cu 元素的存在进一步说明 CuO 和 Co_3O_4 材料的形成，933.8eV 和 934.7eV 的特征峰对应于含 Cu^{2+} 和 Cu^{3+} 的物质。在 1.8V 电位连续

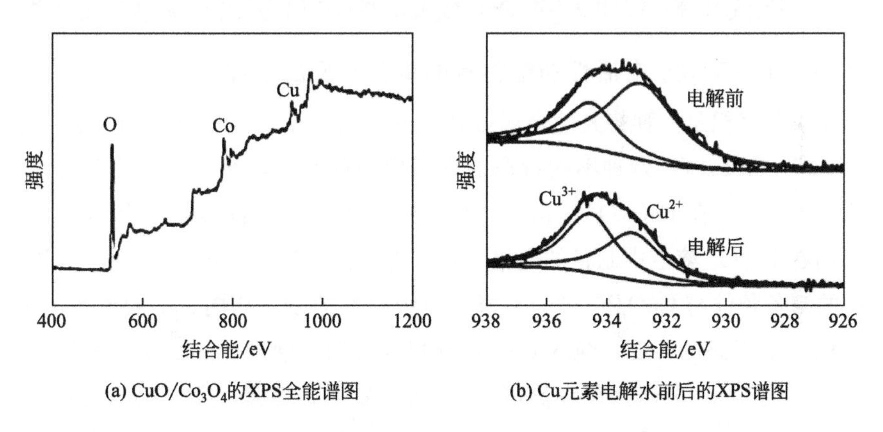

图 4-18　CuO/Co_3O_4 及 Cu 元素的 XPS 表征

氧化下，$Cu2p_{3/2}$的峰向高结合能转移，表明 CuO/Co_3O_4 复合物中的部分 Cu^{2+} 转化为 Cu^{3+}[53,54]，含有 Cu^{3+} 物质可能是 OER 具有催化活性新物质。

采用电化学阻抗谱技术对 CuO、Co_3O_4 和 CuO/Co_3O_4 电极的电阻进行分析，CuO、Co_3O_4 和 CuO/Co_3O_4 电极材料的 R_s 阻值分别为 1.68Ω、1.58Ω 和 1.57Ω。CuO 纳米线电极有高的电荷转移电阻 R_{ct} 为 4.3Ω，CuO 电极材料的电活性低；Co_3O_4 纳米片电极的电荷转移电阻低至 0.8Ω，表明其界面电荷和反应物具有良好的亲和力，反应物在界面处得失电子相对较快。CuO/Co_3O_4 电极材料的电荷转移电阻最小，仅为 0.5Ω。图 4-19(b) 中，CuO/Co_3O_4 电极材料在 1h 的稳定性测试中，计时电流数值只有到轻微波动，且极化曲线测试前、后也几乎保持不变，说明复合 CuO/Co_3O_4 电极材料具有很好的长期稳定性。

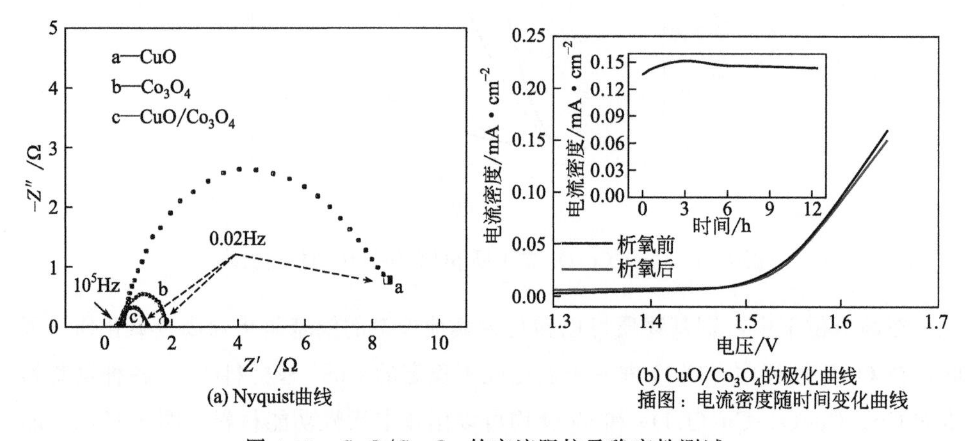

(a) Nyquist曲线

(b) CuO/Co_3O_4的极化曲线
插图：电流密度随时间变化曲线

图 4-19 CuO/Co_3O_4 的交流阻抗及稳定性测试

4.3.4 核壳结构 $CuO@Fe-Co_3O_4$ 电活性功能材料电催化制氧

4.3.4.1 $Fe-Co_3O_4$ 电活性功能材料的制备及反应机理

电化学共沉积是一种将其他金属掺杂到原有材料中的简单有效的方法[55]。选择 $Fe(NO_3)_3$ 和 $FeSO_4$ 两种不同价态的铁源作为前驱体，研究铁的化合价对电极材料性能的影响。在 $Fe(NO_3)_3$ 溶液中制备的电极材料，将其标记为 $Fe-Co_3O_4$ | Fe^{3+}；而在 $FeSO_4$ 溶液中制备的电极材料，将其标记为 $Fe-Co_3O_4$ | Fe^{2+}。铁掺杂 Co_3O_4 的制备条件与 $CuO/Fe-Co_3O_4$ 核壳电极材料的条件相同。不同价态的 Fe 掺杂导致 Co_3O_4 形态的转变，纯的 Co_3O_4 材料具有均匀纳米片的二维平面微观结构[图 4-20(a) 和 (b)]。Co_3O_4 在低倍 SEM 图上显示有裂缝，产生原因是导电基体碳棒粗糙的曲面所致。图 4-20(c) 和为 Fe^{2+} 掺杂的 Co_3O_4，纳米片结构从平面状转变为球状形式，并且掺杂 Fe 的 Co_3O_4 纳米片的尺寸小于未掺杂 Fe 的 Co_3O_4 纳

米片，表明 Fe 掺杂对 Co_3O_4 纳米片形状有一定的影响，而 Fe^{3+} 掺杂的 Co_3O_4，纳米片呈现厚且致密的形貌［图 4-20(e)、(f)］。

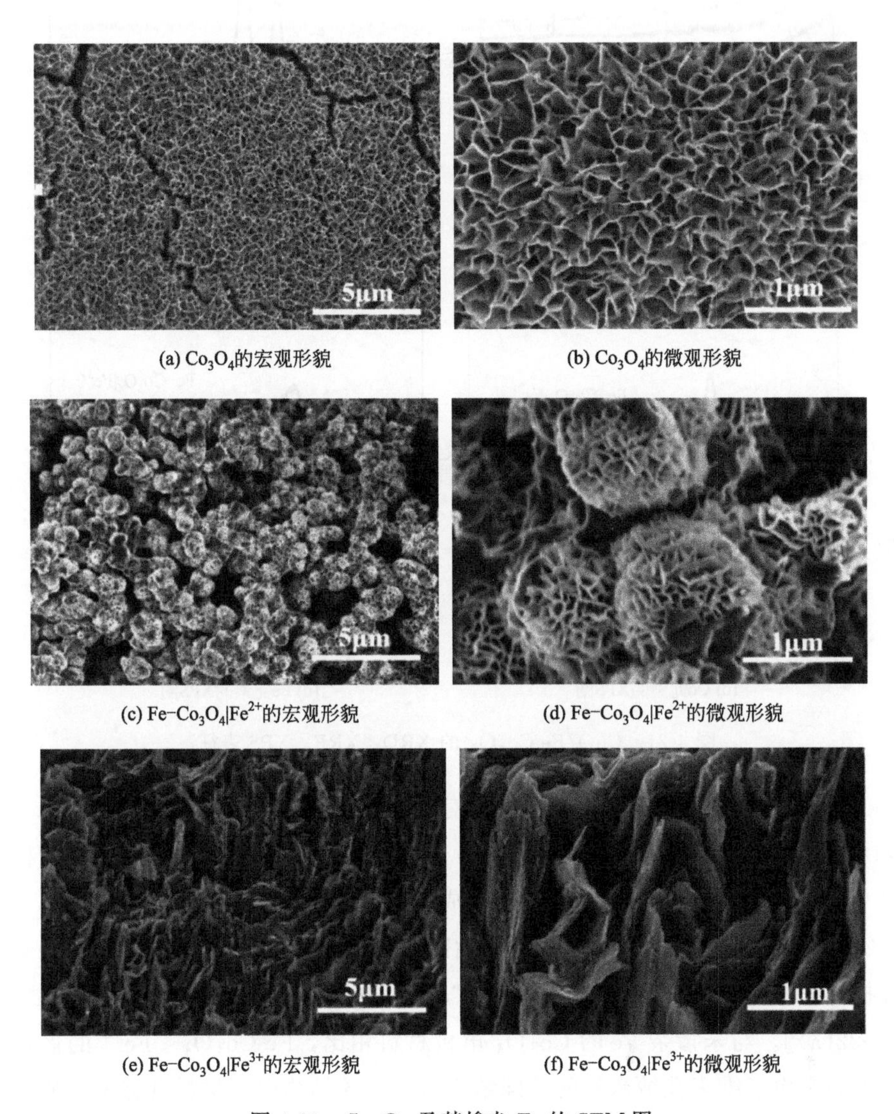

图 4-20　Co_3O_4 及其掺杂 Fe 的 SEM 图

采用 XRD、XRF、XPS 进一步研究 Fe 掺杂剂对 Co_3O_4 材料晶体结构的影响。Co_3O_4 具有高度的结晶结构，图 4-21 的 XRD 图谱与标准图样（JCPDS 编号 43-1003）一致，6.4keV 和 6.9keV 处均出现强峰，说明 Fe 和 Co 共存，由于 Fe^{3+} 和 OH^- 之间强的结合力，Fe-Co_3O_4 | Fe^{3+} 中 Fe/Co 的摩尔比远高于 Fe-Co_3O_4 | Fe^{2+}。图 4-21(c)、(d) 中，781eV 和 796eV 出现的特征峰是由于 $Co2p_{3/2}$ 和 $Co2p_{1/2}$ 的跃迁所致，且在 787eV 和 803eV 出现两个相应的卫星峰。

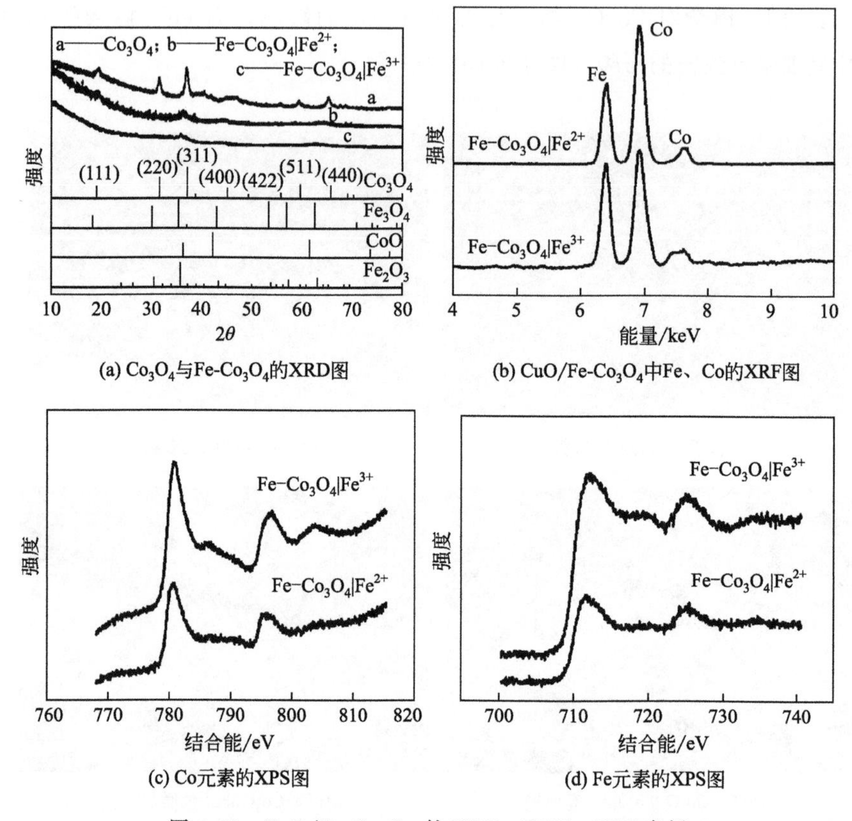

(a) Co_3O_4与Fe-Co_3O_4的XRD图　(b) CuO/Fe-Co_3O_4中Fe、Co的XRF图

(c) Co元素的XPS图　(d) Fe元素的XPS图

图 4-21　CuO/Fe-Co_3O_4 的 XRD、XRF、XPS 表征

在 Fe2p 区，峰值 724.5eV 和 711.6eV 对应于 $Fe2p_{1/2}$ 和 $Fe2p_{3/2}$ 轨道，732.7eV 和 718.6eV 分别是卫星峰，此为三价 Fe 元素的典型图谱，这表明在煅烧过程中 Fe^{2+} 氧化为 Fe^{3+}，并且掺杂的 Fe 原子成功引入 Co_3O_4 晶格。

Co_3O_4 与 Fe-Co_3O_4 的 OER 催化性能分别用线性扫描伏安法和电化学交流阻抗技术分析。铁离子的化合价对 Fe-Co_3O_4 电极材料的催化活性有很大影响[图 4-22(a)]。与未掺杂 Fe 的 Co_3O_4 电极材料相比，Fe-Co_3O_4 | Fe^{2+} 的催化活性的提高是由三维多孔纳米片的特殊结构所致，该结构电极材料具有更多的催化活性位点，相较于 Co_3O_4、Fe-Co_3O_4 | Fe^{3+} 的起始电位更高一些。如图4-22(b) 的 EIS 数据，在高频区沉积的 Fe-Co_3O_4 | Fe^{2+}、Fe-Co_3O_4 | Fe^{3+} 和 Co_3O_4 电极的欧姆电阻（R_s）分别为 0.205Ω、0.223Ω 和 0.220Ω，Fe-Co_3O_4 | Fe^{2+} 电极较低的 R_s 值可能是由于不同的 Fe 掺杂所致，并且三维多孔微观结构有利于电子到电极材料表面的快速扩散。R_{ct} 由 Nyquist 曲线的弧半径计算得出，在 Fe-Co_3O_4 | Fe^{2+} 电极中，R_{ct} 只有 0.135Ω，明显低于 Fe-Co_3O_4 | Fe^{3+} 和 Co_3O_4 电极，表明在电极材料表面和反应物之间，Fe^{2+} 掺杂的 Co_3O_4 三维多孔

结构电极材料显著促进了电荷的传递。

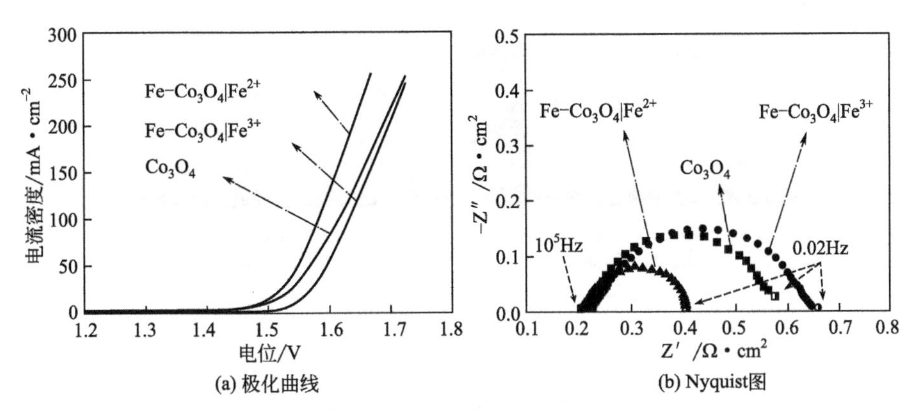

图 4-22　Co_3O_4 以及掺杂 Fe 后的电极材料的催化性能

4.3.4.2　CuO@Fe-Co_3O_4 电活性功能材料的结构表征

为提高 Co_3O_4 催化活，将 Fe-$Co(OH)_2$ 前驱体以及 Cu 先后沉积碳棒上，当脉冲电位低于－0.4V(vs. Ag/AgCl)，Cu^{2+} 和 NO_3^- 同时发生还原反应，Cu 与 $Cu(OH)_2$ 同时沉积在碳棒上。另外，Fe 掺杂的 $Co(OH)_2$ 沉积在 $Cu(OH)_2$ 表面；沉积在碳棒的 Cu/Fe-$Co(OH)_2$ 前驱体后在 300℃空气氛围中加热 3h，生成 CuO/Fe-Co_3O_4。图 4-23(a) 中 CuO/Fe-Co_3O_4 形貌像针状排列的松树枝，相邻“树枝”间隔空间较大，“松针”是由立方体或球形纳米颗粒构成[图 4-23(b)]，纳米颗粒表面长有纳米片，纳米片间提供更多的空间，显示出分层的核壳结构。采用 XRD 对 CuO/Co_3O_4 和 CuO/Fe-Co_3O_4 电极在煅烧前、后分析，Cu/$Co(OH)_2$ 和 Cu/Fe-$Co(OH)_2$ 前驱体中出现 Cu[48] 和 $Co(OH)_2$[50] 的特征峰。Cu/Fe-$Co(OH)_2$ 前驱体中 $Co(OH)_2$ 的峰相对较小。经煅烧，所有的 Cu、$Co(OH)_2$ 特征峰转化为 CuO 和 Co_3O_4[51] 特征峰；Co_3O_4 在 CuO/Fe-Co_3O_4 中的峰值也略低于 CuO/Co_3O_4 中 Co_3O_4 的特征峰 [图 4-23(c)]。

分析图 4-24(a) CuO/Fe-Co_3O_4 的 TEM 图像，图像中内核为 CuO，外面为 Fe-Co_3O_4，外层薄的纳米片很好地包裹内部 CuO 纳米颗粒。图 4-24(b) 晶格条纹间距 (0.233nm) 对应 CuO 的 (111) 晶面[48]；图 4-24(c)、(d) 中晶格条纹间距 0.275nm[56,57] 和 0.455nm[40]，分别对应 Co_3O_4 晶体的 (220) 和 (111) 晶面；CuO/Fe-Co_3O_4 电极材料中 Co_3O_4 晶面 (111) 的条纹间距略小于 CuO/Co_3O_4 中 Co_3O_4 (111) 晶面间距。分析其 TEM 与 XRD，表明 CuO/Fe-Co_3O_4 电极材料是核壳结构。

(a) $CuO/Fe-Co_3O_4$的SEM图
(比例尺：20.0μm)

(b) $CuO/Fe-Co_3O_4$的SEM图
(比例尺：1.00μm)

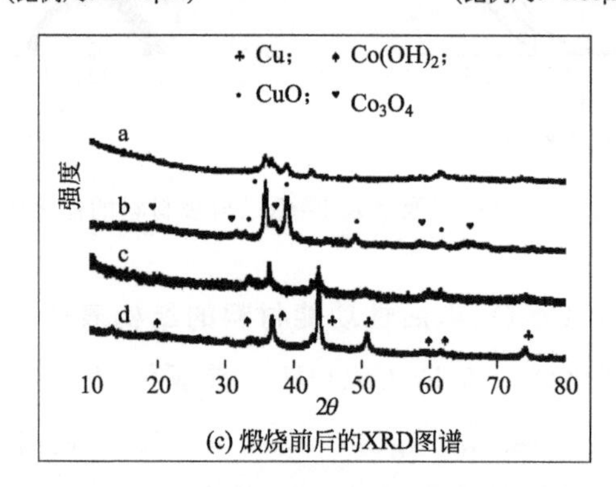

(c) 煅烧前后的XRD图谱

图 4-23 $CuO/Fe-Co_3O_4$ 的 SEM、XRD 表征

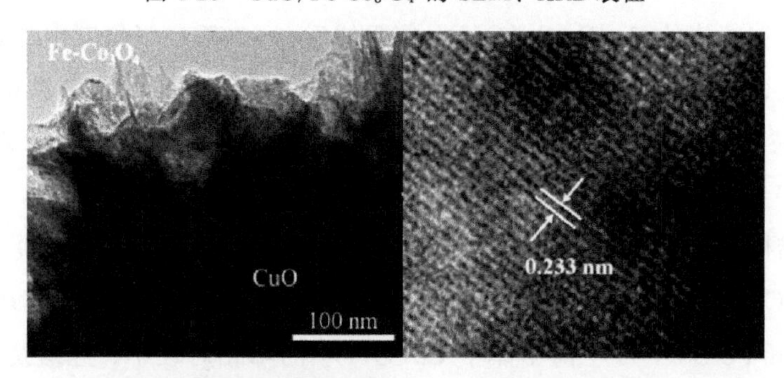

(a) $CuO/Fe-Co_3O_4$的TEM图

(b) CuO的TEM图

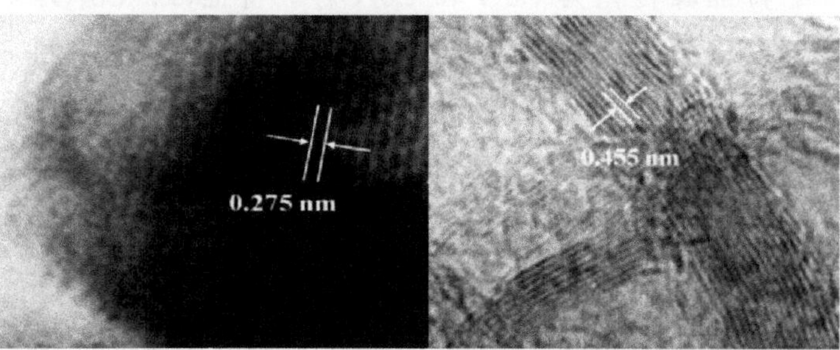

(c) $Fe-Co_3O_4$的TEM图

(d) $Fe-Co_3O_4$的TEM图

图 4-24 $CuO/Fe-Co_3O_4$、CuO、$Fe-Co_3O_4$ 电极材料的 TEM 表征

4.3.4.3 CuO@Fe-Co_3O_4 电活性功能材料的电催化性能

CuO/Fe-Co_3O_4 复合材料的形貌受沉积电位影响显著。如图 4-25(a)、(b) 所示，在－0.4V 条件下制备的复合材料显示出致密结构，呈不规则状。当沉积电位为－0.6V 时，制备复合材料显示出均匀的边长约 400nm 的立方体结构，致

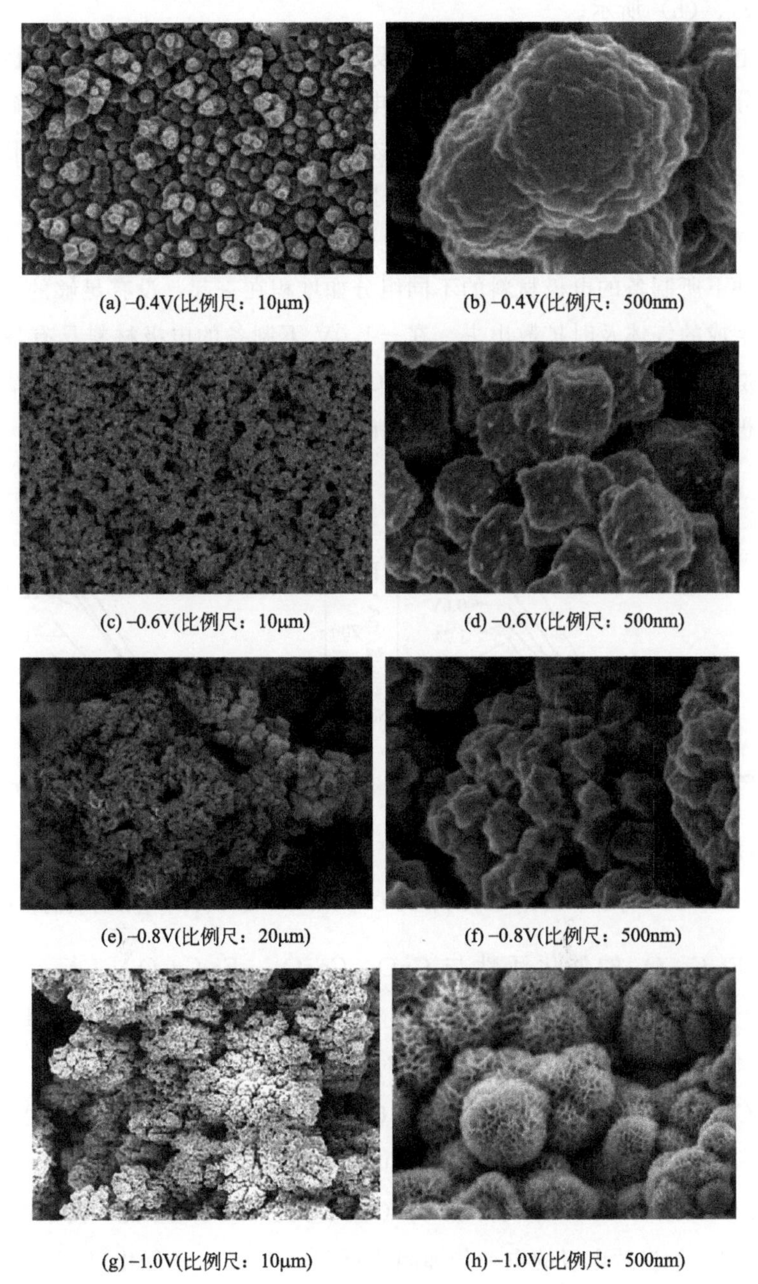

(a) −0.4V(比例尺：10μm)　(b) −0.4V(比例尺：500nm)

(c) −0.6V(比例尺：10μm)　(d) −0.6V(比例尺：500nm)

(e) −0.8V(比例尺：20μm)　(f) −0.8V(比例尺：500nm)

(g) −1.0V(比例尺：10μm)　(h) −1.0V(比例尺：500nm)

图 4-25 不同沉积电位时 CuO/Fe-Co_3O_4 的 SEM 图

密的材料结构均不利于暴露电极材料的活性位点，如图 4- 25(c)、(d) 所示。当电位为－0.8V 时，电极材料显示出明显的异质结构，不规则的纳米颗粒与纳米片混合，如图 4- 25(e)、(f) 所示。低倍 SEM 图，该电极材料类似于树枝状；在－1.0V 外加电位时，复合材料显示 $CuO/Fe\text{-}Co_3O_4$ 纳米片核壳结构如图 4- 25(g)、(h) 所示。

不同电位制备的 $CuO/Fe\text{-}Co_3O_4$ 电极材料的 OER 催化活性通过线性扫描伏安法进行分析。如图 4-26(a)，不同外加电位条件制备的电极材料的电解水性能差异较大，是由于 $CuO/Fe\text{-}Co_3O_4$ 电极材料在不同外加电位下巨大的形貌差异所致。－0.4V 和－0.6V 下制备的电极材料具有致密的颗粒微观结构，催化活性表现不好；－0.8V 条件时，制备的电极材料具有相当高的 OER 催化活性，但在该条件下所制备的电极材料的不同组分如堆积在一起，没有足够的空间来使反应物和生成的气体及时扩散出去。在－1.0V 下制备的电极材料具有最优的催化活性，是电极材料核壳结构和 $Fe\text{-}Co_3O_4$ 高的催化活性共同作用的结果。然而，当沉积电位变化为－1.2V，致密的结构致使催化活性下降。

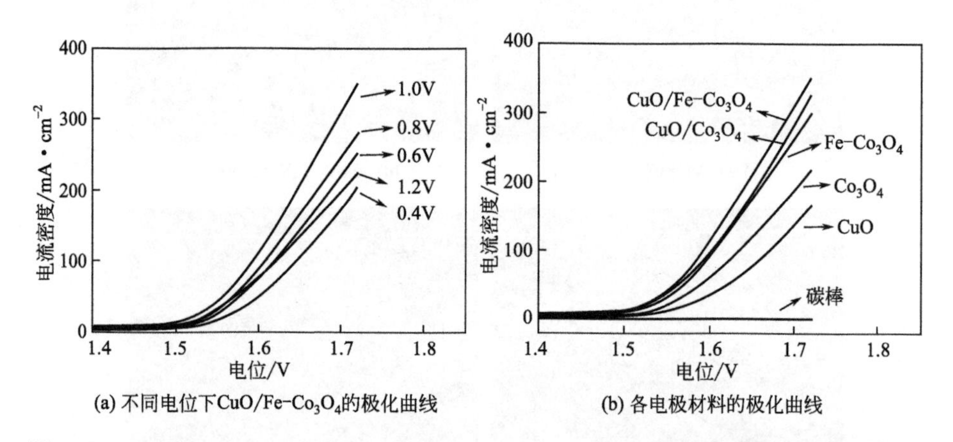

图 4-26 $CuO/Fe\text{-}Co_3O_4$、CuO/Co_3O_4、$Fe\text{-}Co_3O_4$、CuO、Co_3O_4 电极材料的极化曲线

$CuO/Fe\text{-}Co_3O_4$ 的催化活性与 CuO、Co_3O_4、$Fe\text{-}Co_3O_4$ 进行比较分析。图 4-26(b) 中，Fe 元素的掺杂使 Co_3O_4 的催化活性得以提高，$CuO/Fe\text{-}Co_3O_4$ 核壳电极材料在 $10mA \cdot cm^{-2}$ 电流密度时的过电位仅为 232mV。

分析 CuO、$Fe\text{-}Co_3O_4$ 和 $CuO/Fe\text{-}Co_3O_4$ 电极材料在 400mV 过电位下的电阻，如图 4-27(a)，$Fe\text{-}Co_3O_4$ 和 $CuO/Fe\text{-}Co_3O_4$ 的电极电阻比 CuO 小，其数值分别为 0.205Ω、0.202Ω 和 0.238Ω，表明 $Fe\text{-}Co_3O_4$ 具有良好的导电性能。由于核壳结构，$CuO/Fe\text{-}Co_3O_4$ 纳米片电极的电荷传递阻力低至 0.119Ω，其催化界面与反应物具有良好的亲和性。图 4-27(b) 显示 $CuO/Fe\text{-}Co_3O_4$ 电极材料的稳定性测试结果，前

3h电流稍有增加，随后电流密度稍有减小，但基本持续保持稳定。

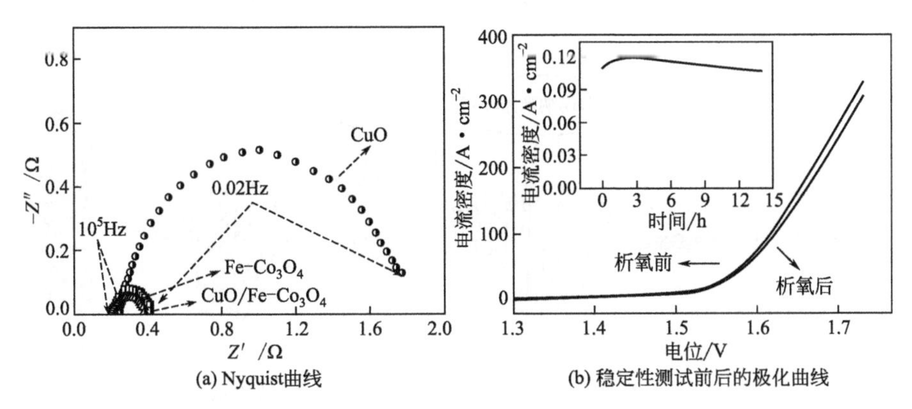

(a) Nyquist曲线 (b) 稳定性测试前后的极化曲线

图4-27 在过电位为400mV时CuO，$F-Co_3O_4$，$CuO/Fe-Co_3O_4$ Nyquist曲线和$CuO/Fe-Co_3O_4$稳定性测试前后的极化曲线

4.4 Ni基材料在电解水制氧中的应用

在电解水析氧反应电极材料中，由于镍（Ni）基电极材料较低的成本和丰富的储量，被认为是最有前景的OER电极材料之一。其中镍基氧化物和氢氧化物受到广泛关注。比如NiFe-LDHs双金属氢氧化物的析氧催化活性已高于商业化的IrO_2电极材料。因此进一步开发低成本、高效的镍基析氧电极材料具有重要的意义。本课题组研究了核壳结构和插层的NiFe-LDHs用于电解水析氧反应[58,59]。

4.4.1 $Cu(OH)_2$@NiFe-LDHs电活性功能材料电催化制氧

LDHs材料的纳米片具有传统平面阵列，因此，将二维阵列重建为具有高活性表面积的三维结构可获得高性能阳极电极材料。合理的核/壳体系结构可增强活性部位和电解质之间的接触区域[60]。目前，研究人员尝试开发多种类LDHs材料的OER活性。其中，NiFe-LDHs表现出最好电催化析氧性能，研究证明NiFe-LDHs纳米片电解水时过电位仅为230mV，Tafel斜率仅为50mV·dec^{-1}[61]。

4.4.1.1 $Cu(OH)_2$@NiFe-LDHs电活性功能材料的制备及反应机理

碳纸是由高比表面积和疏松结构的碳纤维制作而成，当NiFe-LDHs沉积在碳纸上，碳纸其表面变得紧密，为增加电解质和电极间的接触面积，并在电解水中为 NiFe-LDHs 提供更多的活性位点，通过电沉积和恒电流氧化相结合的方法，将 $Cu(OH)_2$ 纳米棒沉积在碳纤维上，如图 4- 28 所示。

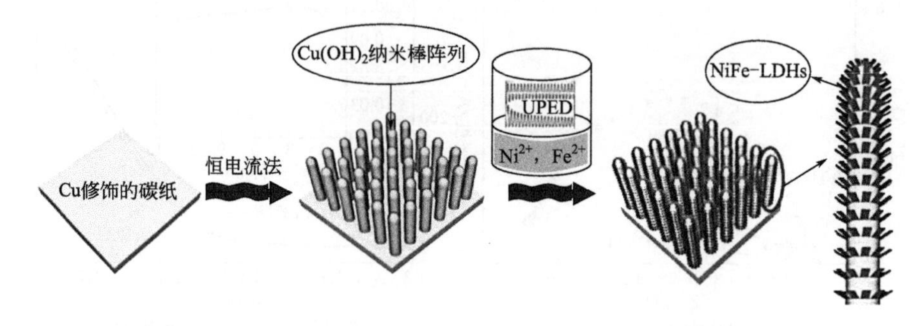

图 4-28　在碳纸上制备 $Cu(OH)_2$@NiFe-LDHs 结构示意图

制备过程如下：

$$Cu^{2+}+e^{-}=Cu \tag{4-36}$$

$$Cu+2OH^{-}-2e^{-}=Cu(OH)_2 \tag{4-37}$$

用－1.0V 阴极还原电位将 Cu^{2+} 还原成 Cu。在 $20mA \cdot cm^{-2}$ 氧化电流密度下，Cu 氧化成 $Cu(OH)_2$ 纳米棒。随后，应用单极脉冲沉积方法，在 $Cu(OH)_2$ 纳米棒上沉积 NiFe-LDHs 双金属氢氧化物。阴极脉冲持续时间中，外加电位使硝酸盐离子还原，从而使基底表面 OH^- 形成。如下所示：

$$NO_3^{-}+H_2O+2e^{-}=NO_2^{-}+2OH^{-} \tag{4-38}$$

反应增加了阴极附近电解液的 pH 值，因此，形成的羟基能与 Ni^{2+} 和 Fe^{2+} 在电解液中反应，以至于 NiFe-LDHs 的前驱体能够沉积在基底上，如下反应：

$$Ni^{2+}+Fe^{2+}+OH^{-}+A+H_2O \longrightarrow [N_{1-x}Fe_x(OH)_2]^{x+}[A_{x/n}]_n \cdot mH_2O \tag{4-39}$$

式中，A 表示制备液中的阴离子。当 NiFe-LDHs 的前驱体在空气中暴露 24h 后，Fe^{2+} 被氧化成 Fe^{3+}。因此可以在电极上获得 NiFe-LDHs。

4.4.1.2　$Cu(OH)_2$@NiFe-LDHs 电活性功能材料的结构表征

单极脉冲电沉积过程中，通过调整沉积时间、脉冲周期，研究外加电量对 $Cu(OH)_2$@NiFe-LDHs 的形态和性能的影响。图 4-29 所示，外加 1.5C 电量作用时，$Cu(OH)_2$ 纳米棒上均匀形成 NiFe-LDHs 的薄层；外加电量增加至 2.5C 时，$Cu(OH)_2$ 纳米棒上长出具有舒展大花片结构的 NiFe-LDHs 纳米片。随着外加电量大幅增加至 3.5C 和 4.5C 时，$Cu(OH)_2$ 纳米棒表面变得紧实，多孔结构减少。分析不同外加电量条件下制备的不同 $Cu(OH)_2$@NiFe-LDHs 电极材料的极化曲线（图 4-30），在相同外加电位下，外加电量为 2.5C 时制

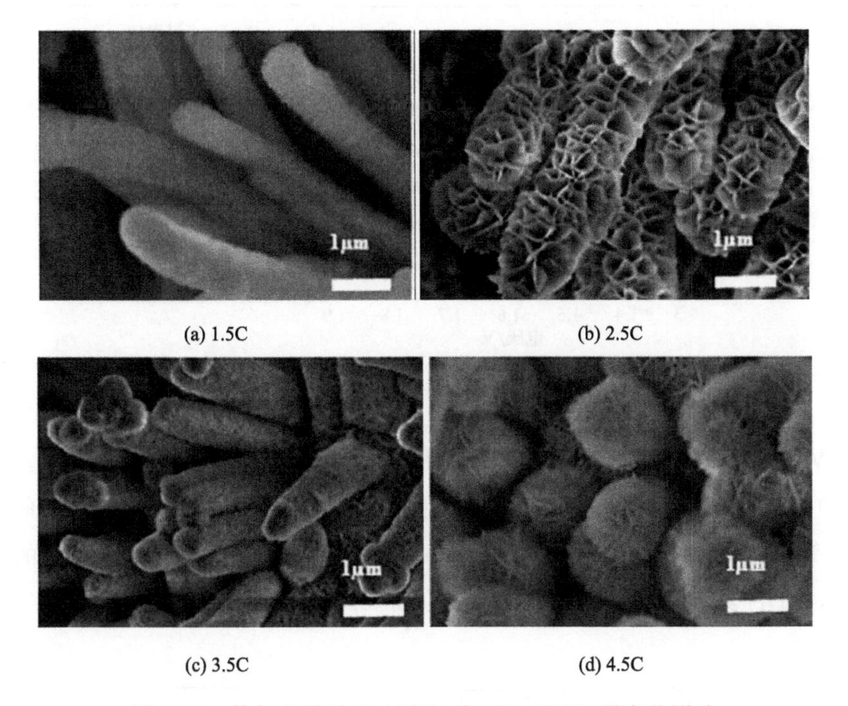

(a) 1.5C　(b) 2.5C

(c) 3.5C　(d) 4.5C

图 4-29　外加电量对 Cu(OH)$_2$@NiFe-LDHs 形态的影响

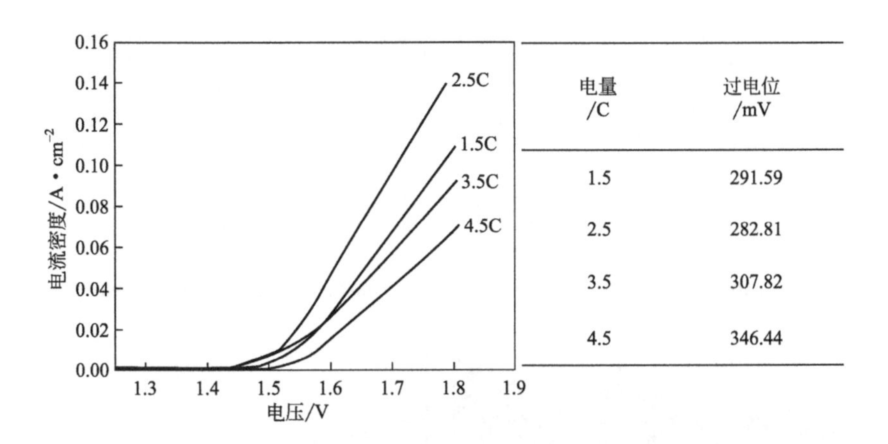

电量/C	过电位/mV
1.5	291.59
2.5	282.81
3.5	307.82
4.5	346.44

图 4-30　不同外加电量下所制备的不同 Cu(OH)$_2$@NiFe-LDHs 极化曲线

备的电极具有最高的极化电流，表明该条件下制备的电极材料对析氧反应有较好的催化活性。

电解液中 Ni/Fe 初始摩尔比对所得电极性能影响很大，当 Ni/Fe 最佳摩尔比 6∶4时，10mA·cm^{-2}时，Cu(OH)$_2$@NiFe-LDHs 过电位小于 290mV（图4-31）。

采用 XRD 分析，Ni2p$_{3/2}$ 和 Ni2p$_{1/2}$ 的典型结合能分别位于 854.3eV 和

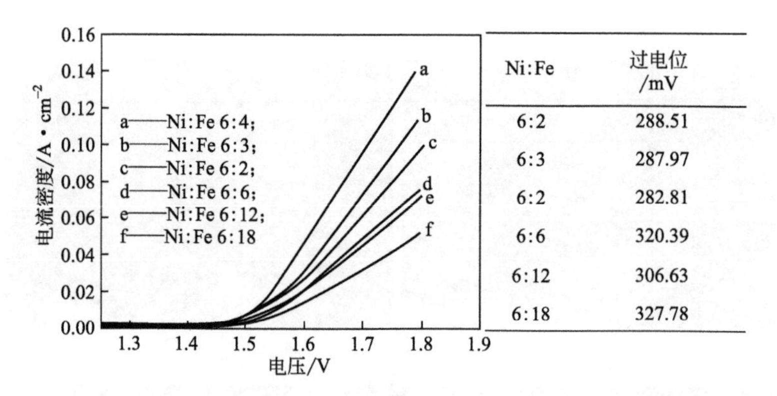

Ni:Fe	过电位/mV
6:2	288.51
6:3	287.97
6:2	282.81
6:6	320.39
6:12	306.63
6:18	327.78

图 4-31 不同 Ni/Fe 摩尔比下所制备的 $Cu(OH)_2$@NiFe-LDHs 极化曲线

873.4eV，$Fe2p_{3/2}$ 和 $Fe2p_{1/2}$ 的典型结合能分别位于 733.9eV 和 711.0eV，如图 4-32(a)、(b) 所示，由此确定：在制备的 NiFe-LDHs 中，Ni 和 Fe 元素的氧化态分别为+2 和+3[62]。图 4-32(c)、(d) TEM 图像说明：$Cu(OH)_2$ 棒的表面被 NiFe-LDH 纳米片均匀地覆盖，栅格间距 0.25nm 对应 NiFe-LDHs 的 (012) 晶面。

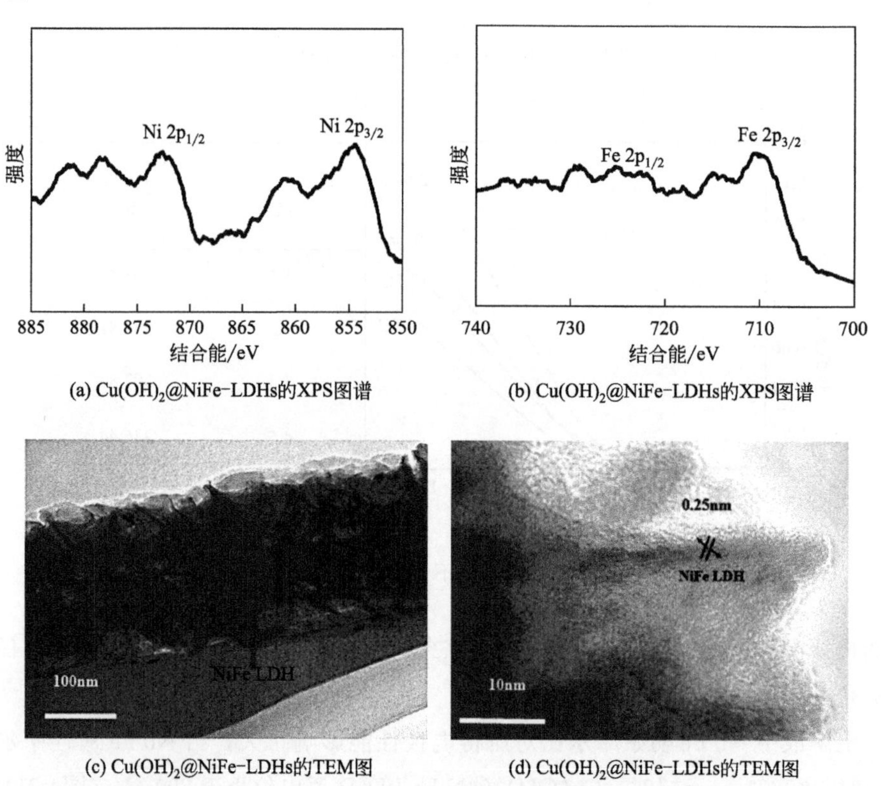

(a) $Cu(OH)_2$@NiFe-LDHs的XPS图谱

(b) $Cu(OH)_2$@NiFe-LDHs的XPS图谱

(c) $Cu(OH)_2$@NiFe-LDHs的TEM图

(d) $Cu(OH)_2$@NiFe-LDHs的TEM图

图 4-32 $Cu(OH)_2$@NiFe-LDHs 的 XPS 及 TEM 表征

图 4-33 说明外加脉冲电位对 NO_3^- 的还原和 NiFe-LDHs 材料的后续形成有

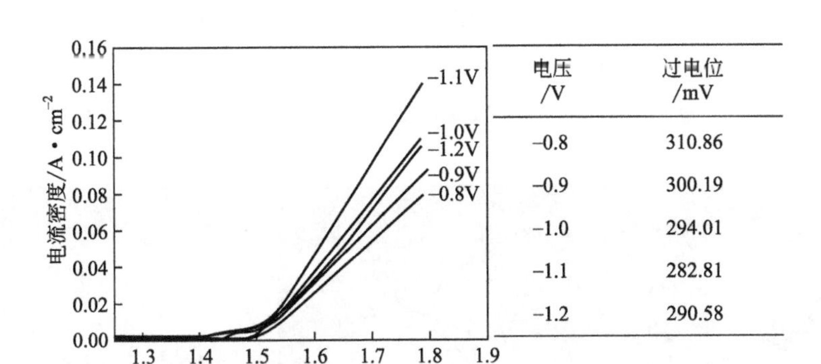

电压/V	过电位/mV
-0.8	310.86
-0.9	300.19
-1.0	294.01
-1.1	282.81
-1.2	290.58

图 4-33　不同外加脉冲电位条件下 $Cu(OH)_2$@NiFe-LDHs 的极化曲线

很大的影响[63]。由于不同电位制备的样品，在相同电量（2.5C）基础上，电沉积时间随电位的增加而减少，电势范围在－0.8V 到－0.9V 内，NiFe-LDHs 纳米片沉积在 $Cu(OH)_2$ 纳米棒顶部。当电势调整到－1.0V 到－1.1V 时，可以观察到生长有 NiFe-LDHs 纳米片的 $Cu(OH)_2$ 纳米棒的核壳结构。尤其是对用碳纸包覆的 $Cu(OH)_2$@NiFe-LDHs 来说，在－1.1V 下制备的电极催化性能最优。

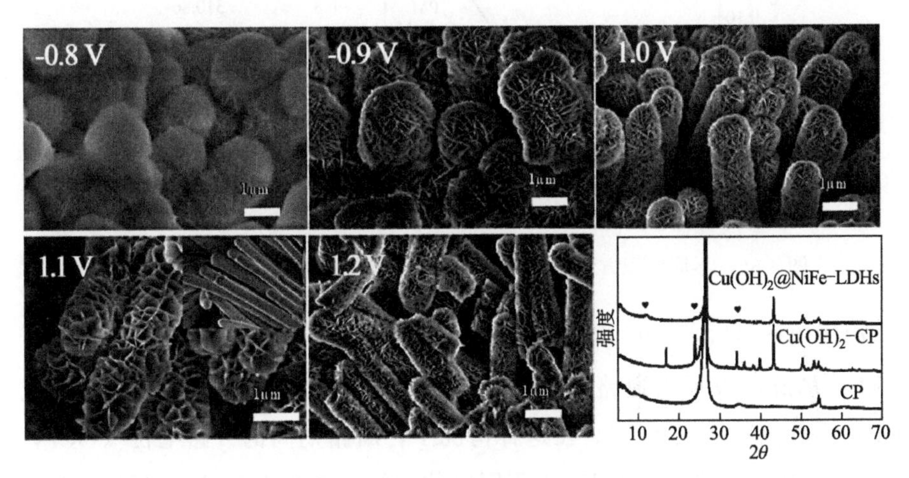

图 4-34　$Cu(OH)_2$@NiFe-LDHs 的 SEM 图、$Cu(OH)_2$@NiFe-LDHs、$Cu(OH)_2$、NiFe-LDHs 的 XRD 图

图 4-34 所示的 SEM 图像表明：在－1.1V 下形成的 NiFe-LDHs 纳米片表现出更好的空隙结构和合理的“枝杈”阵列（图 4-35）。在－1.2V 沉积电位时，核壳阵列被破坏。在－1.1V 下所得电极的 X 射线衍射线光谱中，晶面（003）、（006）、（012）属于 NiFe-LDHs 的特征峰（XRD 晶体粉末衍射 JCPDS 卡片38-

0715)；峰 17°、24°、34°属于 $Cu(OH)_2$@NiFe-LDHs 复合材料中 $Cu(OH)_2$ 的特征峰（JCPDS-13-0420）。结合上述 TEM、XPS 和 XRD 的结果，可以确定纳米片是由 NiFe-LDHs 组成的。

图 4-35 所示为运用 PM、PPM 和 CV 方法制备电极的 $Cu(OH)_2$@NiFe-

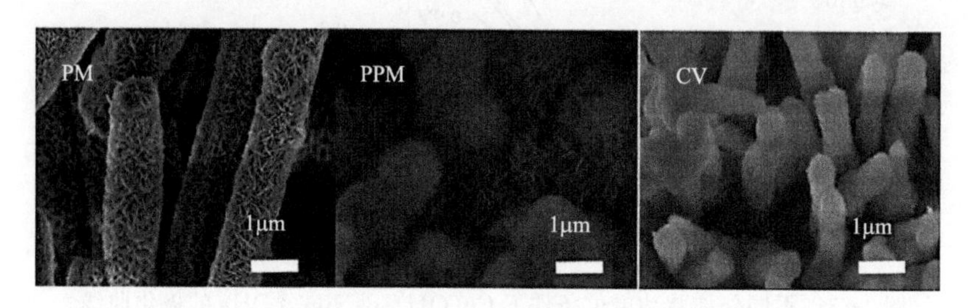

图 4-35　不同沉积方法下 $Cu(OH)_2$@NiFe-LDH 的 SEM

LDHs 阵列的扫描电镜（SEM）图像。相比于图 4-30 的图像，我们可以看出：所有 $Cu(OH)_2$@NiFe-LDHs 阵列结构致密。如图 4-36 所示，单极脉冲电沉积

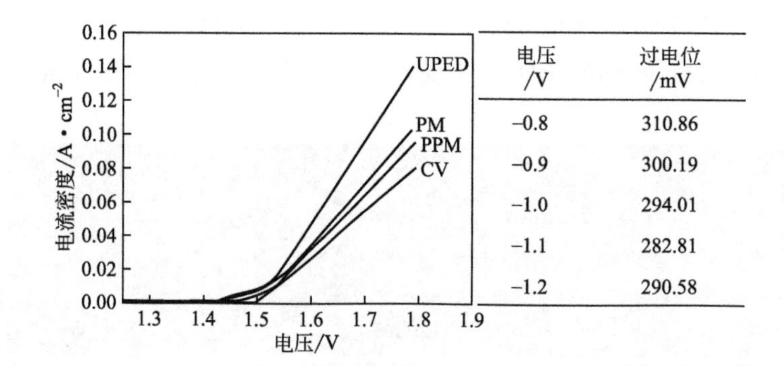

电压/V	过电位/mV
−0.8	310.86
−0.9	300.19
−1.0	294.01
−1.1	282.81
−1.2	290.58

图 4-36　不同沉积方法所制备的 $Cu(OH)_2$@NiFe-LDHs 的极化曲线

方法（UPED）制备的电极的电流密度高于其他电极。单极脉冲电沉积方法（UPED）的脉冲波形由通路期间内的外加阴极电位和断路期间内的开路电位（OCP，零电流）组成[38,40]。在这种情况下，断路期间的开路电位（OCP，零电流）能够被自动控制。此外，上下限电位之间的变化不会过高（图 4-37）。这种电位脉冲模式可避免碳纤维基体上沉积的 $Cu(OH)_2$@NiFe-LDHs 过于频繁的氧化还原作用。

4.4.1.3　$Cu(OH)_2$@NiFe-LDHs 电活性功能材料的电催化性能

图 4-38 是 $Cu(OH)_2$ 纳米棒阵列、NiFe-LDHs 和 $Cu(OH)_2$@NiFe-LDHs 的线性扫描伏安法曲线和相应的 Tafel 极化曲线，$10mA \cdot cm^{-2}$时，$Cu(OH)_2$@

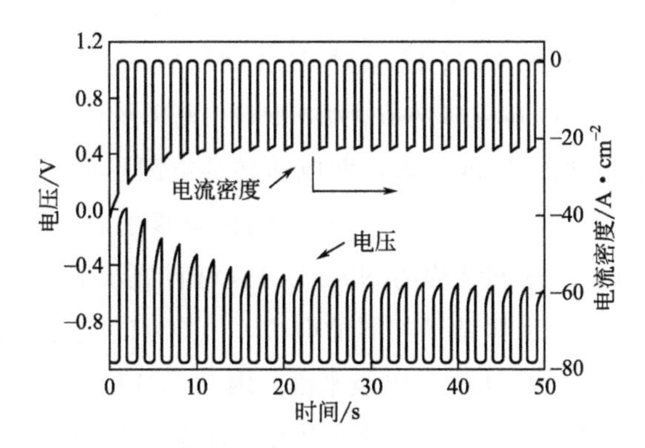

图4-37　Cu(OH)$_2$@NiFe-LDHs时的电位-时间与电流密度-时间变化曲线

NiFe-LDHs所需的过电压（283mV）比其他电极的更低；Tafel斜率仅为88mV·dec^{-1}。显著改善性能的原因：①NiFe-LDHs纳米片固有的高活性确保了电极的良好催化性能；②多孔核/壳层阵列结构大大增加了电解质与活性位点之间的接触面积，明显促进了离子和电子扩散；③Cu(OH)$_2$不仅起到了物理支撑作用，还为电子运输提供了通道；④包裹在Cu(OH)$_2$纳米棒周围的NiFe-LDHs纳米片有利于更多活性位点的暴露，以提高每个区域的催化活性；⑤分层异质结构为电解液的循环提供了充足的空间；⑥无胶黏剂避免了电荷传递电阻和活性位点的堵塞。

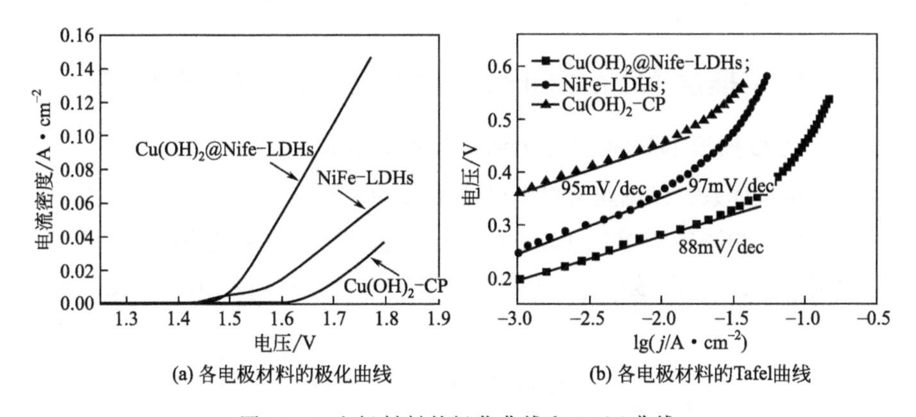

图4-38　电极材料的极化曲线和Tafel曲线

根据以上研究，可以得出结论：Cu(OH)$_2$@NiFe-LDHs电极的最佳工艺条件是：脉冲周期为1s，在沉积液中Ni/Fe初始摩尔比为6∶4，外加脉冲电位为−1.1V，外加电流为2.5C的条件。图4-39(a)显示Cu(OH)$_2$@NiFe-LDHs、Cu(OH)$_2$和NiFe-LDHs电极的电化学交流阻抗谱（EIS），Cu(OH)$_2$@NiFe-LDHs

的 R_s（2.26Ω）比 $Cu(OH)_2$ 的 R_s（2.71Ω）和 NiFe-LDHs 电极的 R_s（2.50Ω）都更低。此外，这种复合材料 $Cu(OH)_2$@NiFe-LDHs 的 R_{ct} 为0.35Ω，而 $Cu(OH)_2$ 的 R_{ct} 为 1.10Ω，NiFe-LDHs 电极的 R_{ct} 为 0.40Ω。说明复合材料通过对 $Cu(OH)_2$ 和 NiFe-LDHs 的相互增强和/或修饰，使电荷转移电阻更低。图 4-39(b) 是比较 $Cu(OH)_2$@NiFe-LDHs、$Cu(OH)_2$ 和 NiFe-LDHs 电极的稳定性。从图 4-39 中可以看出：具有平面阵列纳米网结构的 NiFe-LDHs 材料展示出良好的稳定性，在长达 10h 的电解过程中，几乎保持了相同的电流，$Cu(OH)_2$ 电极的活性降低较为明显，而对于 $Cu(OH)_2$@NiFe-LDHs 电极来说，因 NiFe-LDHs 纳米片充当保护层使 $Cu(OH)_2$ 免受腐蚀损坏，这种复合电极表现出相对良好的定性。

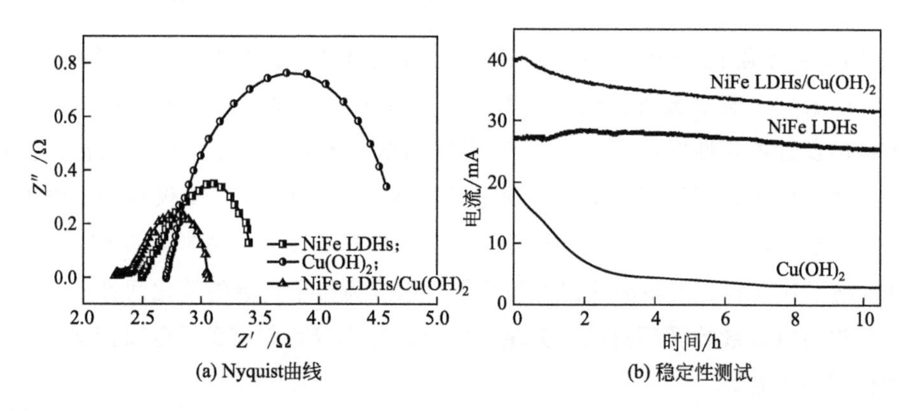

图 4-39 $Cu(OH)_2$@NiFe-LDHs、$Cu(OH)_2$、NiFe-LDHs 的 Nyquist 曲线及稳定性测试

4.4.2 原位插层 NiFe-LDHs 电活性功能材料的催化制氧

4.4.2.1 原位插层 NiFe-LDHs 电活性功能材料的制备及结构表征

采用三电极体系，以铂丝为对电极，Ag/AgCl 为参比电极，碳棒（CR）为工作电极，单极脉冲法制备 NiFe-LDHs，并经过甲酰胺浸泡和超声辅助，进行原位插层/剥层，形成具有良好的界面连接和稳定的原位插层 NiFe-LDHs（图4-40）。

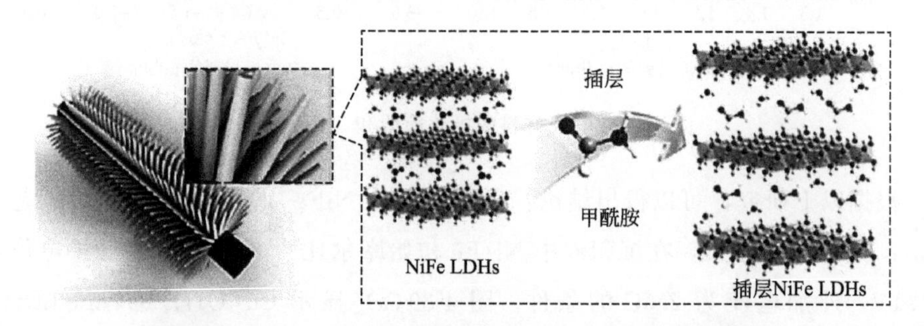

图 4-40 在碳棒基体上原位插层电沉积 NiFe-LDHs 示意图

原位插层单极脉冲制备的 NiFe-LDHs 具有约 300nm 横向尺寸的多孔纳米片结构，可提供大量的催化活性位点，纳米片之间的空隙可以为生成氧气提供快速扩散通道［图 4-41(a)］。一步电沉积法在碳棒上直接生长 NiFe-LDHs 材料，保

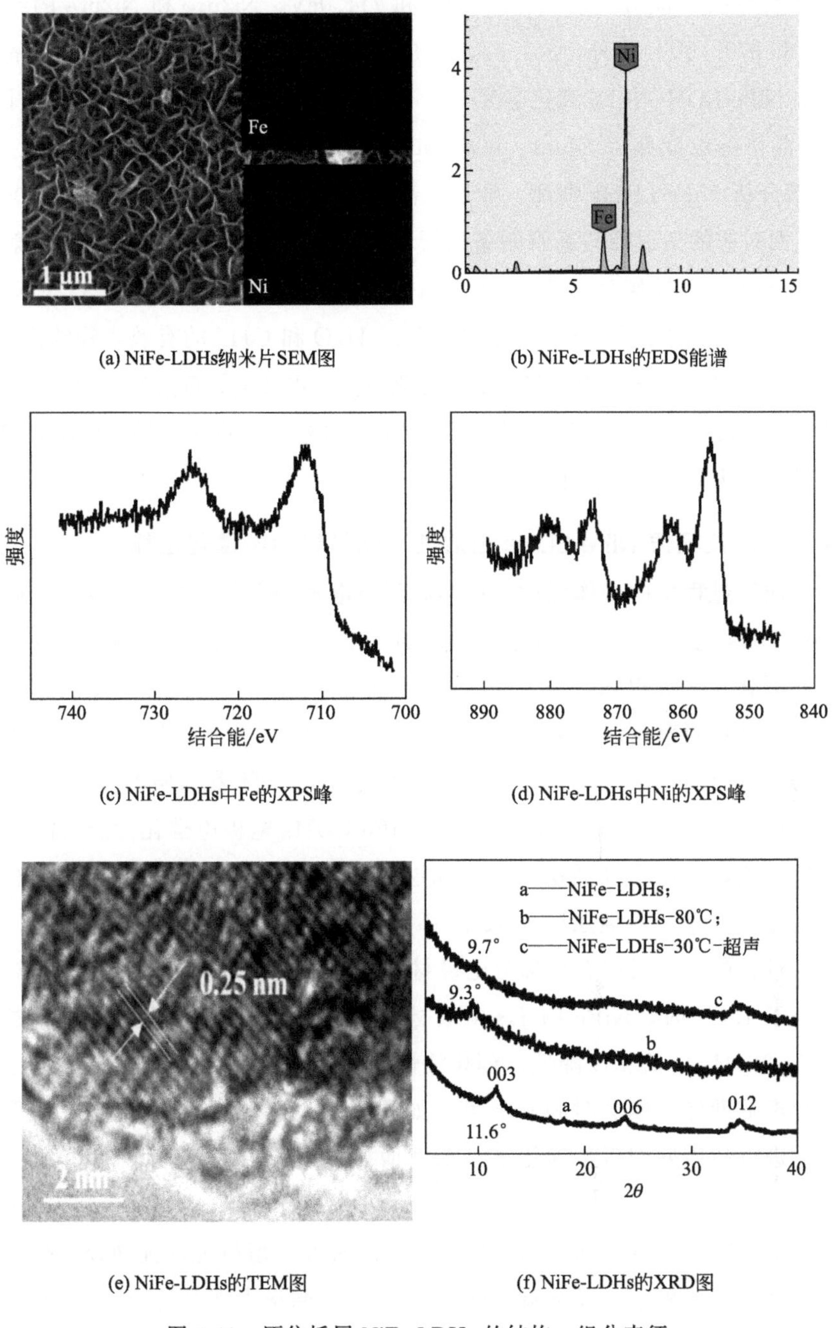

(a) NiFe-LDHs纳米片SEM图

(b) NiFe-LDHs的EDS能谱

(c) NiFe-LDHs中Fe的XPS峰

(d) NiFe-LDHs中Ni的XPS峰

(e) NiFe-LDHs的TEM图

(f) NiFe-LDHs的XRD图

图 4-41　原位插层 NiFe-LDHs 的结构、组分表征

证了电催化材料与碳棒基体的牢固连接，促进了阳极极化过程中电子从电极材料到电极基体的传递［图 4-41(b)］。根据 EDS 检测，Fe 和 Ni 分布均匀，Fe^{3+} 的占比约为 0.2；运用 XPS 对 NiFe-LDHs 材料的组分分析［图 4-41(c)、(d)］，$Fe2p_{3/2}$ 和 $Fe2p_{1/2}$ 的典型结合能分别位于 723.9eV 和 711.0eV，$Ni2p_{3/2}$ 和 $Ni2p_{1/2}$ 的结合能 854.3eV 和 873.4eV，另外，861.5eV 和 880.1eV 分别是 $Ni2p_{3/2}$ 和 $Ni2p_{1/2}$ 的两个峰，可知 NiFe-LDHs 中 Ni 氧化态为+2，Fe 氧化态为+3。分析 TEM 图像［图 4-41(e)］，晶格条纹间距 0.25nm，对应 NiFe-LDHs 的（012）晶面[64]。图 4-41(f) XRD 图谱分析 NiFe-LDHs 剥离、插层、离子交换过程，图中（003）、（006）和（012）晶面对应的衍射峰与新鲜制备的层间掺杂 NO_3^- 的 NiFe-LDHs 的衍射峰一致。水浴温度 80℃插层后的 NiFe-LDHs-80℃（003）晶面衍射峰从 11.6°降到了 9.3°，经计算，层间距从 7.8Å 增加到 9.5Å；H_2O 和 OH^- 的有效半径约为 4Å 和 3.5Å，所以，扩展的层间距不仅增加了催化活性位点数量，反应物 H_2O、OH^- 和生成的氧气能快速传输，可加快制氧反应进行。在超声辅助下，插层所需时间大大缩短，层间距从 7.8Å 增加到 9.3Å。

4.4.2.2 原位插层 NiFe-LDHs 电活性功能材料的电催化性能

原位插层过程中的操作温度和持续时间对电极的催化活性影响较大，插层后的 NiFe-LDHs 电极的过电位低于未插层的 NiFe-LDHs。图 4-42(a) 显示，由于室温条件下脉冲电沉积 NiFe-LDHs 纳米片插层不完全，且长时间浸泡会使电极上部分电极材料脱落，所以外加电位小于 1.52V 时，具有较低的过电位和较高的电流密度，但外加高电位时其电流密度数值不高。随着插层温度增加至 80℃［图 4-42(b)］，电流密度持续增加明显。NiFe-LDHs 电极电催化性能与浸泡时间同样密切相关，通过增加插层时间，插层更加充分，NiFe-LDHs 电极的电流密度显著增加，但是，当插层时间大于 3h，NiFe-LDHs 电极的电催化性能下降，其原因为过长的浸泡时间会使部分电极材料从碳棒上脱落。从图分析，80℃、外加电位高于 1.5V 时，NiFe-LDHs 电极材料的电流密度最高，但 100℃高温插层后的 NiFe-LDHs 电流密度降低，催化活性不稳定［图 4-42(c)］。

用超声辅助降低插层时间和温度。如图 4-43，NiFe-LDHs 电极在甲酰胺插层的同时进行超声处理后，催化电流密度增加，过电位明显降低。室温条件下，NiFe-LDHs 电极插层 10min，催化电流密度达到最高值；30℃、超声 5min，就表现出过电位明显降低，同时获得更高的电流密度。超声可以扰动分子间氢键作用力、改变分子的构象以及克服 LDHs 层间的范德华力[65-68]。因此，超声辅助处理可以加快插层过程，但超声时间不易太长，超声时间久会使 NiFe-LDHs 材料从基体上脱落。

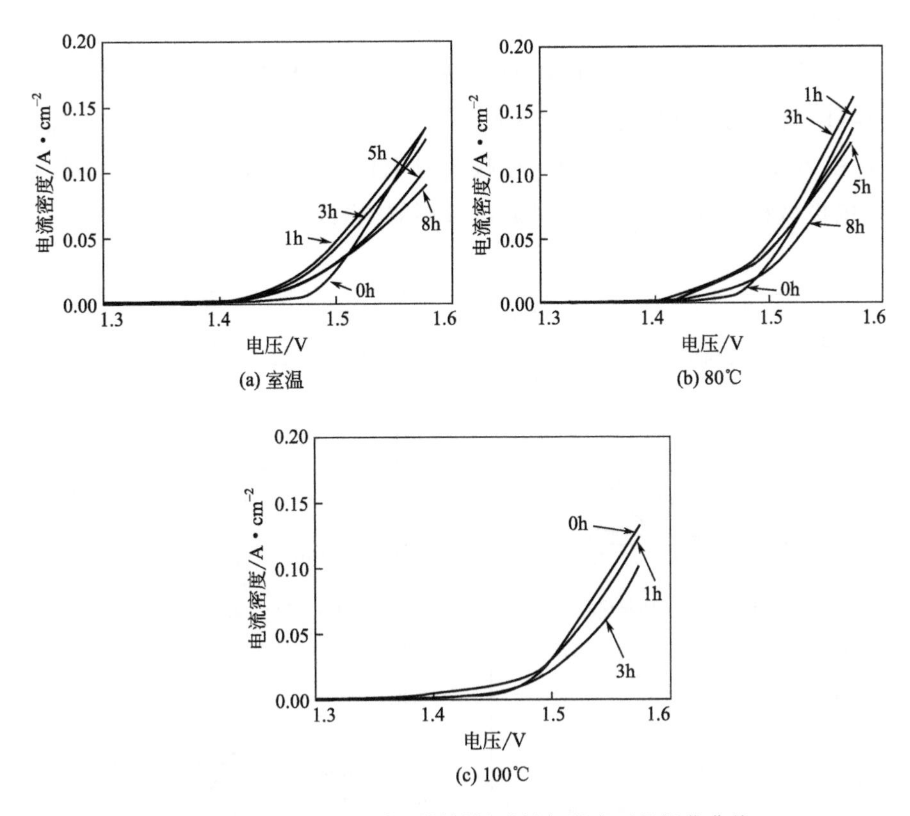

图 4-42　NiFe-LDHs 在不同插层时间与温度下的极化曲线

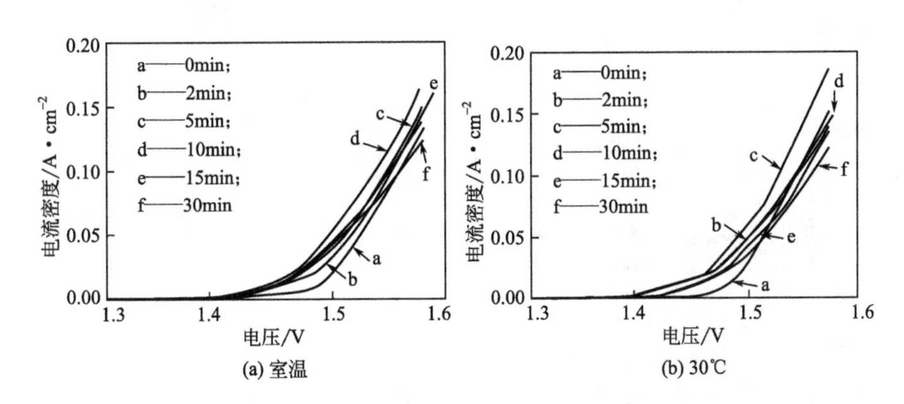

图 4-43　超声辅助插层 NiFe-LDHs 的极化曲线

分析电极极化曲线图 4-44(a)，插层并超声后，NiFe-LDHs 电极的过电位及电流密度效果明显优于插层、无超声辅助的 NiFe-LDHs 电极，超声处理不仅使电极表面的不稳定材料通过超声震颤剥落，同时会使材料纳米片结构变得更加粗糙和松散，松散的纳米片结构为其提供了更多的反应面积和活性位点。

电流密度为 $10mA \cdot cm^{-2}$ 时的过电位是评价 OER 电极材料的一个重要性能指标，因为它大约是太阳能燃料电池装置 10% 效率时的电流密度[69,70]。图 4-44(b) 显示电流密度为 $10mA \cdot cm^{-2}$ 时的过电位随时间变化，超声辅助条件下，在 30℃插层的 NiFe-LDHs 电极的过电位低至 203mV，通过测定 NiFe-LDHs 电极材料的氧气产率，得到其法拉第效率高达 95%。

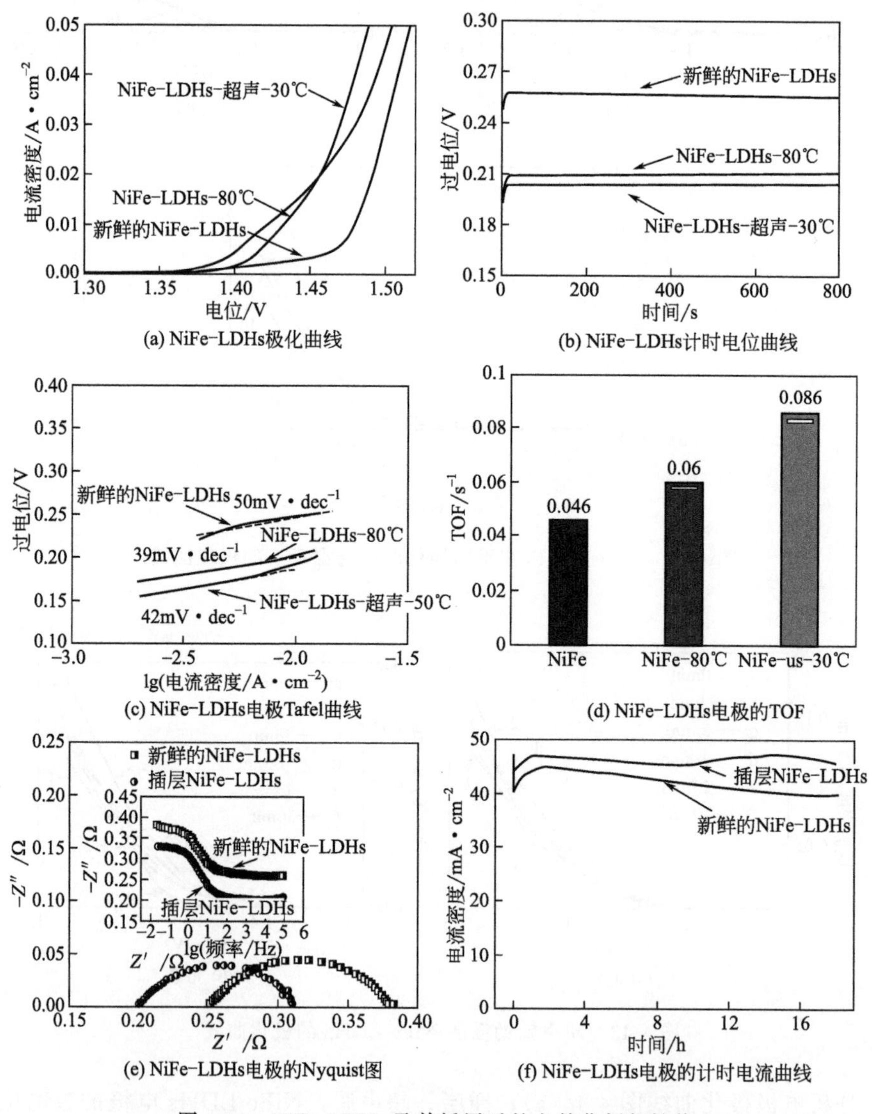

图 4-44 NiFe-LDHs 及其插层后的电催化析氧性能

由于 Tafel 斜率可以描述过电位对稳态时电流密度的影响，因而被广泛应用于电催化反应动力学的评价。图4-44(c)显示不同制备条件时NiFe-LDHs电极的Tafel数据。在30℃和80℃条件插层的NiFe-LDHs电极Tafel斜率数值都很低，与报道的Ir（约$40mV \cdot dec^{-1}$）[71]和IrO_2（约$40mV \cdot dec^{-1}$）[72]接近。插层后NiFe-LDHs电极的Tafel斜率分别降至$39mV \cdot dec^{-1}$和$42mV \cdot dec^{-1}$。

由Tafel曲线推断，OER在碱性条件下，反应机制是：

$$OH^- + M \longrightarrow OH_{ads} + e^- \tag{4-40}$$

$$MOH + OH^- \longrightarrow O_{ads} + H_2O + e^- \tag{4-41}$$

$$MO + OH^- \longrightarrow MOOH + e^- \tag{4-42}$$

$$MOOH + OH^- \longrightarrow MOO^- + H_2O \tag{4-43}$$

$$MOO^- + OH^- \longrightarrow O_2 + M + e^- \tag{4-44}$$

Takanabe等讨论了Tafel斜率与基于微动力学分析的控速步骤之间的关联[73]。如果速率控制步骤为方程式(4-44)，Tafel斜率约为$40mV \cdot dec^{-1}$，可以判断，方程式（4-44）应为所插层NiFe-LDHs电极的控速步骤。

电活性功能材料的电活性可用表观周转率（TOFs）表示。假设NiFee-LDHs纳米片中的所有金属离子都是活性的，如图4-44(d)，NiFe-LDHs-80°C和NiFe-LDHs-30°C超声与未插层电极NiFe-LDHs相比，TOF值逐渐增加，说明插层或剥层后，可以有效地利用更多层间活性位置，内部活性较强。图4-45(e)电化学阻抗分析，插层后的NiFe-LDHs层间扩大，并且层间不稳定材料的剥落，使得NiFe-LDHs电极具有较低的欧姆电阻和电荷传递电阻。NiFe-LDHs电极的稳定性在0.5V恒定电位下测试［图4-45(f)］，插层制备NiFe-LDHs电极材料显示出高的产氧率，经过18h稳定性测试，电流密度只出现稍微波动，表现出能保持长时间的催化活性。

4.5 电解水制氢

目前，电解水制氢反应最好的电极材料仍然是Pt系贵金属，贵金属的储量有限，价格昂贵。因此，制备廉价、高效、耐用的制氢电极材料成为目前的研究热点之一。电极材料制备关键是如何最大程度增多活性位点数量，可从几点考虑：①通过改变材料结构形状。如制备纳米结构材料，核壳结构材料，并将其负载在高比表面基底上；②增加每个活性位点的活性。如增大晶体缺陷数量、核壳和合金结构等[74]。本课题组研究探讨了金属掺杂对Mo_2C和CoP析氢催化剂催化性能的影响[75,76]。

4.5.1 Ag掺杂Mo_2C电活性功能材料催化制氢

有机无机杂化氨基、钼基材料直接碳化可制备纳米结构的Mo_xC_y。通过这种方法可以得到具有纳米棒、纳米球、微花等多种形态的Mo_xC_y。结果表明，β-Mo_2C多孔纳米棒对HER的电催化性能优于本体。此外，金属通过修饰Mo_xC_y晶体结构可以很好调节其催化活性。例如，Pt-Co双金属改性碳化钼在氧化还原反应中表现出优异性能，有望将第二种金属掺杂到β-Mo_2C的晶格中[77]；Ni加入Mo_2C晶格后，电极材料中电荷分布发生变化，Ni与Mo_2C的协同作用降低氢气结合能，最终提高HER的催化性能[78]。

4.5.1.1 Ag掺杂Mo_2C电活性功能材料的制备及结构表征

通过苯胺和钼酸铵合成复合前驱体，再与$AgNO_3$溶液混合，煅烧碳化形成Ag/Mo_2C复合材料，图4-45(a)为650℃、700℃、750℃、800℃和850℃温度制备的Mo_xC_y和Ag/Mo_xC_y复合电极材料的XRD图谱，34.51°、38.21°、39.61°处为六边形β-Mo_2C特征峰，37.11°、42.81°处对应立方形α-MoC_{1-x}特征峰。其中，650℃制备材料的26.11°峰出现MoO_2特征峰，44.51°、64.51°、77.51°、81.31°的峰对应金属Ag。对于Ag-Mo_xC_y复合材料，其组成随碳化温度的变化而变化，650℃的XRD图中有MoO_2和α-Mo_xC_y物质，当焙烧温度增加到700℃及以上，更多β-Mo_2C逐渐形成，同时α-Mo_xC_y相应减小，表明在更高的温度下，亚稳态α-Mo_xC_y容易转化成稳定的β-Mo_2C；750℃以上温度，Ag-Mo_xC_y复合材料中Mo_xC_y是纯β-Mo_2C相。

图4-45(b)为不同初始Ag∶Mo摩尔比（0∶1～1∶1）的样品在前驱体溶液中的XRD图谱。所有样品在750℃煅烧5h，可以看到所有样品中只有

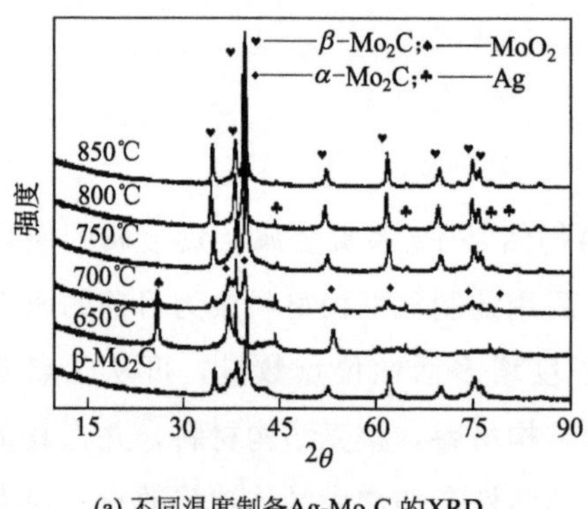

(a) 不同温度制备Ag-Mo_xC_y的XRD

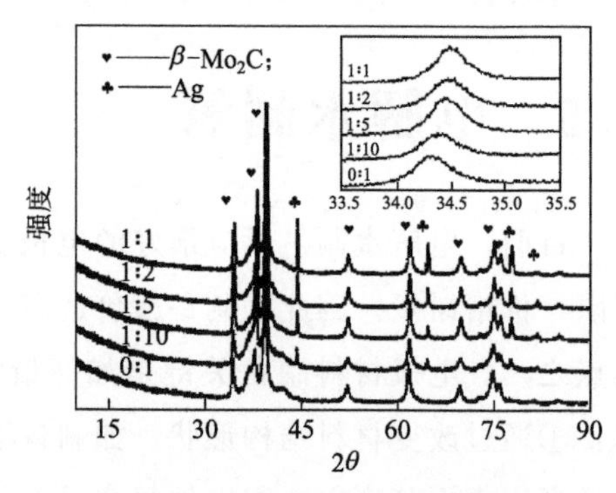

(b) 不同Ag/Mo摩尔比Ag/Mo_xC_y的XRD

图4-45 不同碳化温度和不同Ag/Mo摩尔比制备Ag-Mo_xC_y XRD图

β-Mo_2C相。随着 Ag 负载量的增加，Ag 晶体的峰值强度增大。碳化钼的金属改性可引起 β-Mo_2C 的结晶变化[79,80]，如图 4-45(b) 的插图所示，随着 Ag 掺杂量的增加，β-Mo_2C 的 (010) 峰在向右发生偏移，说明 β-Mo_2C 的晶格参数随着 Ag 掺杂量的增加而减小，当 Ag/Mo 摩尔比增加到 1∶5 以上时，变化趋势基本停止。

计算不同碳化温度下 Ag-Mo_xC_y 电极材料的 BET 表面积（表 4-3），随着碳化温度升高比表面积增大，700℃时最大，之后，随着煅烧温度升高，BET 表面积从 125.6$m^2 \cdot g^{-1}$下降到 10.5$m^2 \cdot g^{-1}$。原因分析是：①颗粒在高温下烧结，导致微孔堵塞；②随着碳化温度升高，α-Mo_xC_y 相转变为稳定的 β-Mo_2C 相，α-Mo_xC_y 的表面积与 β-Mo_2C 相比普遍较高[81,82]。

表 4-3　不同碳化温度下 Ag-Mo_xC_y 电极材料的 BET 表面积

碳化温度/℃	650	700	750	800	850
BET 表面积/$m^2 \cdot g^{-1}$	93.1	125.6	56.7	11.2	10.5

4.5.1.2　Ag 掺杂 Mo_2C 电活性功能材料的电催化性能

采用 LSV 对 Ag/β-Mo_2C 复合材料、Ag 和 β-Mo_2C 包覆的碳纳米管修饰 CR 电极的电解水性能进行测试。如图 4-46 所示，复合电极的催化活性依赖于碳化温度和 Ag/Mo 的初始摩尔比，750℃条件下制备的复合材料在相同的电流密度下，过电位越低，催化性能越好。分析 XRD 图谱 [图 4-46(a)]，当碳化温度超过 750℃时，得到了纯 β 相的 Ag/β-Mo_2C 复合材料，其性能优于其他材料。然而，碳化温度的进一步升高会导致 BET 表面积的减小，不利于反应活性位点的暴露。图 4-46(b) 中，Ag/Mo 摩尔比为 1∶5 时获得的 Ag/β-Mo_2C/CNTs 电极材料，对 HER 的催化活性最高，当摩尔比大于 1∶2 时，电

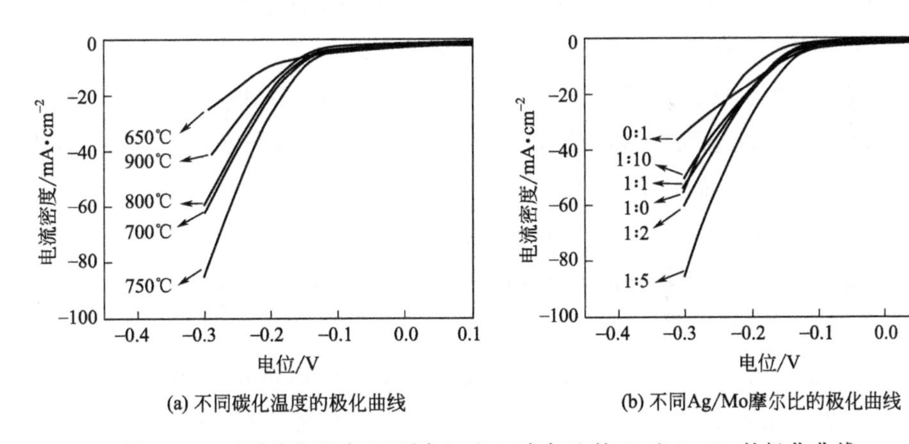

(a) 不同碳化温度的极化曲线　　(b) 不同Ag/Mo摩尔比的极化曲线

图 4-46　不同碳化温度和不同 Ag/Mo 摩尔比的 Ag/Mo_xC_y 的极化曲线

活性明显降低。

为比较掺杂银和担载银对 β-Mo_2C 的 HER 性能影响，将 Ag/β-Mo_2C 复合材料浸入 HNO_3 溶液后除去金属银，得到 Ag 掺杂的 β-Mo_2C。EDS 测定结果表明，Ag/β-Mo_2C 复合材料中 Ag/Mo 摩尔比与前驱体中 1∶5 的摩尔比一致，经硝酸溶液浸泡后只有约 25％的 Ag 被保留下来［图 4-47(a)］。XRD 进一步证实经硝酸处理后，金属 Ag 特征峰全部消失，说明 25％的 Ag 掺杂到 β-Mo_2C 晶格中，Ag 在 β-Mo_2C 的作用如图 4-47(b)，在碳纳米管修饰的碳棒基体上沉积了银掺杂的 β-Mo_2C，并对其进行 HER 评价。

采用 XPS 和紫外分光光度计对 Ag/β-Mo_2C 材料进行分析，反应过程中形成的电极材料表面覆盖一层薄的 MoO_3 和 MoO_2 膜，图 4-47(c) 中 Mo 的 XPS 图，可观察到氧化钼在 235.7eV 处有明显特征峰，而 Ag/β-Mo_2C 电极材料中 β-Mo_2C 材料的峰值为 228.8eV 和 232.4eV[83]。图 4-47(d) Ag 的 XPS 图中，Ag3$p_{3/2}$ 和 Ag3$p_{5/2}$ 的结合能分别位于 273.4eV 和 367.6eV 处，没有观察到金属 Ag 的特征峰，说明制备得到的电极材料中只存在 Ag^+ 状态[84]。图 4-47(e) 紫外分光光度计分析，制备的电极材料为黑色是导致可见光在 250～800nm 波段被强烈吸收的主要原因。与 Mo_2C 相比，Ag/β-Mo_2C 电极材料在约 240nm 和 320nm 处出现光吸收峰，是由于 Ag^+ 和 Ag 的存在[85,86]，经 HNO_3 溶液清洗后，Ag 掺杂 β-Mo_2C 电极材料只有明显的 Ag^+ 峰，金属 Ag 的峰值消失，表明 Ag 掺杂的化学状态是 Ag^+，Ag 原子在碳化过程中被 β-Mo_2C 晶体中部分 Mo 原子取代。Ag/β-Mo_2C/CNTs、Ag/CNTs 和 β-Mo_2C/CNTs 电极材料的 HER 催化性能和 Ag 掺杂 β-Mo_2C/CNTs 电极材料的催化性能图 4-48(f) 进行分析，Ag/β-Mo_2C/CNTs 电极材料的电流密度明显高于 Ag/CNTs 和 β-Mo_2C/CNTs，但 Ag 掺杂后可以更有效提高 β-Mo_2C 的 HER 固有活性。10mA・cm^{-2} 时，Ag/CNTs 和 β-Mo_2C/CNTs 电极的过电位分别为 195mV 和 158mV，相比之下，Ag/β-Mo_2C/CNTs 电极对 HER 的电化学活性增强，过电位仅为 147mV，但 Ag 掺杂 β-Mo_2C/CNTs 电极的过电位进一步降低，为 142mV。

通过扫描电镜对 Ag、β-Mo_2C 和 Ag/β-Mo_2C 电极材料的形貌表征，EDS 元素映射和 TEM 晶格间距，分别研究 Ag/β-Mo_2C 复合材料的组成和结晶度。图 4-48(a)，纯银具有较致密的微观组织，相比之下，纯 β-Mo_2C［图 4-48(b)］具有线状形态，直径约为 50nm，长度为几微米。该结构比传统 TPRe 法合成的 Mo_2C 具有更高比表面积[87]。对于 Ag/β-Mo_2C 复合材料［图 4-48(c)］，我们还发现一种纳米线的微观结构，许多纳米颗粒沿着这种结构生长。图 4-48(d) 为

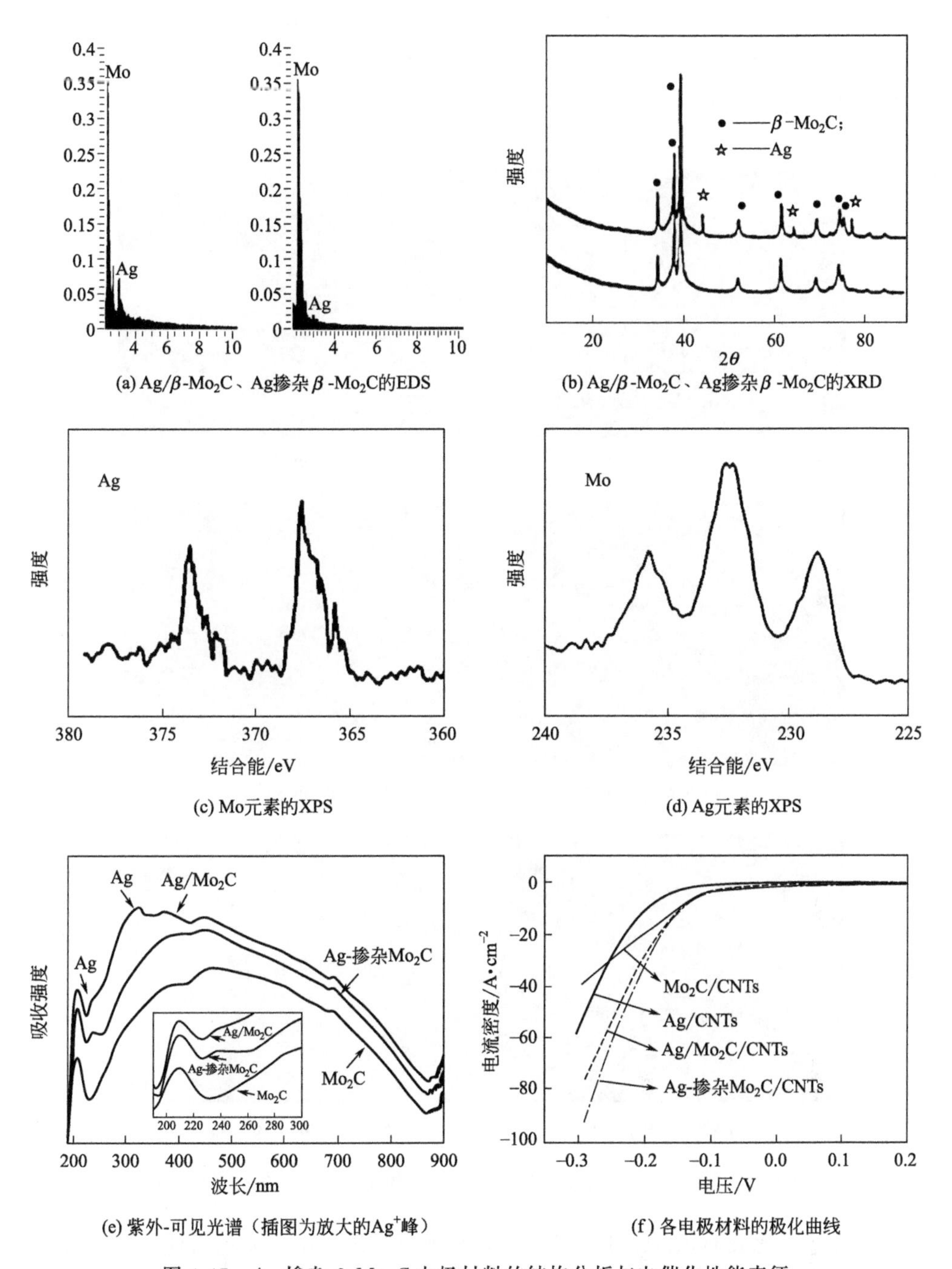

图 4-47　Ag 掺杂 β-Mo_2C 电极材料的结构分析与电催化性能表征

该复合材料的高分辨率 TEM 图像，图中晶格条纹间距为 0.236nm 和 0.102nm，分别对应于 Mo_2C[88] 的（002）晶面和 Ag[89] 的（400）晶面，支撑 Ag/β-Mo_2C 形成。图 4-48(e) 为 CNTs（A）和 Ag/B-Mo_2C 复合材料负载 CNT 基体（B）

的 SEM 图像，可以看出电极上的 CNT 层具有三维多孔网络结构，为 Ag/β-Mo_2C 复合纳米线的沉积提供理想的基体；如图 4-48(f)，掺杂 Ag 的 β-Mo_2C 材料与 CNTs 良好交织。

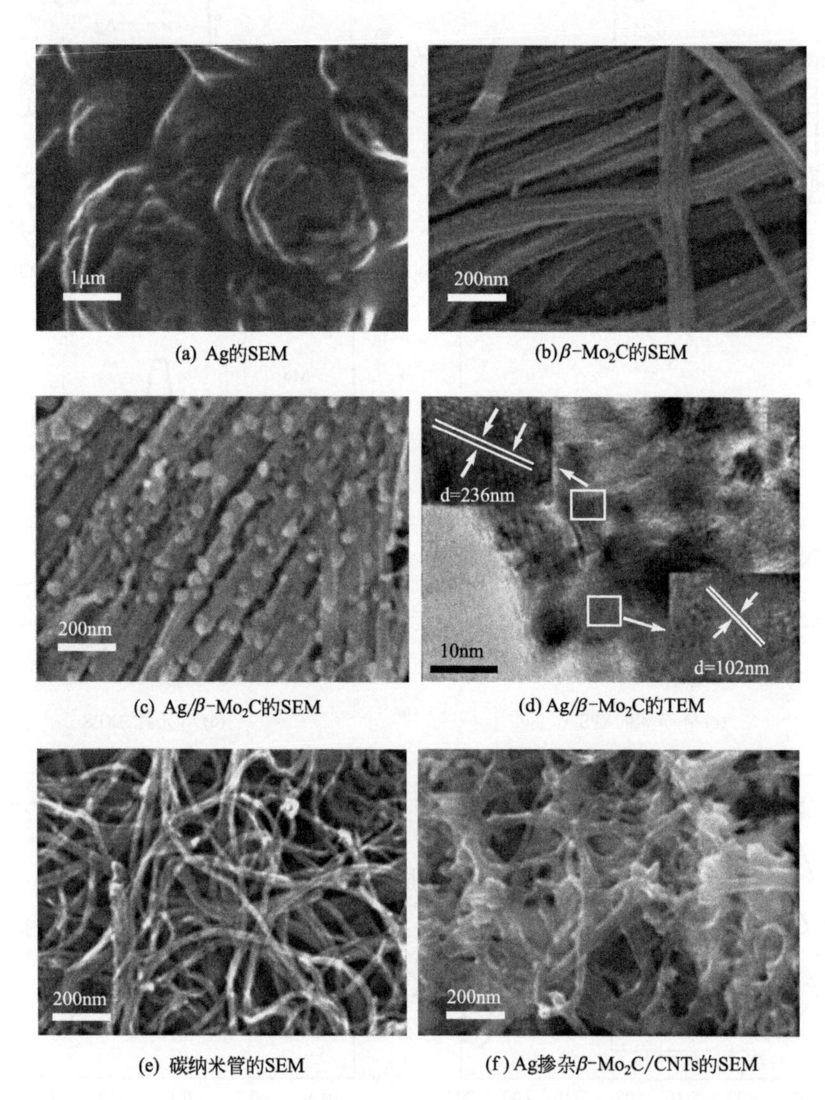

(a) Ag的SEM (b) β-Mo_2C的SEM (c) Ag/β-Mo_2C的SEM (d) Ag/β-Mo_2C的TEM (e) 碳纳米管的SEM (f) Ag掺杂β-Mo_2C/CNTs的SEM

图 4-48 Ag、β-Mo_2C、Ag/β-Mo_2C、Ag 掺杂 β-Mo_2C 的 SEM 表征

因此，高比表面积的纳米线状 β-Mo_2C 明显扩展了电解质与活性位点的接触面积，有效地促进了电子和离子的扩散。此外，Ag 掺杂剂可以很好地调节 β-Mo_2C纳米线的性能，有效地提高其性能。此外，复合纳米线之间的开放空间促进了电解质的扩散和 H_2 的生成。特别是具有三维多孔网状结构的 CNT 层，为 Ag/Mo_2C 材料均匀沉积在电极上提供了理想的基体，同时这种网状结构可以

提高混合材料内部的电子输运速率。这也是 Ag/β-Mo_2C/CNTs 复合镀膜电极在水电解中具有优异性能的原因之一。

图 4-49(a) 比较掺杂 Ag 的 β-Mo_2C/CNT、Ag/CNTs 和 β-Mo_2C/CNTs 电极材料的 HER 催化性能，分析过电位为 200mV 时的 Nyquist 曲线，与 β-Mo_2C/CNTs电极（4.9Ω）相比，因掺杂 Ag 提高了复合电极的导电性，Ag 掺杂 β-Mo_2C/CNTs 电极的电荷传递电阻很小，仅为 1.3Ω。Ag/CNT 电极还显示出 3.4Ω 的高电荷转移电阻，这可能是由于其致密的微观结构。图 4-49(b) 为 Ag 掺杂 β-Mo_2C/CNTs 电极材料的稳定性测试，在－0.25V 时随时间变化的电流密度曲线，析氢速率最高。可以看出，在 1000min 的实验过程中，电流只有轻微的波动，稳定性测试前后的极化曲线几乎没有变化，说明 Ag/β-Mo_2C/CNTs 电极能够长期保持其催化活性。

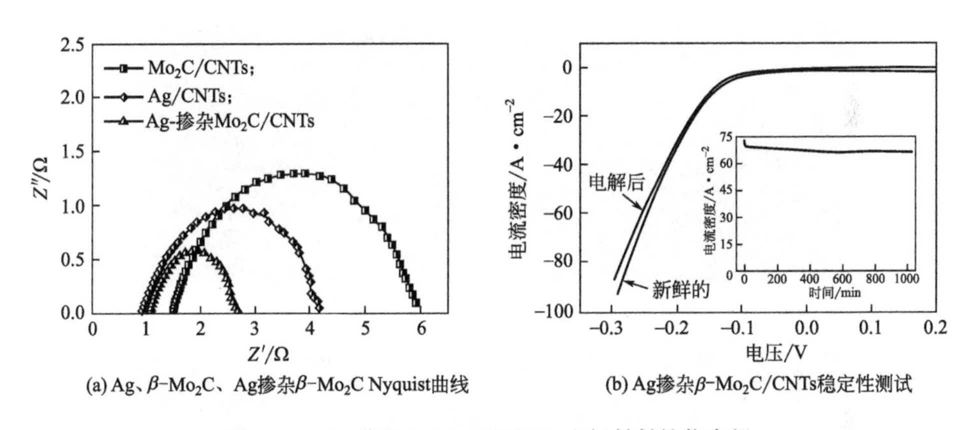

(a) Ag、β-Mo_2C、Ag掺杂β-Mo_2C Nyquist曲线　(b) Ag掺杂β-Mo_2C/CNTs稳定性测试

图 4-49 Ag 掺杂 β-Mo_2C/CNTs 电极材料性能表征

4.5.2 Mn 掺杂 CoP 电活性功能材料的电催化制氢

4.5.2.1 Mn 掺杂 CoP 电活性功能材料的制备及结构表征

采用单极脉冲法（UPED）将碳棒上 CoMnLDHs 沉积，然后在管式炉中通过与 NaH_2PO_2 煅烧转化为 Mn 掺杂的 CoP。图 4-50 显示 CoMnLDHs 和 CoP 基材料微观形貌，用一步电沉积法在碳棒直接生长 CoMnLDHs 材料具有典型的多孔纳米片结构，且界面连接牢固；CoP 和锰掺杂 CoP 的微观结构呈现如图 4-50(c～f)，本课题组前期研究，$Co(OH)_2$ 与 CoMnLDHs 都具有相同的多孔、呈波纹状纳米片结构[58]。磷化后的 CoP 依然保持相同形貌［图 4-50(d)］，但 Mn 掺杂后，重新建立的 Mn-CoP 材料的微观结构中颗粒具有纳米尺寸和多孔团簇结构，此结构暴露较大的表面积。基于电化学双层电容（C_{dl}）分

析电化学活性表面积（ECSA），采用循环伏安法测量非法拉第区不同扫描速率下的 C_{dl}，Mn-CoP 表现出高达 49.5mF・cm^{-2} 的 C_{dl}，比 CoP（18.3mF・cm^{-2}）高 2.7 倍，可知 Mn 掺杂-CoP 后，表面积增大，对析氢反应的电催化活性提高。

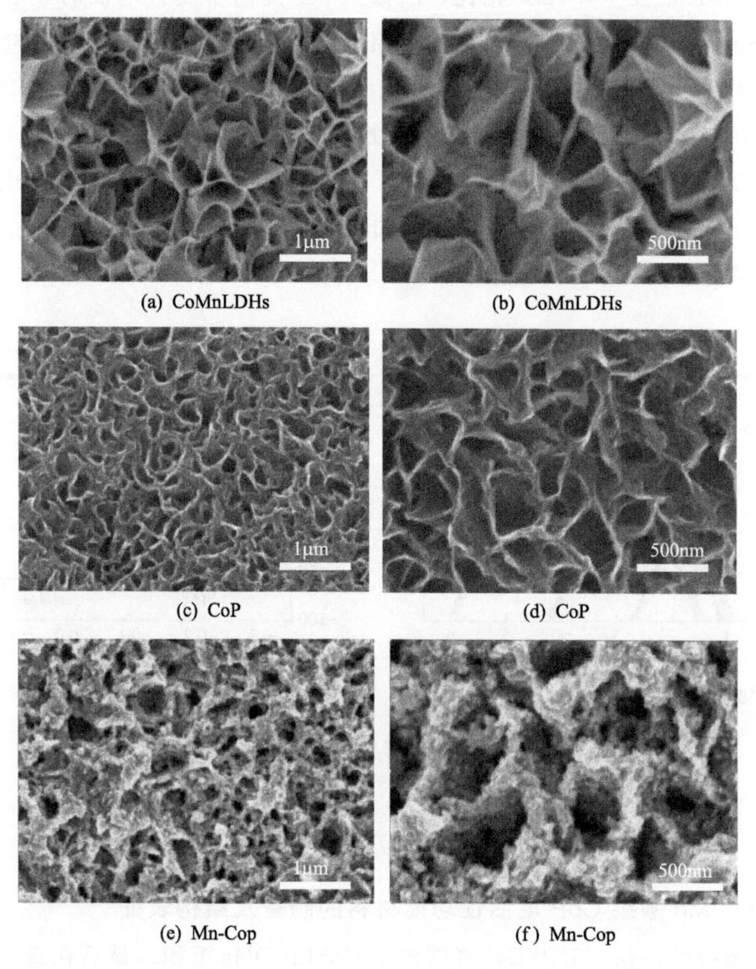

(a) CoMnLDHs (b) CoMnLDHs

(c) CoP (d) CoP

(e) Mn-Cop (f) Mn-Cop

图 4-50 CoMn-LDHs、CoP 和 Mn-CoP 不同放大倍数的 SEM 图

图 4-51(a) 中晶面的衍射峰，与掺杂 NO_3^- 的 CoMn-LDH 一致，表明单极脉冲法所合成的前驱体是 CoMn-LDHs 材料[90]。分析图 4-51(b) XRD 图谱，$Co(OH)_2$ 作为前驱体获得的 CoP 具有高度的结晶性；因 Co 原子半径与 Mn 原子相近，部分 Co^{2+} 被 Mn^{3+} 同构取代，所以，掺杂 Mn 元素形成的 Mn-CoP 电极材料仍显示出与 CoP 相同的晶体形貌。但与纯 CoP 相比，Mn-CoP 尖锐的峰变宽，并且其峰位度数稍有减小，表明 Mn 掺杂 CoP 后键能发生变化致使晶格

畸变。图4-51(c)中标记的晶格间距对应于Mn-CoP的(111)晶面，研究发现，包裹在晶体颗粒上的非晶态材料层是空气中形成的磷酸盐[91]。图4-51(d)显示Co、P、Mn元素分布均匀，说明Mn很好地掺杂到CoP中。结合EDS和XRD数据，认为Mn原子取代了CoP晶体中的部分Co原子，对掺杂Mn的CoP材料结构进行了微调。

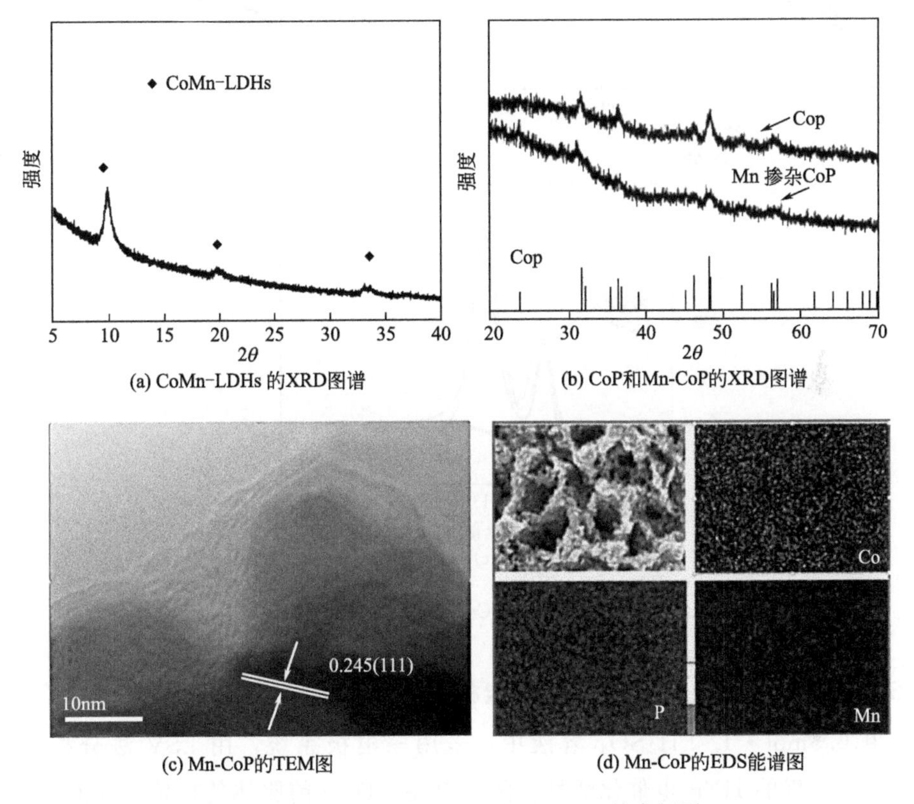

(a) CoMn-LDHs 的XRD图谱　(b) CoP和Mn-CoP的XRD图谱

(c) Mn-CoP的TEM图　(d) Mn-CoP的EDS能谱图

图4-51　CoMn-LDHs、CoP、Mn-CoP的表征图

XPS分析Mn掺杂CoP中元素的化合价态，可由图4-52观察到Mn、Co和P元素的所有特征峰，641.7eV和654.3eV处特征峰分别对应于Mn $2p_{3/2}$和Mn $2p_{1/2}$；778.8eV和782.1eV的两个特征峰及784.8eV的一个卫星峰，对应于Co $2p_{3/2}$，Co $2p_{1/2}$区域观察到了793.eV和798.4eV的两个特征峰及803.5eV的一个卫星峰。高分辨率的XPS 2p能级在129.8eV处出现峰值与磷化物对应，同时，根据透射电镜图像中的非晶态磷酸盐组分，134.4eV处的主峰是CoP氧化而得的磷酸盐的结合能。因此，XPS结果表明Mn-CoP中存在一些被氧化的磷酸盐。

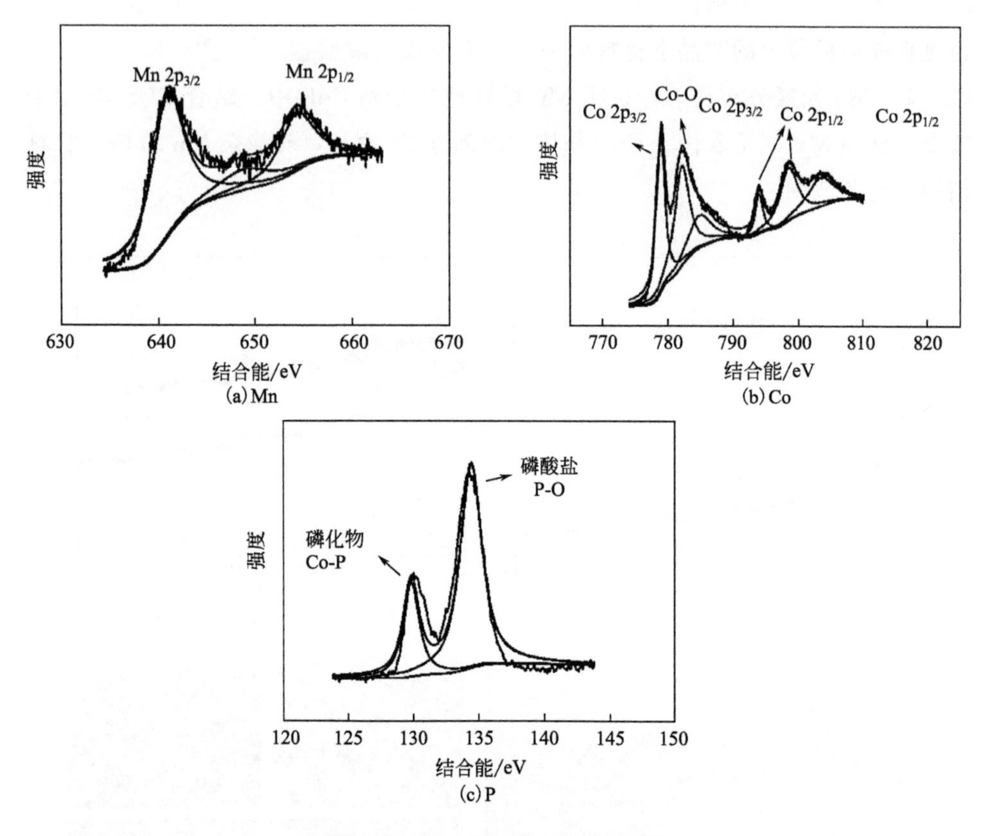

图 4-52 Mn-CoP 的 XPS 能谱图

4.5.2.2 Mn 掺杂 CoP 电活性功能材料的电催化性能

在 0.5mol・L^{-1} H_2SO_4 溶液中，采用三电极系统，用 LSV 法分析 Mn-CoP/CR 电极的 HER 电催化活性。随着制备 LDHs 前驱体的初始 Mn（NO_3）$_2$ 浓度增加，Mn-CoP/CR 电极的催化活性提高［图 4-53(a)］。通过调整脉冲时间等脉冲参数可控制 Mn-CoP 电极材料的结构与性能。如图 4-53(b)，电极的催化活性最初随着脉冲周期的增加而增加，因脉冲周期增加，Mn-CoP 层变厚，400 个脉冲周期后，催化活性开始下降。如图 4-53(c)，相同电位下，Mn-CoP 电极材料需要较低的起始电位驱动预期的析氢反应，同时响应电流密度更高。在 0.5mol・L^{-1} H_2SO_4 溶液中，由于多孔团簇阵列重建纳米颗粒结构，10mA・cm^{-2}电流密度时，Mn-CoP 的过电位可降低至 108mV。据报道，掺锰 CoP 的析氢反应活性的提高是由于钴和氢原子间的相互作用减弱和热中性氢吸附自由能（ΔG_{H*}）的增加所致[92]。

图 4-53(d) 为 Mn-CoP 催化剂在 0.5mol・L^{-1} H_2SO_4 和 1mol・L^{-1} KOH

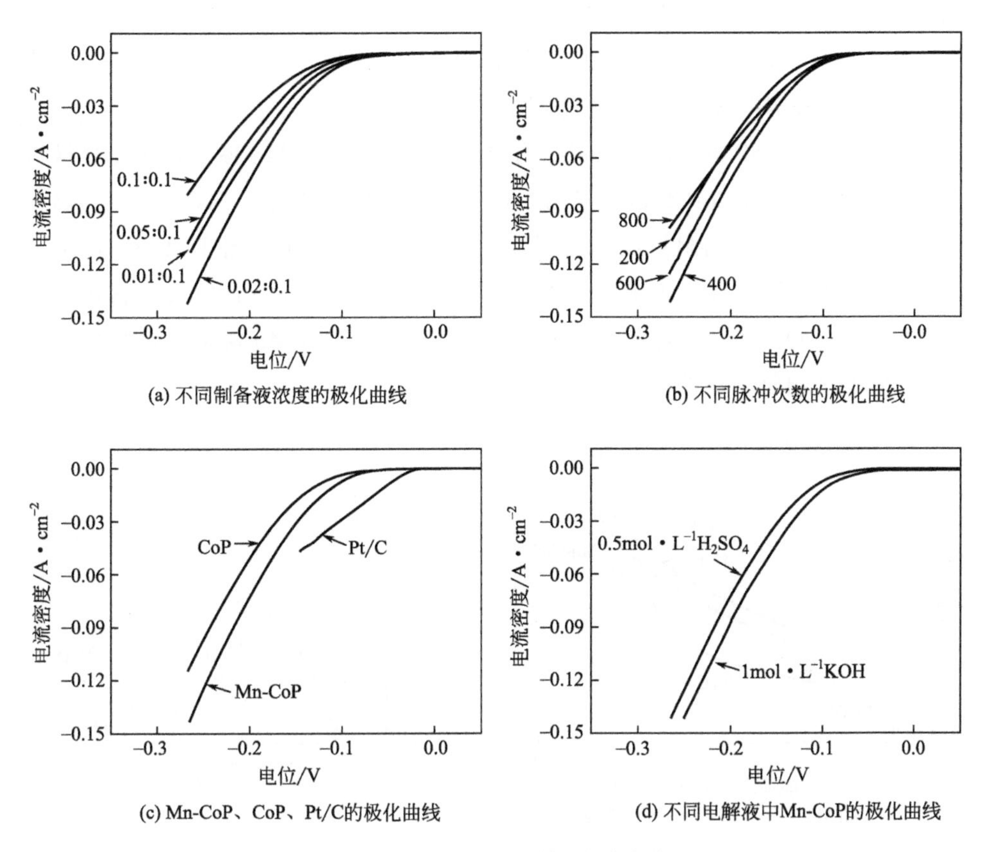

图 4-53　Mn-CoP 的电催化析氢性能

溶液中的性能比较，Mn-CoP 催化剂在 1mol·L^{-1} KOH 溶液中表现出更好的性能，并且 10mA·cm^{-2}电流密度时过电位低至 95mV。Mn-CoP 电极在碱性溶液中的性能提高主要是由于以下原因：电解过程中，催化剂外表面的磷酸盐中的金属元素可以以很高的速率溶于溶液中[93]。因此，图 4-51 和图 4-52 所示的非晶态磷酸盐可以在碱性溶液中转化为金属氢氧化物。Markovic 等人认为金属氢氧化物在水的解离过程中起到促进作用，从而提高了催化剂表面氢中间体的形成速率[94]。因此，对于析氢反应来说，形成的金属氢氧化物可能是新的催化活性位点。

采用 Tafel 斜率可对 Mn 掺杂 CoP 电极材料电解水制氢过程的限速步骤进行分析。图 4-54(a) 中 CoP 的 Tafel 斜率为 65mV·dec^{-1}，Mn-CoP 电极材料的 Tafel 斜率降低到 53mV·dec^{-1}。分析析氢反应机制为 Volmer-Heyrovsky 或 Volmer-Tafe 机制。理论上，Tafel、Heyrovsky 和 Volmer 反应的 Tafel 斜率分别为 30mV、40mV 和 120mV[76]，特别是，在限速步骤主导反应之前，电极材

料表面物形成的 Tafel 斜率为 $120mV \cdot dec^{-1}$；而在其他情况下，Tafel 斜率应低于 $120mV \cdot dec^{-1}$。在析氢反应的初始阶段，$65mV \cdot dec^{-1}$ 和 $53mV \cdot dec^{-1}$ 的 Tafel 斜率表明电极材料活性空位率高。

Mn-CoP 和 CoP 电极的 Nyquist 图中［图 4-54(b)］，Mn 掺杂后使复合材料的导电性增强，Mn-CoP 欧姆电阻比 CoP 电极电阻低，仅为 0.14Ω，同时，高频区 Mn-CoP 电极材料的阻抗图谱半径小，电荷转移阻力小。图 4-54(c) 显示了 Mn-CoP 的稳定性，计时电流数据在 −0.5V 下测定，Mn-CoP 电极材料在碱性和酸性溶液中测试 18h，均表现出非常好的稳定性，说明 Mn 掺杂 CoP 电极材料具有非常好的制氢催化性能。

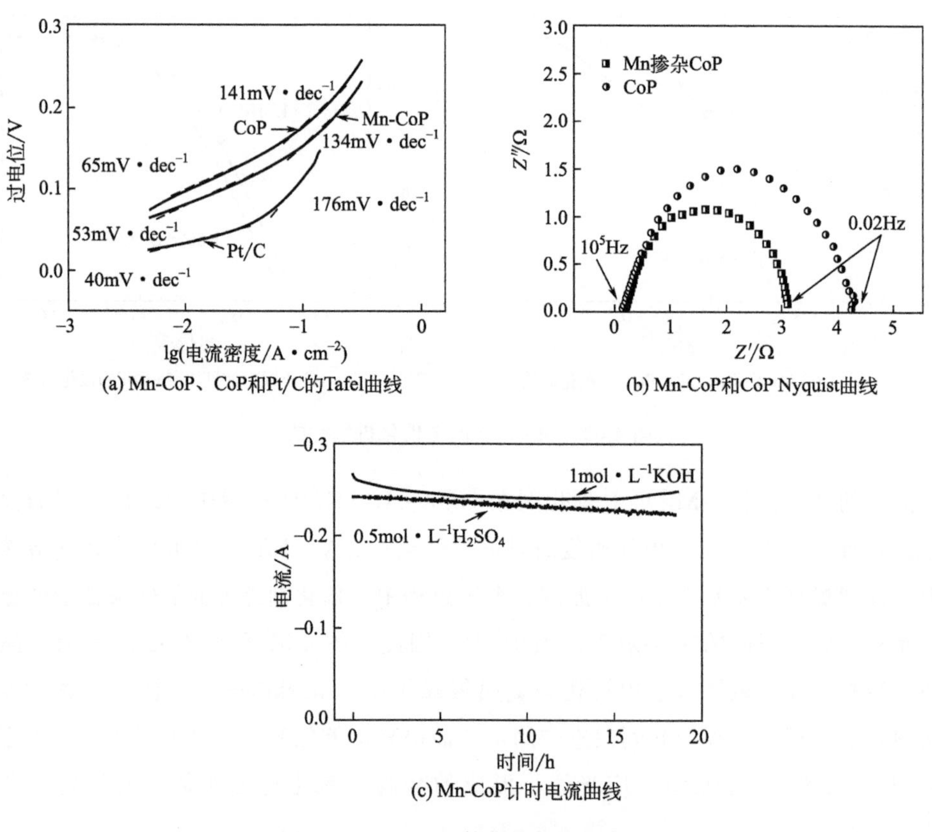

(a) Mn-CoP、CoP和Pt/C的Tafel曲线

(b) Mn-CoP和CoP Nyquist曲线

(c) Mn-CoP计时电流曲线

图 4-54 Mn-CoP 催化析氢性能表征

参 考 文 献

［1］ Agrafiotis C, Roeb M, Sattler C. A review on solar thermal syngas production via redox pair-based water/carbon dioxide splitting thermochemical cycles ［J］. Renewable & Sustainable Energy Reviews, 2015, 42: 254-285.

[2] Ishida T, Gokon N, Hatamachi T, et al. Kinetics of Thermal reduction step of thermochemical two-step water splitting using CeO_2 particles: MASTER-plot method for analyzing non-isothermal experiments [J]. Energy Procedia, 2014, 49: 1970-1979.

[3] Lange M, Roeb M, Sattler C, et al. Efficiency assessment of a two-step thermochemical water-splitting process based on a dynamic process model [J]. International Journal of Hydrogen Energy, 2015, 40 (36): 12108-12119.

[4] Zhi Y, Zheng X, Cui G. Detailed kinetic study of the electrochemical Bunsen reaction in the sulfur & ndash; iodine cycle for hydrogen production [J]. Energy Conversion & Management, 2016, 115: 26-31.

[5] Hu S, Xu L, Wang L, et al. Activity and stability of monometallic and bimetallic catalysts for high-temperature catalytic HI decomposition in the iodine-sulfur hydrogen production cycle [J]. International Journal of Hydrogen Energy, 2016, 41 (2): 773-783.

[6] Zhang Y, Chen J, Xu C, et al. A novel photo-thermochemical cycle of water-splitting for hydrog-en production based on TiO_{2-x}/TiO_2 [J]. International Journal of Hydrogen Energy, 2016, 41 (4): 2215-2221.

[7] El-Emam R S, Ozcan H, Dincer I. Dincer. Comparative cost evaluation of nuclear hydrogen production methods with the Hydrogen Economy Evaluation Program (HEEP) [J]. International Journal of Hydrogen Energy, 2015, 40 (34): 11168-11177.

[8] Ye S, Wang R, Wu M Z, et al. A review on g-C_3N_4 for photocatalytic water splitting and CO_2 reduction [J]. Applied Surface Science, 2015, 358: 15-27.

[9] Gadow S I, Samir I, Jiang H, et al. Cellulosic hydrogen production and microbial community characterization in hyper-thermophilic continuous bioreactor [J]. International Journal of Hydrogen Energy, 2013, 38 (18): 7259-7267.

[10] Shuai C, Thind S S, Chen A. Nanostructured materials for water splitting-state of the art and future needs: A mini-review [J]. Electrochemistry Communications, 2016, 63: 10-17.

[11] Ahmad H, Kamarudin S K, Minggu L J, et al. Hydrogen from photo-catalytic water splitting process: A review [J]. Renewable & Sustainable Energy Reviews, 2015, 43: 599-610.

[12] Kibria M G, Mi Z. Artificial photosynthesis using metal/nonmetal-nitride semiconductors: current status, prospects, and challenges [J]. Journal of Materials Chemistry A, 2016, 4 (8): 2801-2820.

[13] Qiang H, Zi Y, Xiao X. Recent progress in photocathodes for hydrogen evolution [J]. Journal of Materials Chemistry A, 2015, 3 (31): 15824-15837.

[14] Bhatt M D, Lee J S. Recent theoretical progress in the development of photoanode materials for solar water splitting photoelectrochemical cells [J]. Journal of Materials Chemistry A, 2015, 3 (20): 10632-10659.

[15] Fabbri E, Habereder A, Waltar K, et al. Developments and perspectives of oxide-based catalysts for the oxygen evolution reaction [J]. Catalysis Science & Technology, 2014, 4 (11): 3800-3821.

[16] Wu L, Li Q, Wu C H, et al. Stable cobalt nanoparticles and their monolayer array as an efficient

electrocatalyst for oxygen evolution reaction [J]. Journal of the American Chemical Society, 2015, 137 (22): 7071-7074.

[17] Zhan Y, Du G, Yang S, et al. Development of cobalt hydroxide as a bifunctional catalyst for oxygen electrocatalysis in alkaline solution [J]. ACS Applied Materials & Interfaces, 2015, 7 (23): 12930.

[18] Cherepanov P V, Rahim M A, Bertleff-Zieschang N, et al. Electrochemical behavior and redox-dependent disassembly of gallic acid/FeIII metal-phenolic networks [J]. ACS Applied Materials & Interfaces, 2018, 10 (6): 5828-5834.

[19] Xing M, Kong L B, Liu M C, et al. Cobalt vanadate as highly active, stable, noble metal-free oxygen evolution electrocatalyst [J]. Journal of Materials Chemistry A, 2014, 2 (43): 18435-18443.

[20] Han A, Chen H, Sun Z, et al. High catalytic activity for water oxidation based on nano-structured nickel phosphide precursors [J]. Chemical Communications, 2015, 51 (58): 11626-11629.

[21] KauffmanD R, Alfonso D, Tafen D N, et al. Electrocatalytic oxygen evolution with an ato-mically precise nickel catalyst [J]. ACS Catalysis, 2016, 6 (2): 1225-1234.

[22] Klaus S, Cai Y, Louie M W, et al. Effects of Fe electrolyte impurities on Ni $(OH)_2$/NiOOH structure and oxygen evolution activity [J]. Journal of Physical Chemistry C, 2015, 119 (13): 7243-7254.

[23] Yeo B S, Bell A T. In situ raman study of nickel oxide and gold-supported nickel oxide catalysts for the electrochemical evolution of oxygen [J]. Journal of Physical Chemistry C, 2012, 116 (15): 8394-8400.

[24] Read C G, Callejas J F , Holder C F, et al. General strategy for the synthesis of transition metal phosphide films for electrocatalytic hydrogen and oxygen evolution [J]. Acs Applied Materials & Interfaces, 2016, 8 (20): 12798.

[25] Popczun E J, Mckone J R, Read C G, et al. Nanostructured nickel phosphide as an electrocatalyst for the hydrogen evolution reaction [J]. Journal of the American Chemical Society, 2013, 135 (25): 9267-9270.

[26] Popczun E J, Read C G, Roske C W, et al. Highly active electrocatalysis of the hydrogen evolution reaction by cobalt phosphide nanoparticles [J]. Angewandte Chemie, 2014, 53 (21): 5427-5430.

[27] Voiry D, Yamaguchi H, Li J, et al. Enhanced catalytic activity in strained chemically exfoliated WS_2 nanosheets for hydrogen evolution [J]. Nature Materials, 2013, 12 (9): 850-855.

[28] Voiry D, Salehi M, Silva R, et al. Conducting MoS_2 nanosheets as catalysts for hydrogen evolution reaction [J]. Nano Letters, 2013, 13 (12): 6222-6227.

[29] Tang C, Pu Z, Qian L, et al. NiS_2 nanosheets array grown on carbon cloth as an efficient 3D hydrogen evolution cathode [J]. Electrochimica Acta, 2015, 153: 508-514.

[30] Sum T C, Mathews N. Advancements in perovskite solar cells: photophysics behind the photovoltaics [J]. Energy & Environmental Science, 2014, 7 (8): 2518-2534.

[31] Li Y, Wang J, Tian X, et al. Carbon doped molybdenum disulfide nanosheets stabilized on graphene for the hydrogen evolution reaction with high electrocatalytic ability [J]. Nanoscale, 2015,

8 (3): 1676.

[32] Lu Q, Hutchings G S, Yu W, et al. Highly porous non-precious bimetallic electrocatalysts for efficient hydrogen evolution [J]. Nature Communications, 2015, 6: 6567.

[33] Bockris J O M, Potter E C. The mechanism of hydrogen evolution at nickel cathodes in aqueous solutions [J]. Journal of Chemical Physics, 1952, 20 (4): 614-628.

[34] Acta E. Interfacial processes involving electrocatalytic evolution and oxidation of H_2 and the role of chemisorbed H [J]. Electrochimica Acta, 2002, 47 (22): 3571-3594.

[35] Gileadi E. Physical Electrochemistry [J]. Wiley-VCH, 2011.

[36] Bajdich M, Garcíamota M, Vojvodic A, et al. Theoretical investigation of the activity of cobalt oxides for the electrochemical oxidation of water [J]. Journal of the American Chemical Society, 2013, 135 (36): 13521-13530.

[37] KOPER Marc T M. Thermodynamic theory of multi-electron transfer reactions: Implications for electrocatalysis [J]. Journal of Electroanalytical Chemistry, 2011, 660 (2): 254-260.

[38] Li X, Guan G, Du X, et al. Homogeneous nanosheet Co_3O_4 film prepared by novel unipolar pulse electro-deposition method for electrochemical water splitting [J]. RSC Advances, 2015, 5 (93): 76026-76031.

[39] Li X, Du X, Ma X, et al. CuO nanowire@ Co_3O_4 ultrathin nanosheet core-shell arrays: An effective catalyst for oxygen evolution reaction [J]. Electrochimica Acta, 2017, 250: 77-83.

[40] Li X, Guan G, Du X, et al. A sea anemone-like CuO/Co_3O_4 composite: an effective catalyst for electrochemical water splitting [J]. Chemical Communications, 2015, 51 (81): 15012-15014.

[41] Li X, Li C, Yoshida A, et al. Facile fabrication of CuO microcube@Fe-Co_3O_4 nanosheet array as a high-performance electrocatalyst for the oxygen evolution reaction [J]. Journal of Materials Chemistry A, 2017, 5 (41) .

[42] Jagadale A D, Kumbhar V S, Bulakhe R N, et al. Influence of electrodeposition modes on the supercapacitive performance of Co_3O_4 electrodes [J]. Energy, 2014, 64 (1): 234-241.

[43] Xu M, Min Z, Pastore M, et al. Joint electrical, photophysical and computational studies on D-π-A dye sensitized solar cells: the impacts of dithiophene rigidification [J]. Chemical Science, 2012, 3 (4): 976-983.

[44] Lin C, Ritter J A, Popov B N. Chem inform abstract: characterization of sol-gel-derived cobalt oxide xerogels as electrochemical capacitors [J]. Journal of the Electrochemical Society, 1998, 145 (12): 4097-4103.

[45] Hao X, Tao Y, Wang Z, et al. Unipolar pulse electrodeposition of nickel hexacyanoferrate thin films with controllable structure on platinum substrates [J]. Thin Solid Films, 2012, 520 (7): 2438-2448.

[46] Schuhmann W, Kranz C, Wohlschläger H, et al. Pulse technique for the electrochemical deposition of polymer films on electrode surfaces [J]. Biosensors & Bioelectronics, 1997, 12 (12): 1157-1167.

[47] Meng Y, Song W, Huang H, et al. Structure-property relationship of bifunctional MnO_2 nanostructures: highly efficient, ultra-stable electrochemical water oxidation and oxygen reduction reaction cat-

alysts identified in alkaline media [J]. Journal of the American Chemical Society, 2014, 136 (32): 11452-11464.

[48] Cheng N, Xue Y, Qian L, et al. Cu/ ($Cu(OH)_2$-CuO) core/shell nanorods array: in-situ growth and application as an efficient 3D oxygen evolution anode [J]. Electrochimica Acta, 2015, 163 (10): 102-106.

[49] Wang J, Zhang Q, Xinhai L I, et al. Three-dimensional hierarchical Co_3O_4/CuO nanowire heterostructure arrays on nickel foam for high-performance lithium ion batteries [J]. Nano Energy, 2014, 6 (3): 19-26.

[50] Li X, Xu G L, Fu F, et al. Room-temperature synthesis of $Co(OH)_2$ hexagonal sheets and their topotactic transformation into Co_3O_4 porous structure with enhanced lithium-storage properties [J]. Electrochimica Acta, 2013, 96 (5): 134-140.

[51] Zhuang Z, Sheng W, Yan Y. Synthesis of monodispere Au@Co_3O_4 core-shell nanocrystals and their enhanced catalytic activity for oxygen evolution reaction [J]. Advanced Materials, 2014, 26 (23): 3950-3955.

[52] Deng Y, Handoko A D, Du Y, et al. In situ raman spectroscopy of copper and copper oxide surfaces during electrochemical oxygen evolution reaction: identification of Cu III oxides as catalytically active species [J]. ACS Catalysis, 2016, 6 (4): 2473-2481.

[53] Padmavathy N, Vijayaraghavan R, Kulkarni G U. Correction: Solution based rapid synthesis of $AgCuO_2$ at room temperature [J]. RSC Advances, 2015, 5 (88): 72069-72069.

[54] Steiner P, Kinsinger V, Sander I, et al. The Cu valence in the high T_c superconductors and in monovalent, divalent and trivalent copper oxides determined from XPS core level spectroscopy [J]. Zeitschrift Für Physik B Condensed Matter, 1987, 67 (4): 497-502.

[55] Kleimanshwarsctein A, Hu Y S, Forman A J, et al. Electrodeposition of α-Fe_2O_3 doped with Mo or Cr as photoanodes for photocatalytic water splitting [J]. Journal of Physical Chemistry C, 2008, 112 (40): 15900-15907.

[56] Zhang Y, Fei D, Chen D, et al. Crystal plane-dependent electrocatalytic activity of Co_3O_4 toward oxygen evolution reaction [J]. Catalysis Communications, 2015, 67: 78-82.

[57] Song W, Ren Z, Chen S Y, et al. Ni and Mn-promoted mesoporous Co_3O_4: a stable bifunctional catalyst with surface structure dependent activity for oxygen reduction reaction and oxygen evolution reaction [J]. ACS Applied Materials & Interfaces, 2016, 8 (32): 20802-20813.

[58] Ma X, Li X, Jagadale A D, et al. Fabrication of $Cu(OH)_2$@ NiFe-layered double hydroxide catalyst array for electrochemical water splitting [J]. International Journal of Hydrogen Energy, 2016, 41 (33): 14553-14561.

[59] Li X, Hao X, Wang Z, et al. In-situ intercalation of NiFe LDH materials: An efficient approach to improve electrocatalytic activity and stability for water splitting [J]. Journal of Power Sources, 2017, 347: 193-200.

[60] Gong M, Dai H. A mini review of NiFe-based materials as highly active oxygen evolution reaction electrocatalysts [J]. Nano Research, 2015, 8 (1): 23-39.

[61] Lu Z, Xu W, Zhu W, et al. Three-dimensional NiFe layered double hydroxide film for high-efficiency oxygen evolution reaction [J]. Chemical Communications, 2014, 50 (49): 6479-6482.

[62] Oliver-Tolentino M A, Vázquez-Samperio J, Manzo-Robledo A, et al. An approach to understanding the electrocatalytic activity enhancement by superexchange interaction toward oer in alkaline media of Ni-Fe LDH [J]. Journal of Physical Chemistry C, 2014, 118 (39): 22432-22438.

[63] Li Z, Shao M, An H, et al. Fast electrosynthesis of Fe-containing layered double hydroxide arrays toward highly efficient electrocatalytic oxidation reactions [J]. Chemical Science, 2015, 6 (11): 6624-6631.

[64] Youn D H, Park Y B, Kim J Y, et al. One-pot synthesis of NiFe layered double hydroxide/reduced graphene oxide composite as an efficient electrocatalyst for electrochemical and photoelectrochemical water oxidation [J]. Journal of Power Sources, 2015, 294: 437-443.

[65] Ngoc N L, Takaomi K. Ultrasound stimulus effect on hydrogen bonding in networked alumina and polyacrylic acid slurry [J]. Ultrasonics Sonochemistry, 2010, 17 (1): 186-192.

[66] Paulusse J M J, Sijbesma R P. Ultrasound in polymer chemistry: Revival of an established technique [J]. Journal of Polymer Science Part A Polymer Chemistry, 2010, 44 (19): 5445-5453.

[67] Yaobing W, Chuanlang Z, Hongbing F, et al. Switch from intra- to intermolecular H-bonds by ultrasound: induced gelation and distinct nanoscale morphologies [J]. Langmuir, 2008, 24 (15): 7635-7638.

[68] Tian Z M, Wan M X, Wang S P, et al. Effects of ultrasound and additives on the function and structure of trypsin [J]. Ultrasonics Sonochemistry, 2004, 11 (6): 399-404.

[69] Walter M G, Warren E L, Mckone J R, et al. Solar water splitting cells [J]. Chemical Rev-iews, 2010, 110 (11): 6446-6473.

[70] Mccrory C C L, Suho J, Peters J C, et al. Benchmarking heterogeneous electrocatalysts for the oxygen evolution reaction [J]. Journal of the American Chemical Society, 2013, 135 (45): 16977-87.

[71] Gong M, Li Y, Wang H, et al. An advanced Ni-Fe layered double hydroxide electrocatalyst for water oxidation [J]. Journal of the American Chemical Society, 2013, 135 (23): 8452-8455.

[72] Trotochaud L, Ranney J K, Williams K N, et al. Solution-cast metal oxide thin film electrocatalysts for oxygen evolution [J]. Journal of the American Chemical Society, 2012, 134 (41): 17253-17261.

[73] Shinagawa T, Garcia-Esparza A T, Takanabe K. Insight on Tafel slopes from a microkinetic analysis of aqueous electrocatalysis for energy conversion [J]. Scientific Reports, 2015, 5: 13801.

[74] Li X, Hao X, Abudula A, et al. Nanostructured catalysts for electrochemical water splitting: current state and prospects [J]. Journal of Materials Chemistry A, 2016, 4 (31): 11973-12000.

[75] Li X, Ma X, Du X, et al. Silver-doped molybdenum carbide catalyst with high activity for electrochemical water splitting [J]. Physical Chemistry Chemical Physics, 2016, 18 (48): 32780-32785.

[76] Li X, Li S, Yoshida A, et al. Mn doped CoP nanoparticle clusters: an efficient electrocatalyst for hydrogen evolution reaction [J]. Catalysis Science & Technology, 2018, 8 (17): 4407-4412.

[77] Ma X, Meng H, Cai M, et al. Bimetallic carbide nanocomposite enhanced Pt catalyst with high activity and stability for the oxygen reduction reaction [J]. Journal of the American Chemical Society,

2012, 134 (4): 1954-1957.

[78] Xiong K, Li L, Zhang L, et al. Ni-doped Mo_2C nanowires supported on Ni foam as a binder-free electrode for enhancing the hydrogen evolution performance [J]. Journal of Materials Chemistry A, 2015, 3 (5): 1863-1867.

[79] Xiong K, Li L, Zhang L, et al. Ni-doped Mo_2C nanowires supported on Ni foam as a binder-free electrode for enhancing the hydrogen evolution performance [J]. Journal of Materials Chemistry A, 2015, 3 (5): 1863-1867.

[80] Cheng W, Leonard B M. Iron-doped molybdenum carbide catalyst with high activity and stability for the hydrogen evolution reaction [J]. Chemistry of Materials, 2015, 27 (12): 4281-4288.

[81] Zhang K, Zhao Y, Fu D, et al. Molybdenum carbide nanocrystal embedded N-doped carbon nanotubes as electrocatalysts for hydrogen generation [J]. Journal of Materials Chemistry A, 2015, 3 (11): 5783-5788.

[82] Bouchy C, Schmidt I, Anderson J R, et al. Metastable fcc α-MoC_1-x supported on HZSM5: preparation and catalytic performance for the non-oxidative conversion of methane to aromatic compounds [J]. Journal of Molecular Catalysis A Chemical, 2000, 163 (1): 283-296.

[83] Vrubel H, Hu X. Molybdenum boride and carbide catalyze hydrogen evolution in both acidic and basic solutions [J]. Angewandte Chemie International Edition, 2012, 51 (51): 12703-12706.

[84] Chen Z, Wang W, Zhang Z, et al. High-efficiency visible-light-driven Ag_3PO_4/Agl photocatalysts: z-scheme photocatalytic mechanism for their enhanced photocatalytic activity [J]. Journal of Physical Chemistry C, 2013, 117 (38): 19346-19352.

[85] Bogdanchikova N, Meunier F C, Avalos-Borja M, et al. On the nature of the silver phases of Ag/AlO catalysts for reactions involving nitric oxide [J]. Applied Catalysis B Environmental, 2002, 36 (4): 287-297.

[86] Pestryakov A N, Davydov A A. Study of supported silver states by the method of electron spectroscopy of diffuse reflectance [J]. Journal of Electron Spectroscopy & Related Phenomena, 1995, 74 (3): 195-199.

[87] Ma Y, Guan G, Phanthong P, et al. Steam reforming of methanol for hydrogen production over nanostructured wire-like molybdenum carbide catalyst [J]. International Journal of Hydrogen Energy, 2014, 39 (33): 18803-18811.

[88] Chen W F, Wang C H, Sasaki K, et al. Highly active and durable nanostructured molybdenum carbide electrocatalysts for hydrogen production [J]. Energy & Environmental Science, 2013, 6 (3): 943-951.

[89] Li X, Fang S, Lei G, et al. Synthesis of flower-like Ag/AgCl-Bi_2MoO_6 plasmonic photocatalysts with enhanced visible-light photocatalytic performance [J]. Applied Catalysis B Environmental, 2015, 176-177: 62-69.

[90] Jagadale A D, Guan G, Li X, et al. Ultrathin nanoflakes of cobalt-manganese layered double hydroxide with high reversibility for asymmetric supercapacitor [J]. Journal of Power Sources, 2016, 306: 526-534.

[91] Yang X，Lu A Y，Zhu Y，et al. CoP nanosheet assembly grown on carbon cloth：A highly efficient electrocatalyst for hydrogen generation [J]. Nano Energy，2015，15：634-641.

[92] Liu T，Ma X，Liu D，et al. Mn doping of CoP nanosheets array：an efficient electrocatalyst for hydrogen evolution reaction with enhanced activity at all pH values [J]. ACS Catalysis，2016，7 (1)：98-102.

[93] Li D，Baydoun H，Verani C N，et al. Efficient water oxidation using CoMnP nanoparticles [J]. Journal of the American Chemical Society，2016，138 (12)：4006-4009.

[94] Subbaraman R，Markovic N. M. Enhancing hydrogen evolution activity in water splitting by tailoring Li^+-Ni (OH) □-Pt interfaces [J]. Science，2011，334 (6060)：1256-1260.